教育部人文社会科学重点研究基地湖南师范大学道德文化研究中心
中国特色社会主义道德文化省部共建协同创新中心重大项目
"中国道德话语研究"（20JDZD01）研究成果

湖南省"十四五"时期社科重大学术和文化研究专项项目
"中国道德话语的历史变迁与当代价值研究"（21ZDA07）研究成果

中国道德话语

向玉乔 ◎ 著

光明日报出版社

图书在版编目（CIP）数据

中国道德话语 / 向玉乔著． --北京：光明日报出版社，2022.6
ISBN 978-7-5194-6701-2

Ⅰ.①中… Ⅱ.①向… Ⅲ.①道德社会学—研究—中国 Ⅳ.①B80-052

中国版本图书馆 CIP 数据核字（2022）第 111958 号

中国道德话语
ZHONGGUO DAODE HUAYU

著　　者：向玉乔	
责任编辑：宋　悦	责任校对：刘兴华　李佳莹
封面设计：中联华文	责任印制：曹　净

出版发行：光明日报出版社
地　　址：北京市西城区永安路 106 号，100050
电　　话：010-63169890（咨询），010-63131930（邮购）
传　　真：010-63131930
网　　址：http://book.gmw.cn
E-mail：gmrbcbs@gmw.cn
法律顾问：北京市兰台律师事务所龚柳方律师

印　　刷：三河市华东印刷有限公司
装　　订：三河市华东印刷有限公司

本书如有破损、缺页、装订错误，请与本社联系调换，电话：010-63131930

开　　本：170mm×240mm	
字　　数：296 千字	印　　张：19
版　　次：2023 年 7 月第 1 版	印　　次：2023 年 7 月第 1 次印刷
书　　号：ISBN 978-7-5194-6701-2	
定　　价：95.00 元	

版权所有　　翻印必究

走进中国道德话语世界
感受中国道德文化魅力
——"中国道德话语研究丛书"序

向玉乔

习近平总书记说:"国无德不兴,人无德不立。必须加强全社会的思想道德建设,激发人们形成善良的道德意愿、道德情感,培育正确的道德判断和道德责任,提高道德实践能力尤其是自觉践行能力,引导人们向往和追求讲道德、尊道德、守道德的生活,形成向上的力量、向善的力量。只要中华民族一代接着一代追求美好崇高的道德境界,我们的民族就永远充满希望。"① 推进中国道德文化建设、不断塑造中国道德文化新优势是中国特色社会主义建设事业的内在要求。

中国道德文化是中华文化的精髓。它是在中华民族道德生活史中逐步形成的,具体表现为中华民族的道德思维、道德认知、道德信念、道德情感、道德意志、道德行为、道德记忆、道德语言等得以展现的历史过程。中国道德文化在历史中形成,在现实中发展,是一个动态发展的体系。

中国道德话语是中国道德文化的重要组成部分,其重要性不容忽视。中华民族从古至今的道德生活都是通过中国道德话语得到表达的。中国道德话语不仅将中华民族道德生活的内容描述出来,而且将它内含的伦理意义表达出来。它是一个集描述性功能和规范性功能于一体的符号系统。

---

① 中共中央文献研究室编. 习近平关于社会主义文化建设论述摘编[M]. 北京:中央文献出版社,2017:137.

构成中国道德话语的要素有语音、文字、词语、语法、修辞等。研究中国道德话语主要是研究汉语语音、汉语文字、汉语词语等要素所具有的道德性质及其得到表达的方式、途径等。由于中国道德话语的构成要素极其复杂，对它的研究必然是一条复杂路径。

中国哲学家很早就开始关注和研究中国道德话语。孔子与其学生对话的时候发表了很多关于道德语言的论断。他在《论语》中提出了"非礼勿言""名正言顺""敏于事而慎于言""人之将死，其言也善"等观点，反对"巧言令色""道听涂（途）说""人而无信"等言语行为。老子也关注和研究中国道德话语。他在《道德经》中提出了"圣人处无为之事，行不言之教""言善信"等著名论断。有关中国道德话语的论述常见于中国哲学经典之中。

令人震惊的是，我国伦理学界迄今还没有系统研究中国道德话语的理论成果。其原因之一可能是，中华民族每天说着中国道德话语，因而很容易将它变成"日用而不知"的东西。我们常常将"上善若水""从善如流""言而有信"等道德话语挂在嘴巴上，达到"习惯成自然"的程度，很容易忽视它们作为中国道德话语存在的事实。

长期忽视中国道德话语是我国伦理学研究的一个严重不足。中国道德话语是中华民族道德生活的表达系统，对中国道德文化发挥着强有力的建构作用。中华民族道德生活史的书写必须依靠中国道德话语，中国道德文化的建构也必须借助中国道德话语。语言是维系道德生活和展现人类道德思维的重要工具。如果没有中国道德话语，中华民族道德生活史和中国道德文化发展史是难以想象的。由于长期忽视中国道德话语研究，我国伦理学一直显得不够完善。

湖南师范大学道德文化研究院秉承"德业双修、学贯中西、博通今古、服务现实"的院训，坚持弘扬理论与实践并重的学科和学术发展理念，紧密对接弘扬中华优秀传统文化、建设社会主义文化强国、繁荣发展中国哲学社会科学、建设生态文明、推进国家治理体系和治理能力现代化等国家重大战略，坚决落实立德树人根本任务，坚持守正创新的学术发展路线，努力为中国特色社会主义建设事业提供理论和实践支持。

研究院依托教育部人文社会科学重点研究基地——道德文化研究

中心、中国特色社会主义道德文化省部共建协同创新中心、湖南省专业特色智库等高端平台，长期致力于伦理学理论研究和道德实践探索，在中国伦理思想史、外国伦理思想史、伦理学基础理论、应用伦理学等研究方向上奋力推进，在研究马克思主义伦理思想及其中国化成果、中国共产党的道德精神谱系、中华民族道德生活史、中华民族爱国主义发展史、美国伦理思想史、后现代西方伦理学、生态伦理学、道德记忆理论、家庭伦理学、共享伦理、财富伦理、网络伦理、人工智能道德决策、公民道德建设等领域形成自己的优势和特色。

研究中国道德话语是教育部人文社会科学重点研究基地——道德文化研究中心和中国特色社会主义道德文化省部共建协同创新中心立项的一个重大项目，也是湖南省"十四五"时期社科重大学术和文化研究专项项目。项目由本人领衔，研究团队成员有道德文化研究院副院长文贤庆教授、黄泰轲副教授、刘永春博士，中南大学公共管理学院袁超副教授。此次推出的"中国道德话语研究丛书"是项目研究的重要成果。

"中国道德话语研究丛书"由五部专著构成。本人撰写《中国道德话语》，文贤庆撰写《道家道德话语》，刘永春撰写《儒家道德话语》，黄泰轲撰写《佛家道德话语》，袁超撰写《中国道德话语的当代发展》。

《中国道德话语》是一部概论式的著作，内容涵盖中国道德话语的特定内涵、历史变迁、构成要素、概念体系、伦理表意功能、伦理叙事模式、理论化发展空间、当代发展状况、道德评价体系、民族特色等，在研究思路上体现了历时性考察与共时性探究、宏观性审视与微观性探察、理论性研究与实践性探索的统一。

《儒家道德话语》聚焦于研究儒家道德话语的基本面貌和主要特色。著作主要从儒家道德话语的历史变迁、汉语表意、概念体系、言语道德、道德叙事几个方面做了比较深入系统的研究，将儒家道德话语主要归结为一个人本主义道德话语体系。

《佛家道德话语》的研究主题是佛家道德话语的系列重要问题。著作分析了佛家道德话语的历史变迁、整体构建以及佛家道德话语与儒家道德话语、道家道德话语的交锋交融，在此基础上探讨了佛家道德话语的日常应用、叙事模式、自我规范、时代价值等重要问题。

《道家道德话语》重点研究道家道德话语的精义和特色。著作对道家独特的形而上学话语体系、实践认识论话语体系、人性论话语体系、工夫论话语体系、境界论话语体系等问题进行了深入探讨，对道家极富特色的道德叙事模式进行了重点分析。

《中国道德话语的当代发展》侧重于研究中国道德话语的当代发展状况。受到经济全球化、人工智能技术快速发展、网络空间日益扩大等因素的深刻影响，中国道德话语在当代出现了很多新状况、新情况。对中国道德话语的当代发展状况展开研究，不仅能够揭示中国道德话语的最新发展动态，而且能够为建构中国特色社会主义道德话语体系提供理论和实践启示。

"中国道德话语"是一个具有中国特征、中国特色、中国特质的道德话语体系。它主要反映中华民族的道德思维、道德认知、道德信念、道德情感、道德意志、道德行为、道德记忆等。中华民族借助中国道德话语表达中国伦理精神、中国伦理价值和中国伦理智慧。要了解和研究中国伦理精神、中国伦理价值和中国伦理智慧，研究中国道德话语是一个必要而有效的途径。

中国道德话语是中国道德文化的直接现实。透过中国道德话语，中华民族可以领略中国道德文化的独特神韵和魅力，并且可以增强文化自信。习近平总书记说："文化是一个国家、一个民族的灵魂。历史和现实都表明，一个抛弃了或者背叛了自己历史文化的民族，不仅不可能发展起来，而且很可能上演一幕幕历史悲剧。"[1] 研究中国道德话语是推动中华民族增强文化自信的重要途径。这是一项具有重大理论意义和现实价值的工作，因为它事关社会主义中国能否行稳致远的问题。"坚定文化自信，是事关国运兴衰、事关文化安全、事关民族精神独立性的大问题。"[2] 中华民族可以从中国道德话语中找到文化自信的强大动力。

一个国家的发展状况首先会通过生活于其中的人所说的语言反映

---

[1] 中共中央文献研究室编．习近平关于社会主义文化建设论述摘编[M]．北京：中央文献出版社，2017：16.

[2] 中共中央文献研究室编．习近平关于社会主义文化建设论述摘编[M]．北京：中央文献出版社，2017：16.

出来。中华民族历经艰难险阻，实现了站起来和富起来的价值目标，目前已经迎来强起来的光明前程。中国的强大需要通过经济实力、军事实力来体现，但最重要的是要通过"精神实力"来体现。在实现"强起来"奋斗目标的过程中，中华民族应该展现强大的精神。强大精神是内在的，但它可以通过中华民族的语言表现出来。拥有强大精神的中华民族，能够在使用语言方面彰显出坚定的自信，能够用得体的语言表达自己的思想、情感态度、价值观念、行为方式等。

　　日渐强大的中国需要有与之相匹配的中国道德话语。中华民族具有源远流长、博大精深的道德文化传统，拥有高超卓越、与时俱进的伦理智慧。在推进中国道德话语的当代发展方面，当代中华民族既应该立足自身的道德语言史和国情，又应该适应新时代的现实需要；既应该避免犯道德语言自卑的错误，又应该避免犯道德语言自负的错误。中华民族历来坚持弘扬自立、自信、自强而又戒骄戒躁、谨言慎行的传统美德。

　　"中国道德话语研究丛书"研究团队希望在研究中国道德话语方面做一些探索性工作。我们的探索一定存在这样或那样的不足，但我们的愿望是善良的。我们深刻认识到了推进中国道德话语研究的重大理论意义和现实价值，因而积极投身于与之相关的探索性研究工作之中。举步投足，面对诸多挑战和困难，这让我们有时会产生诚惶诚恐的感觉，但考虑到探索工作的意义和价值，我们又增强了前进的勇气和决心。趋步前行，砥砺前行，奋力前行，真诚期待学界同仁的批评指正。

　　是为序。

2022 年 6 月 16 日于岳麓山下景德楼

目 录
CONTENTS

导论 研究中国道德话语 弘扬中华优秀传统文化 ········· 1
  一、中国道德话语的价值维度 ····························· 1
  二、关于中国道德话语的已有研究 ························· 5
  三、研究中国道德话语的意义和价值 ······················· 8
  四、研究中国道德话语的问题域和预期目标 ················ 11
  五、研究中国道德话语的总体思路和主要方法 ·············· 13

第一章 中国道德话语的特定内涵 ························· 18
  一、人类的语言能力 ··································· 18
  二、道德语言与非道德语言 ····························· 21
  三、中国道德话语：作为人类道德语言的子系统 ············ 26
  四、道德语言在汉语中的重要地位 ······················· 29
  五、中国道德话语的民族特色 ··························· 31

第二章 中华民族的语德传统 ····························· 35
  一、语德："口德"的学术化表达方式 ····················· 35
  二、言由心生与正心的道德要求 ························· 39
  三、言的正当性：合乎礼与有道理 ······················· 43
  四、言与行的合一：言而有信的道德原则 ·················· 47
  五、言的道德价值评价：标准的多元性 ···················· 50

第三章　中国道德话语的发展路径 ………………………… 52
一、中国道德话语发展的民间路径 ……………………… 52
二、中国道德话语发展的官方路径 ……………………… 56
三、中国道德话语发展的学术界路径 …………………… 60
四、中国道德话语发展路径的融合 ……………………… 63

第四章　中国道德话语中的元隐喻 ……………………… 67
一、元隐喻：作为隐喻之母 ……………………………… 67
二、儒家伦理的元隐喻：山 ……………………………… 70
三、道家伦理的元隐喻：水 ……………………………… 74
四、佛家伦理的元隐喻：菩提树 ………………………… 77
五、元隐喻对中国道德话语的支撑作用 ………………… 80

第五章　中国道德话语的传统形态 ……………………… 83
一、中国的神话道德话语体系 …………………………… 83
二、儒家的人本主义道德话语体系 ……………………… 86
三、道家的自然主义道德话语体系 ……………………… 90
四、墨家的契约主义道德话语体系 ……………………… 94
五、法家的法治主义道德话语体系 ……………………… 99
六、佛家的超自然主义道德话语体系 …………………… 103
七、中国传统道德话语的影响力 ………………………… 106

第六章　中华民族的道德概念体系 ……………………… 111
一、德：中华民族的最基本道德概念 …………………… 111
二、区分善恶：中华民族对"德"概念的分割 ………… 115
三、家庭、国家与天下：中华民族的伦理实体概念 …… 118
四、知、情、意等：中华民族的道德生活概念 ………… 123

第七章　中国道德话语的构成要素及其伦理表意功能 … 130
一、中国道德话语的构成要素 …………………………… 130

二、汉语语音的伦理表意功能 ………………………………… 132
三、汉字的伦理表意功能 ……………………………………… 137
四、汉语词汇的伦理表意功能 ………………………………… 141
五、汉语语法的伦理表意功能 ………………………………… 144
六、汉语修辞的伦理表意功能 ………………………………… 149
七、中国道德话语的伦理表意方式及其特征 ………………… 152

第八章　中国道德话语的伦理叙事模式 …………………… 156
一、"伦理叙事"释义 ………………………………………… 156
二、中华民族的伦理叙事传统 ………………………………… 160
三、中华民族对伦理叙事用途的定位 ………………………… 166
四、中华民族的伦理叙事策略和方法 ………………………… 168
五、中华民族的伦理叙事特色 ………………………………… 172
六、中华民族创新伦理叙事需要解决的主要问题 …………… 177

第九章　中国道德话语的理论化发展 ………………………… 181
一、中国道德话语理论化发展的内涵 ………………………… 181
二、中国道德话语理论化发展的历史记忆 …………………… 184
三、改革开放对中国道德话语理论化发展的创新驱动 ……… 185
四、中国道德话语理论化发展亟须解决的问题 ……………… 195

第十章　中华民族的道德评价体系 …………………………… 200
一、道德评价的内涵和民族差异性 …………………………… 200
二、儒道佛交相辉映的道德评价传统 ………………………… 203
三、多元性传统道德评价体系的当代影响与价值指引 ……… 209

第十一章　中国道德话语的道德记忆承载功能 ……………… 217
一、道德记忆：中华民族的道德之本 ………………………… 217
二、中国道德话语：中华民族道德记忆的直接现实 ………… 221
三、中华民族道德记忆史与中国道德话语史交相辉映的图景 … 225

第十二章　中国道德话语的当代发展 ……………………… 230
　　一、中国共产党的道德话语创新 ……………………… 230
　　二、网络时代与网络道德语言的兴起 ………………… 237
　　三、人工智能时代与人工智能道德语言的发展 ……… 242

第十三章　构建人类命运共同体与中国道德话语的国际化 **247**
　　一、人类命运共同体的伦理特质 ……………………… 247
　　二、构建人类命运共同体的现实合理性 ……………… 252
　　三、构建人类命运共同体需要解决的重大国际伦理问题 258
　　四、构建人类命运共同体的国际伦理价值 …………… 265

结语　倡导崇高道德语言　直面突出道德问题 …………… 272
参考文献 …………………………………………………………… 279
后　记 …………………………………………………………… 285

导论

研究中国道德话语　弘扬中华优秀传统文化

博大精深的中国道德文化是中华文化、中华文明、中国价值、中国精神和中国智慧的灵魂和精髓，但它必须以中国道德话语作为直接形式和重要内容。中国道德话语在汉语中占据特别重要的地位，在中国社会具有广泛而强大的影响力，对中国道德文化发挥着强有力的建构作用，但它迄今还是国内外伦理学界缺乏深入研究的一个领域。本书将对中国道德话语的发展历史、构成要素、意义体系、表意功能、叙事特色等展开深入系统的研究，以深刻揭示它的民族特色，这不仅有助于改变国内外学术界对中国道德话语研究不够的现状，而且能够为我国建构中国特色伦理学话语体系、提升中国道德文化的国际影响力和感召力、推进文化强国战略等重大战略需要提供理论和实践支持。

一、中国道德话语的价值维度

每个民族都有道德语言，但不同民族的道德语言在形式和内容上均具有巨大差异。中国道德话语主要是全体中华民族共同使用的道德语言，是中华民族用于记载道德生活经历、交流道德思想、表达道德情感、叙述道德意志、说明道德信念、描述道德行为方式的工具，但由于认识不到位、重视不够等原因，我国伦理学界一直没有在此领域展开深入系统的研究，这是我国伦理学研究亟须弥补的不足。中国道德话语自成体系、具有民族特色，对源远流长的中国道德文化发挥着强有力的建构作用，其价值不应该受到忽视。这主要体现在以下三个方面：

第一，中国道德话语是中华民族伦理价值诉求的语言表达系统。

中国道德话语的主要母体是汉语。它主要是作为汉语的一个子系统而存在的。汉语是世界上使用人数最多的语言，它是被全体中华民族共同使用的语言。中华民族借助汉语表达各种各样的意义。在汉语表达的意义体系中，伦理意义居于不容忽视的重要地位。

道德语言的主要功能是表达伦理意义。中国道德话语也不例外。作为汉语的一个子系统，它由文字、词语、语法、修辞等要素构成，并且借助这些要素表达丰富多彩的伦理意义。所谓"伦理意义"，是体现人类伦理价值认识、伦理价值判断和伦理价值选择的语义系统，其核心要义是人类道德生活的应然性或规律性。中华民族借助中国道德话语来表达其伦理价值诉求，实质上就是要表达我们追求的伦理意义。

很多汉字具有伦理意蕴。《礼记》说："德者，得也。"① 这不仅意指"德"与"得"两字同音，而且意指两者同义。古代中华民族所说的"德"在本然意义上是指"得到"，具体指人们获得仁义礼智信等美德的事实。可见，"德"字蕴含着要求人们以德求得或以得拥德的伦理意涵。有些汉字可以直接表达伦理意义。例如，"忠"字的字形直观地显示出两个方面的伦理意义：一是指"心正"，没有歪心思；二是指"专心"，没有三心二意。因此，"忠"的伦理要义是"忠心"或"心忠"。在汉语中，"忠心"或"心忠"是"忠"字内含的最高伦理要求。

中华民族还非常喜欢用修辞手法来表达伦理意义。《礼记》中有这样一个经典隐喻："德者，性之端也；乐者，德之华也。"② 其意指，道德是人的本性的根端，音乐是道德开出的花朵。将"道德"隐喻为"性之端"，将"音乐"隐喻为"德之华"，这不仅将"德"与"乐"的关系形象地展现了出来，而且生动地描述了它们的伦理意蕴。在古代中国，人撰写的文字、谱写的乐曲、表演的舞蹈、修建的建筑等都具有伦理承载功能，它们都被视为"心"的产物，而化育外物的"心"则被称为"德心""文心""雕龙之心"或"天地之心"。

第二，中国道德话语反映中国作为伦理型社会的现实。

中华民族是一个特别推崇哲学的民族。冯友兰先生曾经指出："哲

---

① 礼记·孝经[M]. 胡平生，陈美兰，译注. 北京：中华书局，2020：154.
② 礼记·孝经[M]. 胡平生，陈美兰，译注. 北京：中华书局，2020：174.

学在中国文化中所占的地位，历来可以与宗教在其他文化中的地位相比。"① 中华民族对哲学的推崇是全民性的，并且是以伦理学作为核心。"在中国，哲学与知识分子人人有关。在旧时，一个人只要受教育，就是用哲学发蒙。"② 众所周知，中国的"哲学发蒙"本质上是伦理思想教育或道德价值观念教育。

中国社会自古以来就是伦理型社会。中华民族具有崇尚伦理的悠久传统，历来主张以伦理引导人类生存、将伦理转化为道德、以道德规范规约社会生活，强调德治在国家治理中的首要地位，因而将中国社会变成了典型的伦理型社会。中国社会从古至今弥漫着浓郁的伦理氛围。人们普遍以弘扬伦理为美、为真、为善，以背离伦理为丑、为假、为恶。

中国作为伦理型社会的现实通过中国道德话语的显耀地位得到了最直接的体现。中国人最重视道德教育，坚持"道德教育应该从娃娃抓起"的教育理念，并且将它付诸落实，因此，几乎每一个中国人从小就会受到比较系统的道德教育，并且会掌握比较系统的伦理话语体系。在中国，很多人知道"女娲补天""愚公移山""司马光砸缸""岳母刺字"等经典道德故事，能够熟练地引用《周易》《论语》《老子》《孟子》等伦理学经典所使用的自强不息、厚德载物、仁者爱人、天下大同、上善若水、恻隐之心等伦理术语。

中华民族普遍喜欢从"伦理"的角度来观察和谈论生活。在中国社会，道德生活就是合乎伦理的生活，它被普遍视为最基本也是最重要的生活方式，而政治生活、宗教生活、文艺生活等生活方式则被置于相对次要的位置，并且总是被视为必须与道德生活融合的生活方式。中华民族可以对政治、宗教、文艺生活采取超然的态度，但不敢对伦理和道德漠不关心。遵循伦理的规范性要求，过有道德修养的生活，是每一个中国人追求的人生目标。中华民族普遍信奉这样的道德信念：人无德不立，国无德不兴。

第三，中国道德话语对中国道德文化发挥着极其重要的建构作用。

---

① 冯友兰. 中国哲学简史［M］. 北京：北京大学出版社，1996：1.
② 冯友兰. 中国哲学简史［M］. 北京：北京大学出版社，1996：1.

中国道德话语既是中国道德文化的重要组成部分，又是中国道德文化的重要建构者。中国道德文化是由中华民族在长期共同生活中形成的道德思维、道德认知、道德情感、道德信念、道德行为、道德记忆、道德语言等诸多要素构成的一个庞大体系。中国道德话语在中国道德文化中占据着十分重要的地位，是中国道德文化必不可少的构成要素，但它的存在价值不止于此，因为它同时对中国道德文化发挥着不容忽视的建构作用。

中国道德文化得以建构的一个重要表现是它能够被中华民族用道德语言表达出来。中国道德话语借助文字、词语、语法、修辞等形式将中国道德文化表达出来，使它内含的伦理意义变成可以言说、交流、沟通、解释、理解的东西，这是中国道德文化得以形成必不可少的重要环节。没有中国道德话语的建构作用，中国道德文化只能处于被遮蔽的状态。事实上，中国道德文化是历史的、现实的，并且具有未来的发展空间，其历史实在性、现实实在性和未来实在性都需要借助中国道德话语才能得到建构。

当然，中国道德文化对中国道德话语也发挥着同等重要的建构作用。它是中国道德话语旨在表达的内容。如果没有中国道德文化提供的具体内容，中国道德话语没有产生的必要性和可能性。人类发明语言的根本目的是为了表达自己希望表达的东西。中华民族之所以创造中国道德话语，是因为我们要将中国道德文化表达出来。

中国道德话语与中国道德文化的关系本质上是形式与内容的关系，它们之间相互依存、相互关联、相互影响、相互作用、相辅相成。有什么样的中国道德话语，就有什么样的中国道德文化；反之亦然。这意味着，我们可以通过中国道德话语了解中国道德文化，也可以通过中国道德文化了解中国道德话语。它们相互映照、相互说明、相互贯通、相互支持。

在如何认识中国道德话语与中国道德文化的关系问题上，我们可以借鉴孔子的观点。孔子说："质胜文则野，文胜质则史。文质彬彬，然后君子。"[1] 孔子借助"君子"概念来论述"文"与"质"的关系。

---

[1] 论语 大学 中庸［M］．陈晓芬，徐儒宗，译注．北京：中华书局，2015：68．

所谓"文",是指一个人说话、写作的文采;所谓"质",是指一个人说话、写作的内容。孔子认为,如果一个人说话、写作的内容超过他表达它们的文采,就会显得不足,而如果一个人说话、写作的文采超过他想表达的内容,就会显得浮夸。他显然想强调,"文"与"质"般配才是最好的。中国道德话语与中国道德文化之间应该是"文质彬彬"的关系状态。

中国道德话语是具有巨大魅力的道德语言形态,这是因为它表达的内容是源远流长、博大精深的中国道德文化。中国道德文化是具有巨大魅力的道德文化形态,这是因为它的表达形式是特别具有解释力、说服力、感染力的中国道德话语。中国道德话语与中国道德文化的有机结合,演奏出既有美的意境又有善的意蕴的二重奏。中华民族历来追求美善合一的生存方式。我们创造了优美的中国道德话语,并且用它来表达我们向善、求善、行善的道德生活,从而谱写了别具一格、富有民族特色的中华民族道德生活史。一部中华民族道德生活史就是中国道德话语与中国道德文化相辅相成、交相辉映、相得益彰的历史。

二、关于中国道德话语的已有研究

"中国道德话语"是我国伦理学界有待于开垦和拓展的一个重要研究领域。我们可以从以下几个方面对国内外相关研究的学术史予以梳理和分析。

中西方哲学家对道德语言现象的关注很早,也提出了很多观点和论断。例如,孔子早在先秦时期就提出了"文质彬彬"说,主张人之为人应该体现外在语言和内在道德修养的统一,并提出了"有德者必有言,有言者不必有德""巧言乱德""听其言而观其行""君子不以言举人,不以人废言"等论断。孔子没有使用"道德语言"这一术语,但他的伦理思想对道德语言和道德语言分析有所论及。刘勰在《文心雕龙》中指出,语言是"道德"和"文明"的表现形式,不仅强调"文之为德也大矣",而且认为"心生而言立,言立而文明"是"自然之道"。① 刘勰意在强调,语言与人的道德价值诉求紧密相关。古希腊

---

① 文心雕龙[M]. 王志彬,译注. 北京:中华书局,2012:3.

的苏格拉底没有使用"伦理叙事"这一概念,但他对道德故事讲述方法的论述与伦理叙事有关。在苏格拉底看来,道德故事对儿童具有不容忽视的道德教化作用,因此,成年人在给儿童讲述道德故事的时候应该注意故事讲述的方式和内容,必须在"应该讲什么"和"不应该讲什么"之间做出正确选择。

　　西方哲学家对道德语言的系统化理论研究是20世纪以后的事情。进入20世纪之后,随着分析哲学的兴起和发展,以强调道德语言分析为核心任务的元伦理学在英语国家趁势而兴,G. E. 摩尔、C. L. 斯蒂文森、A. J. 艾耶尔、R. M. 黑尔、J. 迈克等元伦理学家登上历史舞台,猛烈抨击康德、密尔等人所代表的规范伦理学传统,现代西方伦理学因此而出现了元伦理学与规范伦理学尖锐对峙的局面。元伦理学的兴起和迅猛发展标志着道德语言研究在西方达到理论化、体系化的程度,但它的研究对象主要是英语道德语言,几乎没有涉及非英语道德语言形态,其局限性显而易见。

　　在现代西方元伦理学家的理论成果中,摩尔的《伦理学原理》、斯蒂文森的《伦理学与语言》、艾耶尔的《语言、真理与逻辑》、黑尔的《道德语言》、迈克的《伦理学:发明对与错》等专著具有代表性。摩尔是西方元伦理学的重要开拓者,他在《伦理学原理》一书中将伦理学的首要问题归结为"善"的定义问题,以"分析的伦理学"指称元伦理学,并且以前所未有的方式极力强调道德语言分析的重要性;斯蒂文森认为伦理学的首要目的是澄清"善""正当"等伦理术语的情感意义,"道德一致"和"道德分歧"主要体现为"态度一致"和"态度分歧";艾耶尔将逻辑实证主义立场运用于道德语言分析,将"可实证性"做出强弱之分;黑尔将"道德语言"明确界定为一种"规定语言",并辨析了它的描述性意义和评价性意义、可普遍化性和规定性特征;迈克基于对道德判断的语义分析,否认道德事实或道德性质的实在性。这些现代西方元伦理学家对英语道德语言进行了深入系统的解析,对我们认识、理解和研究英语道德语言具有理论启示,但他们的元伦理学理论存在过分强调反传统性、语言分析、价值中立、道德真理相对性等明显缺陷。

　　我国伦理学界在引介西方元伦理学的过程中对道德语言有所研究,

但没有聚焦于中国道德话语。20世纪20年代，西方分析哲学随着罗素的到访进入我国，张申府、洪谦、金岳霖等人随即对它展开批判性介绍和研究，但在与中国哲学碰撞和争鸣的过程中，西方分析哲学始终处于劣势。改革开放以后，分析哲学重新受到我国哲学界的高度重视，我国伦理学界对西方元伦理学的介绍和研究也开始兴起。万俊人是我国较早介绍和研究西方元伦理学的学者。1989年，他在《哲学动态》发表论文《科学·逻辑·道德——现代西方元伦理学纵观》，不仅指出了我国伦理学界不重视西方元伦理学研究的情况，而且对元伦理学在西方的缘起、发展、学科特点等做了比较详细的介绍。90年代初，他又出版《现代西方伦理学史》（上下卷），对西方元伦理学的历史沿革、发展现状、主要流派等做了更加深入系统的介绍和解析。与此同时，摩尔的《伦理学原理》、斯蒂文森的《伦理学与语言》、黑尔的《道德语言》等西方元伦理学著作被翻译成汉语。进入21世纪之后，孙伟平、向玉乔、聂文军等中国学者加入研究西方元伦理学的队伍，并且出版了《伦理学之后——现代西方元伦理学思想》《西方元伦理学》《元伦理学的开路人——乔治·爱德华·摩尔》等著作，进一步拓展了我国伦理学界对西方元伦理学的研究。需要指出的是，在研究西方元伦理学的过程中，我国学者对"道德语言"的考察和探究在理论创新性方面建树不多，更多的是在介绍和解析西方元伦理学家的思想、理论和研究方法，既没有论及中国道德话语，也没有谈及运用西方元伦理学理论研究中国道德话语的必要性、重要性和可行性。

中国道德话语迄今仍是我国伦理学界缺乏研究的一个领域，造成这种局面的原因是多方面的。我国学者在研究中国传统伦理思想和伦理学理论、马克思主义伦理思想及其中国化成果、中国伦理学理论的当代建构、西方伦理思想和伦理学理论等论题时，以不同方式论及相关内容，但在广度和深度上均显得严重不足，更没有在研究中国道德话语方面形成系统化的理论成果。导致这种局面的原因主要有四个：

第一，中国道德话语在我国伦理学界一直没有受到应有的重视。孔子、刘勰等人对中国道德话语有所论述，但并没有形成系统化的道德语言学理论。人们往往热衷于探索未知的、神秘的现实，而对直接的、习以为常的现实通常视而不见、听而不闻，或采取忽略的态度。

中国道德话语是中华民族道德生活的直接现实和习以为常的现实，广泛而深刻地渗透在中华儿女的日常道德生活中，很容易沦为人们"日用而不知"的东西，也很容易受到中国哲学家的忽视。

第二，语言分析一直是我国哲学界的薄弱环节，我国伦理学界也不例外。中国哲学家大都不太重视语言分析。从伦理学领域来看，我国哲学家从古至今偏重于研究德性伦理学和规范伦理学，注重探究德性修养和道德规范性问题，并在这两个领域形成了自己的研究优势和特色，但在道德语言分析方面一直没有对西方哲学家形成比较优势。

第三，我国伦理学界对中国道德话语研究不够的情况与西方元伦理学的当前发展格局有关。20世纪上半期，英美伦理学界曾经掀起研究道德语言的热潮，并形成了元伦理学在英语国家盛极一时的局面，但由于英美元伦理学家过分沉溺于道德语言分析和逻辑分析，元伦理学20世纪中期就开始在西方式微，规范伦理学和德性伦理学则趁势复兴，并在西方伦理学领域重获主导地位，这一历史事实在一定程度上为我国伦理学界在当前继续忽略中国道德话语研究提供了理由。

第四，我国伦理学界对中国道德话语研究不够的情况还受到我国伦理学欠发达现实的影响。改革开放40多年，我国伦理学在改革和开放的创新驱动下取得了长足进步，但至今还没有达到成熟阶段。建构中国特色伦理学的理念目前已经在我国伦理学界深入人心，但将这一理念现实化的工作仍然处于起步阶段。在过去40多年里，我国伦理学理论工作者的主要精力被放在构建伦理学学科体系的工作上，对道德语言、道德心理、道德形而上学等领域的涉足不够深入。近些年来，随着中国特色伦理学建构步伐的快速推进，我国伦理学界对这些重要领域的研究才被提上紧迫的日程。

三、研究中国道德话语的意义和价值

改革开放40多年，我国在各个建设领域取得巨大成就，但面临的新问题、新挑战也很多。具体地说，在中华民族迎来"强起来"和民族伟大复兴的光明前程之际，我们的理论自信、道路自信、制度自信和文化自信均得到极大增强，但我们在国内必须面对和处理传统性与现代性的关系问题，在国际上必须面对和处理民族性与世界性的关系

问题。要在现代化过程中实现中国传统道德文化的创造性转化和创新性发展，我们必须借助中国道德话语的力量。要在国际化过程中不断增强中国道德文化的影响力、吸引力、感染力和塑造力，我们也需要借助中国道德话语的力量。研究中国道德话语的历史变迁、构成要素、伦理表意功能、伦理叙事特色等重要内容，不仅有助于增强中华儿女对中国道德话语的认知和价值认同，而且有助于增强中华儿女对中国道德文化的认知和价值认同。这能够为党中央借助中国道德话语推进文化自信战略、文化强国战略、文化软实力提升战略和中国特色哲学社会科学繁荣发展战略提供理论和实践支持。

研究中国道德话语具有重要学术价值。这主要表现在四个方面：

第一，研究中国道德话语有助于深化我们对中国伦理思想传统的理论研究。中国伦理思想传统源远流长、博大精深，其中包含大量合理因素，是我们建构中国特色社会主义伦理思想必不可少的历史合法性和合理性资源。中国道德话语是中国伦理思想传统的外在形式或直接现实，但我们对中国道德话语的研究不会停留在形式主义层面，而是必定要深入考察它与中国伦理思想传统的辩证关系以及中国伦理思想传统的理论基础、存在机理、内容构成、伦理价值诉求等深层次问题，这无疑能够深化我们对中国伦理思想传统的理论探究。

第二，研究中国道德话语有助于凸显中国伦理学话语体系的传统优势。中华民族具有推进中国道德话语理论化发展的悠久传统，早在先秦时期就建构了系统化的伦理学理论，这不仅使中国传统伦理学具有自身的话语体系特色，而且使中国传统伦理学能够在世界伦理学舞台上占有一席之地。在中国传统伦理学话语体系的传承发展过程中，中国道德话语在其中发挥的建构作用是不容忽视的。中国传统伦理学话语体系只不过是中国道德话语理论化发展的产物。通过研究中国道德话语，中国伦理学话语体系的传统优势必定能够得到相应的发掘和展现。

第三，研究中国道德话语反映我国建构中国特色伦理学的紧迫现实需要。繁荣发展中国特色伦理学是我国伦理学界的当务之急，但中国特色伦理学的繁荣发展必须以中国特色道德语言为基础，因为中国特色伦理学的学科体系、理论体系、话语体系、实践体系和传承传播体系都需要借助中国特色道德语言来表达。研究中国道德话语能够为我国繁荣发展中国特色伦理学做出一定的理论贡献。

第四，研究中国道德话语是提高我国伦理学理论研究水平的重要途径。从世界伦理学的发展历史和当今格局来看，一个国家的伦理学研究不能避开道德心理学、道德语言学、道德形而上学等重要领域。改革开放40多年，我国伦理学取得长足进展和巨大成就，但目前仍然处于积聚力量的阶段，并没有达到世界领先水平。研究中国道德话语有助于促进中国道德语言学的发展，能够为提升我国伦理学理论研究水平做出一定的探索性贡献。

研究中国道德话语还具有不容忽视的应用价值和社会价值。这主要体现在三个方面：

第一，研究中国道德话语是推动我国社会各界和其他民族认知中华文化尤其是中国道德文化的一个有效途径。中华文化是以中国道德文化作为核心和主导的，因此，它通常被称为"伦理型文化"。在推动中华文化向"伦理型文化"发展的过程中，中国道德话语发挥了极其重要的建构作用。要认知中华文化，人们必须首先认知中国道德文化，而要认知中国道德文化，人们又必须从认知中国道德话语着手。本书没有停留在描述中国道德话语的层面，而是致力于揭示它与中国道德文化，乃至整个中华文化的内在关联性，特别重视解析它对中华文化的建构作用，因而能够为人们认识、理解和把握中华文化提供一个很好的窗口。

第二，研究中国道德话语有助于彰显中国道德文化的影响力、吸引力、感召力和塑造力。博大精深的中国道德文化是中华文化、中华文明、中国价值、中国精神和中国智慧的灵魂和精髓，但它必须以中国道德话语作为直接形式和重要内容。本书对中国道德话语的历史演变、发展现状、未来前景、存在价值等内容所作的探析，不仅能够在一定程度上揭示中国道德文化的主要特征和民族特色，而且能够凸显它的影响力、吸引力、感召力和塑造力。

第三，研究中国道德话语能够为党和政府进行中国特色社会主义道德文化建设决策提供理论参考。党和政府推进中国特色社会主义道德文化建设的理念、方针、政策、战略和措施需要借助人们喜闻乐见的中国道德话语来表达。要实现这一目标，就必须深入系统地研究中国道德话语的语音体系、文字体系、词汇体系、语法体系、语义体系、语用体系和传播体系，否则，党和政府所提出的道德文化建设理念、方针、政策、战略和措施就难以被人们认知和理解，更不用说为人们喜闻乐见、价值认同和普遍接受。本书不仅注重揭示中国道德话语的语音、文字、词汇、语法等构成要素承载的伦理意义，而且重视分析它的伦理表意功能、伦理叙事特色和理论化发展空间，这些对党和政府推进中国特色社会主义道德文化建设决策具有一定的理论参考价值。

四、研究中国道德话语的问题域和预期目标

本书旨在对"中国道德话语"展开深入系统的理论研究，它内含三个总体问题：

问题一：中国道德话语的发展脉络和宏观图景是怎样的？"中国道德话语"是一个亟待发掘和拓展的研究领域，因此，考察它的发展脉络和描画它的宏观图景十分必要。通过考察中国道德话语的发展脉络和描画它的宏观图景，我们能够对它存在的事实性和价值性形成基本认知，这有助于确立本书研究主题的重大理论意义和现实价值。

问题二：中国道德话语与中国道德文化之间是什么样的关系？中国道德话语既是中国道德文化的直接现实或表现形式，也是中国道德文化的重要内容，因此，对它的研究应该被置于它与中国道德文化的关系框架内展开。中国道德话语和中国道德文化总是处于变化、发展的动态中，它们之间的关系不仅具有交互性，而且具有动态性。只有从交互性和动态性相结合的视角来审视和看待中国道德话语和中国道德文化的存在状态，我们才能深刻认识、理解和把握它们之间的关系实质。

问题三：中国道德话语具有什么样的特殊性和普遍性特征？中国道德话语是适应中华民族道德生活和中国语境的现实需要而产生、发展的一个道德语言体系，但它同时又属于人类道德语言乃至人类语言的大范畴，因而兼有特殊性和普遍性特征。能否很好地解答该问题，反映我们研究中国道德话语的理论深度和高度。中国道德话语的特殊性和普遍性特征需要通过它自身的语义体系、语用体系、伦理学话语体系等具体形式表现出来，因此，我们对它们的理论探析应该从这些领域着手。

对上述三个问题的解答构成本书的总体框架。它们不仅将本书研究的问题域勾勒了出来，而且使本书的研究主题和主要内容变得清晰化。

本书的研究主题是中国道德话语。这里所说的"中国道德话语"不是泛指中国所有语种所包含的道德语言，而是主要指汉语中的道德语言或汉语道德语言。这主要基于这样一种考虑：汉语是当今中国使用人数最多、影响面最广、代表性最强的官方语言。

中国道德话语是一个集历时性与共时性、事实性与价值性、规范性与应用性、伦理性与语言性、民族性与国际性、理论性与实践性于一体的重要研究领域。在研究内容和方法上不仅涉及哲学（主要是伦理学）和语言学两个主要学科，而且涉及心理学、社会学、教育学、传播学等相关学科。本书旨在对中国道德话语展开深入系统的理论研究，以促进我国道德语言学的研究和发展，并在构建中国特色道德语法学、道德语义学、道德语用学等方面做出一定的探索性理论贡献。

我们研究中国道德话语的预期目标主要是学术性的。"中国道德话语"主要属于道德语言学的研究范围，关于它的研究是以体现学术价值目标为主。这主要体现在以下几方面：

确立"中国道德话语"这一论题在我国伦理学研究领域的合法性和合理性地位。我国伦理学界对中国道德话语研究不够的局面应该改变。这既是当代中国伦理学向纵深发展的内在需要，也是当代中国伦理学走向成熟的必经之地和重要标志。通过揭示中国道德话语研究的重大理论意义和现实价值，我们能够使"中国道德话语"在我国伦理学研究领域应有的合法性和合理性地位得到确立和论证。

勾画中国道德话语的整体图景和宏观画面。中国道德话语在历史中演进，在现实中发展，并且向无限广阔的可能性空间突进，从而使其自身的整体发展格局具有不容忽视的复杂性和整体性。通过深度考察中国道德话语的历史变迁、构成要素、伦理表意功能、伦理叙事特色、理论化发展问题等重要内容，我们旨在将中国道德话语的整体图景和宏观画面勾画出来。

揭示中国道德话语与中国道德文化之间相互建构、相辅相成的辩证关系。探析中国道德话语与中国道德文化的关系问题是贯穿本书所有研究内容的主线。通过深入系统地解析中国道德话语与中国道德文化相互关联、相互作用、相互贯通、相互支持的机制和方式，我们旨在将对两者之间相互建构、相辅相成的辩证关系进行有说服力的学理分析。

解析中国道德话语将"道德"和"语言"有机统一起来的内在机理。在中国道德话语中，"道德"与"语言"的贯通和融合遵循一定的原则和规律。通过探察和发现这样的原则和规律，我们将深入解析出中国道德话语将"道德"和"语言"统合或整合起来的内在机理，深刻分析中国道德话语与其他道德语言形态的深层差异，以揭示"道德"和"语言"在中国道德话语中达到有机统一的内在规律性。

探索中国特色伦理学话语体系当代建构的可行之道。建构中国特色伦理学话语体系是繁荣发展中国特色伦理学的题中之意和当务之急。通过深入系统地分析中国伦理学话语体系的发展历史、现状和前景，本书旨在为探索中国特色伦理学话语体系的当代建构做出一定的探索性理论贡献。

建构中国道德语言学研究的理论框架。我们对中国道德话语的理论研究是以建构中国道德语言学研究的理论框架作为最高目标。通过对中国道德话语展开深入系统的理论研究，我们旨在将有关中国道德话语研究的理论视角、理论视阈、理论路径、理论境界等展现出来，从而在构建中国道德话语研究的基本理论框架方面有所作为。

五、研究中国道德话语的总体思路和主要方法

"中国道德话语"是一个外延很大、内涵很丰富的论题。对它的研究应该有合理的总体思路设计。本书采取四条思路展开研究。

一是历时性考察与共时性探究相结合的思路。中国道德话语的存在状况兼有历时性和共时性。一方面，它是从历史中流变而来的，经历了错综复杂的历史变迁，具有深厚的历史意蕴；另一方面，它又在当下的时间里存在，具有相对稳定的现实性。为了反映中国道德话语的真实存在状态，我们对它的研究注重体现历时性考察与共时性探究

的有机结合。

二是宏观性审视与微观性探察相统一的思路。中国道德话语的历史变迁和存在现状既是宏观的，也是微观的。宏观性反映中国道德话语的形式或概貌，微观性体现中国道德话语的内部结构、构成要素、伦理意义体系、伦理价值取向等，因此，在研究中国道德话语的时候，我们没有采取非此即彼的做法，而是兼顾它的宏观性和微观性特征。

三是民族性发掘与国际性解析相融合的思路。中国道德话语是基于中华民族道德生活和中国语境的实际需要发展起来的一个道德语言体系，具有强烈的民族性，但它既与其他民族的道德语言相比较而存在，也具有国际化发展的巨大空间，因而还具有不容忽视的国际性；因此，我们没有将它仅仅作为一种民族性语言现象来对待，而是视之为一种具有国际性或世界性的语言现象，并在此基础上对它展开跨国际的理论研究。

四是理论性研究与实践性探索相贯通的思路。中国道德话语既是理论的，也是实践的。理论性的中国道德话语是由抽象的概念、普遍有效的语法规则、内含规律性的话语体系、约定俗成的修辞手法等构成，对它的研究必须依靠理论理性才能展开。实践性的中国道德话语表现为它的实践应用性和行为引导性，对它的研究必须依靠实践理性才能展开。在研究过程中，我们既注重探究中国道德话语的理论性维度，也重视考察它的实践性维度，并力求实现两个维度的贯通和融合。

上述四个总体思路具有学理依据和科学性。首先，它与本书的研究主题和内容高度契合。中国道德话语是一个集历时性和共时性、宏观性和微观性、事实性和价值性、规范性和应用性、民族性和国际性、理论性和实践性于一体的论题，对它的研究也必须体现这些维度的结合、统一、融合和贯通。其次，它与本书在理论路径上追求中国特色的内在价值诉求高度吻合。现代西方元伦理学家已经在研究道德语言方面取得大量成果，但他们研究道德语言的理论路径普遍没有将历时性和共时性、宏观性和微观性、事实性和价值性、规范性和应用性、民族性和国际性、理论性和实践性很好地整合起来。我们将在充分借鉴西方元伦理学家研究道德语言所形成的理论路径基础上，通过有效整合历时性和共时性、宏观性和微观性、事实性和价值性、规范性和应用性、民族性和国际性、理论性和实践性的方式，展现我国伦理学界在建构道德语言学理论方面的中国特色。

为了将上述总体思路落到实处，我们将采用多种研究视角。

一是历史唯物主义视角。"中国道德话语"是一种历史现象，也是一种现实存在。它从历史现象到现实存在的流变是一个错综复杂的过程。只有从历史的、辩证的视角来看待它的存在状况，我们才能对它形成全面、系统、深刻的认知和理解。

二是多学科交叉融合的复合视角。"中国道德话语"这一研究主题涉及伦理学、语言学、教育学、社会学、传播学等多学科的思想、知识、理论和方法，具有很强的学科交叉性，这要求我们采取多学科交叉融合的复合视角。

三是比较的视角。"中国道德话语"这一研究主题不仅涉及道德语言与非道德语言、中国道德话语与非中国道德话语等内容的比较，而且涉及中国道德文化与西方道德文化、中国道德话语的伦理表意功能与非中国道德话语的伦理表意功能等内容的比较，因此，我们需要在研究过程中广泛采用比较的视角。

四是逻辑的视角。中国道德话语的运用与中华民族的逻辑思维直接相关。这不仅指中国道德话语的音系结构、文字形态构造、语法规则、修辞手法等内含中国式的逻辑性，而且指它的伦理表意功能、伦理叙事模式等也处处体现中国式的逻辑推理原理。从逻辑的视角来研究中国道德话语，我们能够更深地认知和把握它生成发展、传承传播的内在逻辑性和规律性。

五是道德形而上学的视角。中国道德话语是一种语言现象，因此，我们对它的研究肯定会包含经验的成分，但我们不会停留于现象描述的经验主义层面，而是会更多地致力于探求中国道德话语历史变迁、伦理表意、伦理叙事和理论化发展的普遍性、必然性和规律性。采用道德形而上学的视角有助于提高本书研究的理论高度。

另外，为了落实上述总体研究思路，我们将采取四条研究路径。

研究中国道德话语的发展历史和历史作用。将中国道德话语置于中国历史语境中加以考察和探析，重点凸显中国道德话语对中国道德文化，乃至整个中华文化的强大建构作用，从而勾画出中国道德话语历史变迁的整体图景和宏观图景，将整个研究工作建立在坚实的历史合法性和合理性基础之上。

研究中国道德话语的内部构造状况、语义体系和表意功能。这一研究环节或内容的设计旨在打开中国道德话语的微观世界，揭示它的内部构成要素、伦理意义体系和伦理表意功能，为中国道德话语建构中国道德文化的强大作用提供学理解析。

研究中国道德话语的语用功能。中国道德话语具有广泛的语用功能。我们没有着重探析它用于日常道德对话和交流的语用功能，而是重点解析它的伦理叙事模式及其民族特色，并且从广义的层面使用"伦理叙事"这一概念。这一内容或环节的安排不仅将有关中国道德话语的研究从理论领域引向了实践应用领域，而且进一步为中国道德话语建构中国道德文化的强大作用提供了学理辩护。

研究中国道德话语的理论化发展问题。中国道德话语理论化发展的结果是催生理论化的中国道德话语，即中国伦理学话语体系，因此，研究中国道德话语的理论化发展问题实质上就是研究中国伦理学话语体系的发展问题。将有关中国道德话语的理论研究落脚在中国伦理学话语体系的发展问题上，展现了本书研究所能达到的理论至高点。

我们的研究路径由四个环节构成：一是历史研究的环节；二是语义研究的环节；三是语用研究的环节；四是伦理学话语体系研究的环节。这四个环节步步为营、环环相扣、层层推进。通过这种路径选择，我们旨在使有关中国道德话语的研究具有融贯历时性与共时性、宏观性与微观性、事实性和价值性、规范性和应用性、民族性与国际性、理论性与实践性的总体特征。

我们基于上述总体思路、研究视角和研究路径来确立研究中国道德话语的方法。我们的研究工作坚持以历史唯物论和辩证唯物论为方法论指导思想。中国道德话语属于上层建筑的范围，对它的研究不仅应该以经济基础和上层建筑在我国社会辩证运动的历史和现实为语境，而且应该反映上层建筑在我国社会的历史演变规律和社会作用对中国道德话语的深刻影响；否则，我们就无法真正描述中国道德话语的历史画面和现实图景，更不用说揭示它的历史演变规律、现实存在原则等重要内容。在坚持以历史唯物论和辩证唯物论为方法论指导思想的

16

前提下，本书将采用下列具体研究方法：

一是跨学科研究方法。本书的研究主题和内容涉及伦理学、语言学、社会学、教育学、传播学等众多学科，因此，要有效展开研究，必须深度融合这些相邻学科的思想、知识、理论和研究方法，形成多学科交叉的复合视角和跨学科研究方法，以保证本书的视角和方法能够与它的研究主题和内容高度吻合或相适应。跨学科研究方法的有效运用能够使本书在研究视野上显得比较开阔、在思想境界上显得比较高远、在理论建构上显得比较大气。

二是历史语境主义研究方法。借鉴西方学者斯金纳的思想史研究方法，将中国道德话语置于中国社会的历史语境中予以审视和考察，揭示它的历史变迁规律、现实表现形态、作用机制、民族性特征等。

三是批判现实主义研究方法。借鉴文艺批评理论中的批判现实主义方法，对中国道德话语在我国的存在和发展状况展开批判性考察。一方面，真实地描述中国道德话语在中国的存在现状；另一方面，又对它的存在现状进行适当批判。

四是案例分析研究方法。在研究过程中，我们会选取一些有代表性的汉语文字、词汇、语句、故事、伦理学经典著作等作为典型案例，用于说明和论证中国道德话语的伦理表意功能、伦理叙事模式等。

五是比较研究方法。本书的一个重要目的是要揭示和探析中国道德话语的特殊性和普遍性特征。要达到这一目的，我们既需要对不同历史阶段的中国道德话语进行深入比较，也需要在中国道德话语与其他道德语言形态之间展开深度比较。只有通过比较，中国道德话语的优势、民族特色等才能充分突显出来。"比较"是凸显中国道德话语的特殊性和普遍性特征的有效途径。

第一章

中国道德话语的特定内涵

"中国道德话语"这一概念的提出很容易引起争议。人们会围绕它提出很多问题。例如,是否有一种道德语言可以被称为中国道德话语?中国道德话语是人类道德语言的一个子系统吗?中国道德话语是相对于非中国道德话语而言的吗?中国道德话语同等于汉语道德语言吗?如此等等。这些问题显然都是围绕"中国道德话语"的特定内涵提出的,要求我们做出有说服力的解答。因此,本书以考察中国道德话语的特定内涵作为逻辑起点。

一、人类的语言能力

要探究中国道德话语的特定内涵,我们应该首先了解一下人类普遍具有的语言能力。语言能力是人类的一种基本能力。它必不可少,对人类生存发挥着至关重要的支撑作用,是人类与非人类存在者相区别的重要标志。

什么是语言?语言是人类借以表达其对世界认识的工具。"我们对世界的一切认识,我们对人类心灵的一切了解,都要通过语言,没有语言就没有这一切。"[①] 人类借助语言表达两个内容:一是人的外部世界;二是人自身。"外部世界"是指人周围的万事万物,它们客观地存在着,不以人的主观意志为转移。唯心主义哲学家(如王阳明)普遍强调"心外无物",赋予主观意识能够完全独立于客观存在、能够完全排斥客观存在的能力,但这只不过是一种臆想而已。人类可以在意识上"隔断"自身与外部世界的联系,进入纯粹的自我意识之中,但实

[①] 〔法〕约瑟夫·房德里耶斯. 语言 [M]. 岑麒祥,叶蜚声,译. 北京:商务印书馆,2012:2.

际上不可能"否定"和"消灭"外部世界的存在。"人自身"是人的身体和精神的统一体。人的身体是一种有限的实体,但人的精神是一种无限的实体。如果说语言的根本功能是表达世界存在的事实,那么,这是指它既要表达人周围的外部事物存在的事实,又要表达人自身的身体和精神存在的事实。换言之,语言既要表达外部世界之所是的事实,又要表达"人之所是"的事实。

"人类的历史一开始就必须有一种有组织的语言;没有语言,它是不能发展的。"① 语言是人类必须具备的一种基本能力。为了生存,人类必须有视力,以看清自己置身于其中的世界;必须有听力,以听到世界万物发出的各种声音;必须有语言能力,以表达自己的思想、情感、愿望、理想等。语言能力是人类的言说能力,可以通过口头和书面两种形式得到体现。人们说出来的话和写出来的字是人类具有语言能力的具体表现。人类甚至有"心语"。"心语"发生在一个人的心里或内心世界,只有主体自身才能听到。

语言因何而来?美国语言学家平克认为,语言是人类的一种本能。他说:"人类懂得如何说话,如同蜘蛛懂得如何结网。"② 这就是所谓的"语言本能论",其中心思想是将语言能力视为人类与生俱来的一种生物特征或生物属性;或者说,它将人类所具有的语言能力视为自然界为人类精心设计的一种生物本能。"语言本能论"认为语言是人类为了沟通需要而进化出的一种生物性本能,否认语言是思想的背后操纵者,即反对将语言视为文化产物的语言学观点。

另一种观点认为:"语言的演化与特定的历史、社会和文化环境密不可分。"③ 这是历史唯物主义观点。它没有将语言视为人类与生俱来的一种生物特征,而是将语言的起源归因于历史、社会和文化环境。语言是人类进化到一定历史阶段才形成的一种能力。刚刚从动物界脱离出来的时候,人类并没有语言能力。只有进化到一定历史阶段,"表

---

① 〔法〕约瑟夫·房德里耶斯. 语言［M］. 岑麒祥,叶蜚声,译. 北京:商务印书馆,2012:3.
② 〔美〕史蒂芬·平克. 语言本能:人类语言进化的奥秘［M］. 欧阳明亮,译. 杭州:浙江人民出版社,2015:6.
③ 胡壮麟. 语言学教程［M］. 北京:北京大学出版社,2013:8.

达"成为一种生存需要，人类才会创造语言。语言是人类为了生存的实际需要而发明的一种工具。人类需要借助语言表达思想、愿望、情感、理想等，语言才会产生。

"世界上的所有种族都拥有自己的语言。"① 语言是人类的一个伟大发明。我们难以找到人类发明语言的准确时间点，但我们能够确定，"表达"是语言的本性，人类发明语言的根本目的是要表达我们对存在世界的认识和理解。

西方逻辑实证主义哲学将语言与世界的关系描述为"陈述"与"事实"的关系。一方面，世界是事实的世界，因为它是由事实构成的，或者说，世界是充满事实的世界，因为它是事实的总和；另一方面，语言是通过概念、命题、论断等形式体现出来的一个体系，其职能就是陈述世界存在的事实。逻辑实证主义将"事实"视为构成世界的原子或要素，同时将语言视为陈述或表达原子或要素存在的工具。在逻辑实证主义哲学中，世界是由原子或要素存在的事实构成的，而不是由具体的事物构成的。它自成一家，既不同于认为世界是由具体事物构成的唯物主义哲学观，也有别于认为世界是由主观意识主导的唯心主义哲学观。

人类不同于其他存在者的地方很多，其中最重要的区别之一是我们不仅能够认识世界和自身，而且能够运用语言表达自己的认识。我们借助自己的感性能力和理性能力认识世界，同时借助自己的语言能力表达世界。由于具有语言表达能力，所以我们对世界的认识能够得到澄明，我们生活于其中的世界才能够脱离"遮蔽"状态。世界的存在必须通过语言的表达功能才能向人类显现出来，因此，海德格尔称"语言"为"存在"或"是"的"家"。

我国学者胡壮麟认为，语言具有信息功能、人际功能、施为功能、感情功能、寒暄交谈功能、娱乐功能、元语言功能等。语言能够被用于记录社会发展的事实（信息功能），建立和维护人际关系（人际功能），改变人的社会地位和控制事物（施为功能），改变听者赞成或反

---

① 〔美〕史蒂芬·平克. 语言本能：人类语言进化的奥秘［M］. 欧阳明亮，译. 杭州：浙江人民出版社，2015：1.

对某人、某物的态度（感情功能），表述人们日常交流中所需表达的思想、情感等（感情功能），表达人们的娱乐目的（娱乐功能），讨论语言本身（元语言功能），等等。① 语言具有多种多样的用途，是人类不可或缺的重要工具。

二、道德语言与非道德语言

语言是有用的。所有人都使用语言。除了将语言用于日常生活，哲学家还借助语言展开哲学活动。一切哲学活动无疑都必须通过语言来进行。维特根斯坦说："全部哲学都是一种'语言批判'。"② 他还进一步指出："哲学是一场战斗，它反对的是用我们的语言作为手段来使我们的理智入魔。"③ 维特根斯坦强调语言在哲学活动中的重要作用，但他将哲学活动完全归结为语言批判的观点是值得商榷的。哲学活动固然离不开语言，但语言并不是哲学活动的全部。

人们通常从用途的角度来谈论语言的种类划分问题。语言被人们用于表达各种各样的内容，因而体现多种多样的用途。道德语言是语言被用于表达人的道德生活内容而形成的一种语言形态，它与非道德语言相比较而言。非道德语言用于表达与道德无关的人类生活内容。

道德语言受到现代西方哲学家的重视和研究。具体地说，它是西方元伦理学的研究对象。西方元伦理学对道德语言的系统研究导致了道德语言学的产生。道德语言学聚焦于研究道德概念、道德判断和道德命题的伦理意义及其表达方式。

摩尔是西方元伦理学的重要开创者。他的《伦理学原理》被公认为西方元伦理学的开山之作。摩尔在著作中，将伦理学的研究对象明确归结为"伦理判断"的真理性。其意指，伦理学不是要研究现实中的善恶事实，而是要研究人们表达善恶事实的伦理判断。具体地说，伦理学的研究对象是伦理判断的意义。在摩尔看来，"伦理学无疑是与

---

① 胡壮麟．语言学教程［M］．北京：北京大学出版社，2013：9-12．
② ［英］维特根斯坦．游戏规则：维特根斯坦神秘之物沉思集［M］．唐少杰等，译．天津：天津人民出版社，2007：209．
③ ［英］维特根斯坦．游戏规则：维特根斯坦神秘之物沉思集［M］．唐少杰等，译．天津：天津人民出版社，2007：214．

'什么是善的行为'这一问题有关的；可是，既然和这个问题有关，如果它不准备告诉我们'什么是善'和'什么是行为'，那么它显然就不是从本原着手。"① 什么是伦理学的本原？摩尔认为，它既不是人类道德生活中的"独特的、个别的、绝对特殊的事实"，也不是"对个人进忠言或作规劝"，② 而是关于人类道德生活的知识。他说："伦理学的直接目的是知识，而不是实践……"③ 基于这种伦理学思想，摩尔将伦理学的最根本问题归结为"善"的定义问题。他强调："怎样给'善的'下定义这个问题，是全部伦理学中最根本的问题。"④

英国学者黑尔更是旗帜鲜明地使用"道德语言"这一概念。他说："道德语言是一种规定语言。"⑤ 在黑尔看来，道德语言属于规定语言（价值语言）的一种形态，它的最重要效用之一是道德教导，具体地说，它不仅能够陈述事实，而且能够规定或规范人的行为，引导人们按照一定的道德原则完成一定的道德行为。黑尔认为，一切道德行为都是人类依据一定的道德原则完成的行为，而要贯通"道德原则"和"道德行为"之间的联系，道德语言发挥着极其重要的纽带作用。道德语言运用祈使句句式，通过祈使语气把道德原则的规定性表达出来，命令行为主体按照一定的道德原则行事，从而体现其自身的规定性特征。

黑尔深入研究了道德语言的规定性特征，但他并不是最早进入该领域的西方学者。古希腊的亚里士多德认为，真正的道德行为应该是

---

① 〔英〕乔治·摩尔. 伦理学原理［M］. 长河, 译. 上海：上海人民出版社, 2005：7.

② 〔英〕乔治·摩尔. 伦理学原理［M］. 长河, 译. 上海：上海人民出版社, 2005：8.

③ 〔英〕乔治·摩尔. 伦理学原理［M］. 长河, 译. 上海：上海人民出版社, 2005：23.

④ 〔英〕乔治·摩尔. 伦理学原理［M］. 长河, 译. 上海：上海人民出版社, 2005：10.

⑤ 〔英〕理查德·麦尔文·黑尔. 道德语言［M］. 万俊人, 译. 北京：商务印书馆, 1999：5.

第一章 中国道德话语的特定内涵

人类自愿选择的结果，而"选择总要包含着理性和思索"①。其意指，一个人在自愿选择某种道德行为之前会进行理性的判断和深思熟虑，这一过程实质上是他借助道德语言进行道德思维的过程。近代的康德更是明确指出，人的道德行为都应该是遵循道德律令的结果，道德律令都是用"应该"这个词来表达的，它只有一个，这就是"绝对命令"，其内容是："要只按照您能够同时愿意它也应该成为普遍规律的那个准则去行动"②。亚里士多德和康德属于两种不同类型的伦理学家，但他们至少在一点上是共同的，即他们都将道德行为视为人类命令自己完成的行为。那么，人类是通过什么向自己发布道德命令的呢？我们借助于道德语言。人类通过道德语言向自己发布道德命令，要求自己遵循自己的德性或按照自己为自己确立的道德原则完成一定的道德行为。

道德语言不同于非道德语言，它们之间有着显著区别。这主要表现在如下几个方面：

第一，道德语言内含有伦理价值词，而非道德语言没有。伦理价值词是彰显人的伦理价值认识、伦理价值判断和伦理价值选择的词语或术语，如善、恶、正当、公正、德性等等。道德语言就是内含伦理价值词的语言。例如，人们喜欢说："善有善报，恶有恶报。"该句子包含"善"和"恶"两个伦理价值词，因而是道德语言的典型形式。又如，罗尔斯说："公正是社会制度的首要德性，正如真理是思想体系的首要德性一样。"③ 该论断中包含"公正"和"德性"两个伦理价值词，因而也是道德语言的表现形式。

非道德语言是不包含伦理价值词的语言。它陈述事实，但不包含人的伦理价值认识、伦理价值判断和伦理价值选择。例如，"那是一块石头"这一论断仅仅陈述了"那个东西是石头"的事实，并不包含人

---

① 苗力田编. 亚里士多德选集（伦理学卷）[M]. 北京：中国人民大学出版社，1999：54.
② 〔德〕伊曼努尔·康德. 道德形而上学基础 [M]. 孙少伟，译. 北京：九州出版社，2006：67.
③ RAWLS J. A Theory of Justice [M]. Cambridge, Massachusetts: The Belknap Press of Harvard University Press, 1971: 3.

对那个东西或石头的善恶价值判断。又如,"我喜欢你"这一句子仅仅表达"我从情感上认可你"的事实,它体现说话者的情感态度,但并不意味着"我"对"你"做了伦理价值判断。

第二,道德语言内含伦理意义,而非道德语言仅仅具有事实性意义。无论道德语言是以语音、词汇、文字等方式表现出来,还是以句子及其他形式表现出来,它都是以表达伦理意义作为主要功能。所谓"伦理意义",是指语言所承载的人的伦理价值判断。它一般是指得到人们普遍认同的伦理价值判断。所谓"事实性意义",是指事物作为一个纯客观事实的意义。

美国学者斯蒂文森将"伦理意义"称为"情感意义",而将"非伦理意义"称为"描述意义"。他说:"情感意义是这样一种意义:在这种意义上,反应(从听者观点看来)或刺激(从说者观点看来)都是一种情感系列。"[1] 在斯蒂文森看来,情感意义是一种"特殊的"意义,它是人所具有的具体的"倾向",反映说话者赞成或反对某个事物的"态度"。相比较而言,"描述意义是一个符号对认识发生影响的倾向"[2]。斯蒂文森将"情感意义"和"描述意义"视为两种不同种类的心理倾向,但它们是由不同的语言符号激发出来的。斯蒂文森进一步指出,"描述意义"可以借助语言学规则的作用达到精确,而"情感意义"是难以精确的。

斯蒂文森是一位情感主义伦理学家。他承认伦理判断与"信念"的紧密关联性,认为"信念分歧几乎无处不在","伦理学中的一致或分歧也永远是信念上的",甚至认为"伦理学分析的中心问题——甚至可以说'真正的'问题——就是详细地阐明信念与态度是怎样发生相互关系的"[3],但他同时强调,"把道德问题同纯科学问题区分开来的,

---

[1] 〔美〕查尔斯·L. 斯蒂文森. 伦理学与语言 [M]. 姚新中,秦志华等,译. 北京:中国社会科学出版社,1997:69.
[2] 〔美〕查尔斯·L. 斯蒂文森. 伦理学与语言 [M]. 姚新中,秦志华等,译. 北京:中国社会科学出版社,1997:77.
[3] 〔美〕查尔斯·L. 斯蒂文森. 伦理学与语言 [M]. 姚新中,秦志华等,译. 北京:中国社会科学出版社,1997:16.

主要就是态度分歧"①。说到底，斯蒂文森将伦理判断（道德判断）的伦理意义从根本上归结为情感意义或情感态度。

斯蒂文森的情感主义伦理观是值得商榷的。伦理判断或道德判断的伦理意义不能被简单地归结为判断主体赞成或反对某个事物的情感态度，而是指判断主体的伦理价值判断。这种判断不是基于个人偏好的判断，而是个人基于一定的伦理原则做出的判断。伦理原则具有两个基本特征：一是普遍性；二是必然性。只有依据这样的伦理原则做出的伦理判断才具有伦理意义。个人基于个人偏好做出的伦理判断不一定能够获得人们的普遍认可，因而不能被视为伦理判断之伦理意义的根本来源。

第三，道德语言是人类道德生活的直接现实，而非道德语言是人类非道德生活的直接现实。语言是人类生活的直接现实。与此相应，道德语言直接反映人类道德生活的现实，非道德语言直接反映人类非道德生活的现实。

道德生活是人类生活世界中一个相对独立的领域。人类生活世界包括经济生活、政治生活、文化生活等领域。道德生活是人类文化生活的核心。它与人类经济生活、政治生活紧密交织，同时又具有一定的独立性。这是伦理学能够成为一个独立学科的现实基础。哲学研究人类的整个生活世界，伦理学研究人类的道德生活世界。伦理学研究人类道德生活的过程和结果都必须借助道德语言来表达，因此，关于人类道德生活的研究也就是关于人类道德语言的研究。透过人类道德语言的研究，研究者能够洞察人类道德生活的丰富内容和复杂表现形式。

区分道德语言与非道德语言，既反映语言具有多种用途的事实，又折射人类生活的复杂性。人类并不总是生活在道德生活世界里。只有当生活内容和方式涉及伦理价值认识、伦理价值判断和伦理价值选择时，我们才会进入道德生活世界。在很多时候，我们过着与道德无关的生活。例如，一个人选择在家里吃饭，而不选择在单位食堂吃饭，

---

① 〔美〕查尔斯·L. 斯蒂文森. 伦理学与语言［M］. 姚新中，秦志华等，译. 北京：中国社会科学出版社，1997：18.

这就不一定与道德有关。另外，一个人走路很快，这也不一定与道德有关。它们可能仅仅与人的生活习惯有关。在人类社会，个人生活习惯通常不被纳入道德生活的范围。只有当一个人的生活习惯影响到了他人的生活，甚至对社会秩序产生了危害，它才会被视为与道德有关的事情。从这种意义上来说，区分道德语言与非道德语言是必要的，也是重要的。

三、中国道德话语：作为人类道德语言的子系统

国内外学术界对"道德语言"的研究主要是20世纪以后的事情，但这并不意味着道德语言直到20世纪才产生。道德语言是人类语言体系的一个子系统。它的发展史可能与人类语言史一样久远。

恩格斯认为，人类在"低级阶段"或"蒙昧时代"就拥有了语言。所谓"低级阶段"或"蒙昧时代"，是指人类还没有完全摆脱动物状态的历史阶段。在该历史阶段，人类没有完全与动物区别开来，身上还有强烈而鲜明的动物性，但也取得了很多生存成就。恩格斯说："音节清晰的语言的产生是这一时期的主要成就。"[1] 那个历史阶段的人类处于童年阶段，只能依靠采集和狩猎维持生计，但他们已经开始用语言进行交流。如果说道德早在原始社会就已经产生，那么处于低级阶段的人类利用语言进行道德生活交流是完全可能的。

人类道德语言是一个非常庞大的体系。地球上有多少种语言体系，就有多少种道德语言。每一个民族所拥有的道德语言既具有道德语言的一般性特征，又具有道德语言的民族性特征。具体地说，所有民族的道德语言都是规定语言，但它们在表达规定性的时候又有所差别。

"中国道德话语"是在中国社会传承发展的一个道德语言体系，但它毕竟是人类道德语言体系的一个子系统。一方面，与所有其他的道德语言形态一样，它是一种规定语言或价值语言。中华民族之所以会以这样或那样的方式过道德生活，这与中国道德话语有着非常紧密的关系。中国道德话语是推动中华民族按照一定的道德原则完成道德行

---

[1] 中共中央马克思恩格斯列宁斯大林著作编译局编译. 马克思恩格斯文集：第4卷 [M]. 北京：人民出版社，2009：33.

第一章 中国道德话语的特定内涵

为必须依靠的一个中间环节。另一方面，由于具有中国语境性，中国道德话语必定是一个具有特定内涵的术语。它必定因为内含中国元素而别具一格。中国没有发展出西方式的元伦理学，但这并不意味着中华民族没有自己的道德语言。中国道德话语就是具有中国特色的道德语言；或者说，它是中华民族为了表达其道德生活需要和意义而创造、传承和发展起来的一个道德语言体系。

中华民族是一个历史悠久的伟大民族。我们的祖先创造了中华文明，是人类古文明的重要开创者。中国道德话语是中华文明的重要元素，也是中华文明的重要标志。它是中华民族表达其道德生活观念的特有方式。中华民族道德生活史主要是通过中国道德话语得到刻写的。

将中国道德话语视为人类道德语言体系的一个子系统，既有助于明确它与人类道德语言体系的紧密关系，又有助于揭示它的丰富内涵。只有将中国道德话语置于人类道德语言的宏大体系之中，我们对它的理论研究才能彰显开阔的理论视野，否则，我们很可能犯只见树木不见树林的片面性错误。中国道德话语是中华民族的，也是整个人类的。在经济全球化时代，中国道德话语正在世界范围内越来越广泛地传播。深入揭示中国道德话语的普遍性和特殊性有助于推进它的国际传播。

语言学家乔姆斯基认为，语言具有民族差异，又具有一定的共性。因此，美国学者平克说："根据乔姆斯基的说法，如果一位来自火星的语言学家造访地球，他必然会得出这样的结论：地球上的人所说的其实是同一种语言，只不过是在词语上互不相同而已。"① 乔姆斯基在语言学研究中发现，地球人使用的语言表面上五花八门，其实采用的是相同的符号处理系统；或者说，地球上的人类语言都是出自同一张设计图，因此，如果从火星人的角度来看，地球人说的语言其实是同一种语言。平克深受乔姆斯基语言学理论的影响，不仅相信人类语言存在共性的事实，而且将语言的共性归因于人类普遍具有的语言本能。

乔姆斯基和平克的观点不一定完全正确，但它们至少给我们提供了这样的启示：我们既要看到中国道德话语的民族性特征，又要看到

---

① 〔美〕史蒂芬·平克. 语言本能：人类语言进化的奥秘［M］. 欧阳明亮，译. 杭州：浙江人民出版社，2015：243.

它与其他道德语言形态的共性。中国道德话语在人类道德语言体系中具有一定的独立性，但这种独立性是相对的。

中华民族从古至今一直在使用善、恶、正当、公平等伦理术语。其他民族也从古到今在使用这些伦理术语。只不过，不同民族会用不同的词语来表达它们。英语民族不用汉语来表达善、恶、正直、正当、公平等概念，而是用英语来表达它们。当他们将这些术语表述为goodness, evil, rightness, justice 和 fairness 时，他们所使用的道德语言在形式上确实与中华民族有区别，但这绝不意味着他们对这些术语的认知和理解完全不同于中华民族。不同民族完全可能用不同道德语言表达相同的道德价值观念。

平克也重视研究语言的差异。他说："语言的差异就像物种的差异一样，是三种演化过程长期作用的结果。"[1] 他将语言演化的三个过程称为变异、遗传和隔离。生物学中的"变异"在语言学中被称为"革新"；生物学中的"遗传"在语言学中被称为"学习能力"；生物学中的"隔离"在语言学中被称为"人口迁移"。在平克看来，地球上之所以存在多种多样的语言，主要是由革新、遗传和隔离三种原因导致的。

中华民族在不断繁衍、不断发展的过程中与世界始终保持着联系，但同时也始终保持着一定的独立性。我们有自己的民族发展史，也有自己的语言发展史。我们继承本民族的文化传统，同时对本民族的文化传统进行不断革新。在历史变迁中，我们既存在内部人口迁移，又存在面向外部世界的人口流动。中华民族道德生活史更是源远流长、博大精深，这不仅被刻写成了中华民族的集体道德记忆，而且通过中国道德话语得到了生动书写。中国道德话语的演化发展也是中华民族集体道德记忆的重要内容。它是民族的，具有民族性特征，同时又是世界的，具有世界性特征。

中国道德话语是适应中华民族道德生活和中国语境的现实需要而产生、发展的一个道德语言体系，但它同时又属于人类道德语言，乃至人类语言的大范畴，因而兼有特殊性和普遍性特征。能否很好地解

---

[1] 〔美〕史蒂芬·平克. 语言本能：人类语言进化的奥秘［M］. 欧阳明亮, 译. 杭州：浙江人民出版社，2015：252.

答该问题，反映我们研究中国道德话语的理论深度和高度。中国道德话语的特殊性和普遍性特征需要通过它自身的语义体系、语用体系、伦理学话语体系等具体形式表现出来，我们对它们的理论探析应该从这些领域着手。

"中国道德话语"是一个外延很大、内涵很丰富的概念。探究中国道德话语世界是一场引人入胜的探秘之旅。我们既必须深入到它的深厚历史和丰富现实之中，又必须用灵魂之眼去探望、探察、探寻隐藏于历史和现实背后的真理。"中国道德话语"也是一个具有特定外延和内涵的概念。"中国"是一个特定的限定词。用它来限定"道德语言"意指这样一个事实：在世界上林林总总的道德语言中，有一种道德语言必须贴上"中国"的标签。

四、道德语言在汉语中的重要地位

中华民族是一个大家庭，由56个民族组成，有100多种语言，方言更是种类繁多，但汉语无疑是使用人数最多的语言。在中国，汉语主要由汉族使用；维吾尔族、藏族、蒙古族等少数民族既使用本民族语言，也使用汉语。汉语是中华民族通用的官方语言。

中国道德话语是中国各个民族所使用的道德语言的统称。它散布在汉语、维吾尔语、藏语、蒙古语、苗语等多种语言之中，在表现形式上具有多样性。我们在本书中将对中国各民族的道德语言进行一些比较分析，但会将主要精力用于研究汉语道德语言。本书所说的"中国道德话语"不是泛指中国所有语种所包含的道德语言，而是主要指汉语中的道德语言或汉语道德语言。这主要基于这样一种考虑：汉语是当今中国使用人数最多、影响面最广、代表性最强的官方语言。

汉语道德语言是中国使用范围最广的道德语言。在中国大陆，有12亿多人为汉族、说汉语，因此，汉语道德语言在中国道德话语中占据的比重最大。从这种意义上来说，谈论"中国道德话语"，主要是谈论汉语道德语言。

中国道德话语是汉语中最有影响力的部分。中华民族是一个特别重视伦理学理论建构和道德文化建设的民族。伦理学家历来在中国社会具有很高的地位，"德治"在中国传统社会更是一直被视为国家治理的根本手段。中华民族所说的"圣贤"多为伦理学家。在我国，为师者、从政者和普通人都以成为圣人式的伦理学家为荣。正因为如此，道德语言在中国社会具有极其广泛而强大的影响，汉语中的大量词汇、术语、成语、论断出自中国伦理学家的著作，并且被人们广泛运用于口头语和书面语。在中国，"自强不息""厚德载物""己所不欲，勿施于人""上善若水""从善如流""天长地久""相濡以沫""恻隐之心"等几乎是家喻户晓的伦理话语。中国道德话语就是具有中国特色的道德语言，它是汉语中最有影响力的部分，在汉语中占据至关重要的显赫地位。

中国社会之所以从古至今被称为伦理型社会，中国道德话语所发挥的重要作用不容低估。中华民族历来将"道德"视为人之为人的根本，因而时时讲道德、处处讲道德，这使得中国社会弥漫着浓厚的道德氛围。在西方社会，除了工作场合，人们聚集最多的地方是教会。西方人周末大都在教会聚集，诵读《圣经》，吟唱圣歌，谈论基督教故事。在中国，人们在工作之余大都在进行道德对话。父母时时刻刻都在对子女进行道德教育，教师对学生说得最多的也是道德话语。浓郁的道德氛围是中国社会的一个显著特征。

关于中国道德话语的理论研究主要属于道德语言学的范围，内容涵盖中国道德话语的发展历史、语义、语用、传承传播、理论化发展等方面。它也是一个具有学科交叉性的概念。它集历时性与共时性、事实性与价值性、规范性与应用性、伦理性与语言性、民族性与国际性、理论性与实践性于一体，因此，我们对它的研究在内容和方法上不仅涉及哲学（主要是伦理学）和语言学两个主要学科，而且涉及心理学、社会学、教育学、传播学等相关学科。

中国迄今没有系统化的道德语言学。推进中国道德话语研究有助于建构具有中国特色的道德语言学。中国特色伦理学的当代建构不能没有中国特色道德语言学的在场。现代西方有元伦理学。中国应具有自身特色的道德语言学。中国道德话语是汉语中最鲜活、最有影响力的部分，对它展开深入系统的研究必然带来中国特色道德语言学的兴起和繁荣。

五、中国道德话语的民族特色

中国道德话语具有民族特色。它的民族特色是在它自身不断演进的历史进程中逐步形成的。作为中华民族道德生活的表达系统,它表达中华民族的道德思维、道德认知、道德情感、道德意志、道德信念、道德行为方式等,并因此而具有民族特色。我们仅仅以中国道德话语对中华民族道德思维的反映为例。

道德思维是人类道德生活的首要环节。人类不仅具有道德生活能力,而且知道自己具有这种能力。何以如此?这是因为我们具有道德思维。所谓"道德思维",是指我们人类能够对自己的道德生活进行思考、反思和深思。它是人类道德生活的首要环节,是人类建构道德认知、道德情感、道德意志、道德信念、道德行为的基础。作为人类,我们可以借助感性思维、理性思维、直觉等方式展开道德思维。

人类也有能力将自己的道德思维表达出来。这需要借助道德语言的力量。人的道德思维一旦通过道德语言表达出来,伦理思想就应运而生,所以人的道德思维大体上等同于人的伦理思想,道德语言对人的道德思维的表达实际上是对人的伦理思想的表达。

道德思维的核心任务是为行为的正当性提供理由。在为人的行为正当性提供理由时,人们可能分别采取德性主义、规范主义、情感主义、语境主义等道德推理方法。德性主义以内在的德性作为人完成正当道德行为的原因,规范主义以普遍有效的伦理原则或道德原则作为人完成正当道德行为的原因,情感主义以人赞成或反对某事的态度作为人完成正当道德行为的原因,语境主义以变化的环境作为人完成正当道德行为的原因。这反映在人的道德思维中,就是德性主义道德思维、规范主义道德思维、情感主义道德思维和语境主义道德思维的争鸣。

在中国传统社会,最有影响的伦理思想是儒家伦理思想。儒家伦理思想是一个兼有德性主义、规范主义、情感主义和语境主义的伦理思想体系。它强调德性在道德生活中的重要性,要求人们通过修身、养性来承担齐家、治国、平天下的道德责任,因而彰显德性主义伦理思想特征;强调"礼"(规范)在道德生活中的重要性,提出"己所不欲，勿施于人"和"己欲立而立人，己欲达而达人"两个"金规"，因而体现规范主义伦理思想特征；强调道德情感的重要性，认为"知之者不如好之者，好之者不如乐之者"①，因而展现情感主义伦理思想特征；强调语境在道德生活中的重要性，主张"见贤思齐焉，见不贤而内自省也"②，因而体现语境主义伦理思想特征。由于儒家伦理思想具有综合德性主义伦理思想、规范主义伦理思想、情感主义伦理思想和语境主义伦理思想的特征，它在道德话语上也具有显而易见的综合性特征。

儒家认为，基于道德思维产生的伦理思想是可以言说的，但它并不主张人们随意乱说，而是要求人们"慎言"。孔子说："君子一言以为知，一言以为不知，言不可不慎也。"③ 其意指，君子说出一句话，人们就可以看出他是否真的知道什么，或看出他是否不知道什么，因此，说话不能不小心谨慎。孔子要求人们"无求备于一人"④，即不能对人求全责备，但他同时也要求人们谨言慎行。

儒家伦理思想是在中国传统社会最贴近生活、最接地气的伦理思想，这与它所使用的道德话语体系有着紧密关系。它坚持人本主义原则，处处体现以人为本的道德情怀，因而能够受到人们大众的欢迎和支持。在中国传统社会，人们在道德生活上需要得到哲学家的指导。儒家哲学家重视教育，尤其重视道德教育，致力于通过道德教育达到帮助人们"学以成人"的目的。在进行道德教育的时候，他们用人们喜闻乐见的道德语言来表达儒家伦理思想，将人们的道德思维引入儒家倡导的人本主义道德思维模式，在中国传统社会起到了塑造道德思维、建构道德秩序的重要作用。

道家不仅相信包括"伦理"在内的"道"是存在的，而且相信它是可以言说的东西。老子说："道可道，非常道；名可名，非常名。"⑤ 其意指，道是可以言说、可以解释的东西，但被我们言说和解释的道

---

① 论语 大学 中庸 [M]．陈晓芬，徐儒宗，译注．北京：中华书局，2015：69．
② 论语 大学 中庸 [M]．陈晓芬，徐儒宗，译注．北京：中华书局，2015：45．
③ 论语 大学 中庸 [M]．陈晓芬，徐儒宗，译注．北京：中华书局，2015：237．
④ 论语 大学 中庸 [M]．陈晓芬，徐儒宗，译注．北京：中华书局，2015：227．
⑤ 老子 [M]．饶尚宽，译注．北京：中华书局，2006：2．

第一章 中国道德话语的特定内涵

不同于永恒不变的道——"常道"。显然在老子看来,"道"兼有可言说性和不可言说性;或者说,人对"道"的言说只能达到一定的程度,并不能达到完全的程度。老子所说的"道"是自然之道或天道,是自然的伦理。

儒家和道家的一个重要区别是关于伦理是否可以言说的争议。儒家不仅坚持认为伦理可以言说,而且试图将它言说出来。由孔子开创的儒家伦理学自始至终致力于引导人们认识伦理,而为了达到这一目的,它坚持以言说伦理作为自己的根本任务。儒家伦理学在中国传统社会历经复杂的历史变迁,但它坚信伦理具有可言说性的立场没有发生变化。在儒家伦理学中,伦理既是人道,也是天道,但无论它是什么,人们都可以认知它、言说它。道家也肯定伦理的可言说性,但它认为这种言说只能达到有限的程度。

中国道德话语能够反映中华民族的道德思维方式。中华民族的道德思维主要是儒家式的。中华民族是人本主义者,也是唯物主义者,但这并不意味着我们不能进行形而上学思维。早在先秦时期,孔子、老子等哲学家就已经在思考伦理的实在性问题和言说性问题。他们早就认识到了人类道德生活兼有现实性和理想性、特殊性和普遍性、偶然性和必然性、有限性和无限性的特征。他们的道德思维兼有人本主义、自然主义、超自然主义特征,他们的伦理思想也是综合性的。

伦理是否可以言说的问题也受到西方哲学家的关注和重视。早在古希腊时期,亚里士多德就将具有普遍性和必然性的伦理原则称为"实践的逻各斯",并且最终将它归结为"中道"原则,因此,在他的德性主义伦理学中,"实践的逻各斯"是人可以认识的、可以言说的东西。作为规范主义伦理学的代表人物,康德干脆旗帜鲜明地强调道德原则的普遍性和必然性特征,并且将它归结为"绝对命令"。在20世纪之前,西方哲学家普遍将伦理视为可以言说之物。

20世纪,元伦理学在西方兴起,伦理是否可以言说的问题受到西方元伦理学家的广泛关注。逻辑实证主义者否定伦理的现实性和可言说性。维特根斯坦认为"伦理是不可说的"①，因为它是超验的。作为一位唯心主义的逻辑实证主义者，维特根斯坦将人类置身于其中的世界归结为一个由逻辑事实构成的寓所。他说："世界是事实的总体，而不是事物的总体。"② 他还进一步指出："事实的逻辑图像是思想。"③ 维特根斯坦从根本上否认伦理的现实性和可言说性。在维特根斯坦看来，既然伦理是不可言说的，伦理意义只能存在于世界之外，伦理学研究并没有什么价值。

历史地看，如果说维特根斯坦在该问题上提出的观点值得关注，这仅仅指他的观点比老子之类的中国哲学家更加激进。老子既认为伦理具有可言说的一面，又认为伦理具有不可言说的一面。兼有逻辑学家身份的维特根斯坦则显得更加彻底，要求人们对"伦理"保持沉默的态度。他坚持认为："对于不可说的东西我们必须保持沉默。"④ 在维特根斯坦的眼里，伦理是"不可说的东西"，因此，我们对它必须"保持沉默"。

中国道德话语的民族特色是一个宏大论题。它隐藏于中国道德话语的方方面面，需要发掘才能被发现，需要揭示才能被洞察，需要解释才能被把握。中国道德话语是中华民族道德生活的表达系统，只有深入研究中华民族的道德思维、道德认知、道德情感、道德意志、道德信念和道德行为方式，我们才能揭示它的民族特色。中国道德话语的民族特色只不过是中华民族道德生活史、中国道德文化传统和中国伦理思想在语言上得到表达或呈现而形成的民族性特征而已。中国道德话语是中华民族使用的道德语言。它的民族特色是中华民族在绵延不断的道德生活中积淀而成的。

---

① 〔奥〕维特根斯坦. 逻辑哲学论 [M]. 贺少甲, 译. 北京：商务印书馆，1996：105.
② 〔奥〕维特根斯坦. 逻辑哲学论 [M]. 贺少甲, 译. 北京：商务印书馆，1996：25.
③ 〔奥〕维特根斯坦. 逻辑哲学论 [M]. 贺少甲, 译. 北京：商务印书馆，1996：31.
④ 〔奥〕维特根斯坦. 逻辑哲学论 [M]. 贺少甲, 译. 北京：商务印书馆，1996：108.

第二章

中华民族的语德传统

中华民族是一个尊德、崇德、守德的伟大民族，将道德规范性要求落实到人的知（认知）、情（情感）、意（意志）、信（信念）、语（语言）、忆（记忆）、行（行为）等各个方面，并形成了具有自身特色的知德、情德、意德、信德、语德、忆德和行德。本章的研究主题是中华民族的语德传统。

一、语德："口德"的学术化表达方式

中华民族并不使用"语德"这一概念，但有使用"口德"一词的传统。在中国，如果一个人恶语伤人，另一个人很可能以"请你积点口德"来加以回应。所谓"口德"，是指人说话应该遵循的道德规范。出于学术性考虑，我们将中华民族常常挂在嘴边的概念"口德"转换成"语德"。

要深入理解中华民族的语德，我们需要首先了解自身使用语言的情况。中华民族通常把人说的话称为"言"，有时将其与"语"等同、连用，因此，"讲话"被说成"发言"，"说大话"被说成"大言不惭"，"说话算数"被说成"言而有信"，"说假话"被说成"言不由衷"，"不喜欢说话的人"被说成"少言寡语的人"，"说话声音小"被说成"轻言细语"，"说疯话"被说成"疯言疯语"。"言"是中华民族的一个常用词语。

中华民族历来高度重视说话的艺术性和伦理性。在中国，如何说话既是一个技巧问题，也是一个伦理问题。作为一个技巧问题，它反映中华民族说话时使用语音语调、遣词造句、运用修辞等方面的技能状况。作为一个伦理问题，它反映中华民族对说话的伦理功用、语言与道德的关系、言的道德正当性等问题的认识、理解和把握情况。

中国哲学家很早就开始关注和研究中华民族的语德。作为道家伦理学的开创者，老子在《道德经》中提出了很多与语德相关的概念和论断。他倡导"贵言"，认为贵言"悠兮"①，意指不轻易夸耀自己的功绩才能逍遥自在；倡导"希言"，认为"希言自然"②，意指少言才合乎自然之道；倡导"善言"，认为"善言，无瑕疵"③，意指表达得体的话是无可挑剔的；倡导"美言"，认为"美言可以市尊"④，意指美好的言论可以赢得人们的尊重；倡导"信言"，认为"信言不美"⑤，但它是真实可靠的，意指人应该说真话；倡导"不言"，认为圣人"处无为之事，行不言之教"⑥，意指圣贤能够用无为的方式处理事情和教化人。在老子看来，"言"反映人的智慧，这种智慧不是以一个人说话的多少来衡量，而是以一个人说话的方式来衡量。他说："知者不言，言者不知。"⑦ 其意指，有智慧的人不会随便说话，随便说话的人没有智慧。

老子所说的说话智慧具有伦理意蕴，实质上是指人的语德智慧。他没有使用"语德"概念，甚至没有提及"言"与"德"的关系，但他对各种"言"的论述都是围绕道家主张道法自然的伦理观展开的。我们不难发现，老子将他的自然主义伦理观运用于关于"言"的道德思考，认为言不在多，贵在得当。他明确反对"多言"，认为"多言数穷，不如守中"⑧。根据老子的自然主义伦理观，"多言"似乎是一件不道德的事情。老子尤其反对人们在道德教育的时候唠叨、啰唆，主张以"不言"达到教化人的目的。

作为儒家伦理学的开创者，孔子论及语德的地方非常多。他说："名不正，则言不顺；言不顺，则事不成；事不成，则礼乐不兴；礼乐不兴，则刑罚不中；刑罚不中，则民无所措手足。故君子名之必可言

---

① 老子[M].饶尚宽,译注.北京：中华书局,2006：43.
② 老子[M].饶尚宽,译注.北京：中华书局,2006：58.
③ 老子[M].饶尚宽,译注.北京：中华书局,2006：68.
④ 老子[M].饶尚宽,译注.北京：中华书局,2006：68.
⑤ 老子[M].饶尚宽,译注.北京：中华书局,2006：192.
⑥ 老子[M].饶尚宽,译注.北京：中华书局,2006：151.
⑦ 老子[M].饶尚宽,译注.北京：中华书局,2006：136.
⑧ 老子[M].饶尚宽,译注.北京：中华书局,2006：13.

第二章 中华民族的语德传统

也,言之必可行也。君子于其言,无所苟而已矣。"① 这段话至少包含三个与语德相关的内容。首先,"言"是人类道德生活的重要内容。人类道德生活涉及名、言、礼、乐、刑罚等方面,"言"在其中占据不容忽视的重要地位。其次,"言顺"是人完成一定道德行为的重要依据,"言不顺"会导致人的道德行为受阻。再次,"言"是连接"名"(理由)和"行"(道德行为)的纽带,因此,"言"必须有道理,并且一定可以实行。最后,人应该培养君子的品德,严肃对待自己的"言",在"言"方面不马虎、不草率。

孔子也没有使用"语德"概念,但他强调"言"与"德"的紧密关联性。他深刻认识到了"有德者必有言,有言者不必有德"② 的事实,认为有道德修养的人一定有出色的言论,有出色言论的人不一定有道德修养,但他本人主张"言"和"德"的融合、统一。他说:"君子耻其言而过其行。"③ 君子会因为自己的言语超过行动而感到羞耻。孔子追求的是言而有信,是"言必信,行必果"④。或者说,孔子非常重视"言"的伦理意蕴,要求人们做到言德相通、言德相配、言德合一。

作为墨家伦理学的开创者,墨子也关注和研究与语德有关的问题。他曾经明确指出:"慧者心辩而不繁说,多力而不伐功,此以名誉扬天下。言无务为多而务为智,无务为文而务为察。"⑤ 有智慧的人心知肚明却不多说,出力多、贡献大却不夸耀自己的功劳,因而能够名扬天下;说话不在于多,而在于有道理,不应该追求华丽文采,而应该追求明察是非的效果。他还强调:"志不强者智不达,言不信者行不

---

① 论语 大学 中庸 [M]. 陈晓芬,徐儒宗,译注. 北京:中华书局,2015:151.

② 论语 大学 中庸 [M]. 陈晓芬,徐儒宗,译注. 北京:中华书局,2015:164.

③ 论语 大学 中庸 [M]. 陈晓芬,徐儒宗,译注. 北京:中华书局,2015:175.

④ 论语 大学 中庸 [M]. 陈晓芬,徐儒宗,译注. 北京:中华书局,2015:158.

⑤ 墨子 [M]. 方勇,译注. 北京:中华书局,2015:11.

果。"① 其意为，意志不坚强的人不可能拥有高智慧，言而无信的人不可能有什么行为的结果。

"言多方，殊类异故，则不可偏观也。"② 墨子认为，言语的表达方式是多种多样的，这是由事物的多样化类别和多种原因决定的，因此，我们在审视和观察人说话的时候不能偏执。在墨子看来，人的言语之中往往隐藏着一定的是非、善恶和美丑观念。他说："争一言以相杀，是贵义于其身也。"③ 其意指，人们为了一言之争而相互残杀，是因为道义比身体更珍贵的缘故。显然在墨子看来，人的言语之中有时包含大是大非、大仁大义的含义，它会激励人们为之挺身而出，甚至杀身成仁。

由老子、孔子、墨子等先哲开创的语德传统是中国道德传统的重要组成部分。虽然他们的伦理学理论中并没有"语德"概念，但是他们对语言的伦理功能、语言与道德的关系等论题给予了深入的关注和研究，并且提出了比较系统的伦理思想。这些生活在先秦时代的伦理学家都是具有极高伦理智慧的思想家。他们探究人类道德生活的各个领域、方方面面，追求"尊德性而道问学，致广大而尽精微，极高明而道中庸"④ 的学术境界，在先秦时期掀起了中国伦理学繁荣发展的辉煌高潮。他们对中国道德话语的最早思考和研究更是立乎其大、成乎其小，尽显中国伦理学在发端之处就融宏观与微观于一体的独特气象、气派和气质。

习近平总书记说："一个民族、一个人能不能把握自己，很大程度上取决于道德价值。"⑤ 中华民族是一个高度重视语德的民族。在中华民族的伦理视域中，语言与道德之间存在密不可分的关系，以道德规范规约人的言语行为具有十分重要的伦理意义。当代中华儿女应该理

---

① 墨子 [M]．方勇，译注．北京：中华书局，2015：10.
② 墨子 [M]．方勇，译注．北京：中华书局，2015：388.
③ 墨子 [M]．方勇，译注．北京：中华书局，2015：411.
④ 论语 大学 中庸 [M]．陈晓芬，徐儒宗，译注．北京：中华书局，2015：344.
⑤ 中共中央文献研究室编．习近平关于社会主义文化建设论述摘编 [M]．北京：中央文献出版社，2017：139.

直气壮地继承和弘扬中华民族的语德传统。

二、言由心生与正心的道德要求

要深入研究中华民族的语德,需要解答一个基本理论问题:人为什么要说话?该问题又涉及两个子问题:一是语言因何而来?二是语言从何而来?研究这两个问题既不是语言学家的主要任务,也不是伦理学家的主要任务。"语言学家研究的是说的语言和写的语言。"① 伦理学家研究道德规范和人的德性修养问题,他们对语言的研究主要局限于人所说的道德语言和所写的道德语言。不过,追问和思考语言因何而来和从何而来的问题对相关研究工作是有启发价值的。

语言因何而来?有学者认为,语言是"在社会内部形成的"②。持这种观点的学者对人类语言与动物语言进行了区分。人类出现在地球上以前,动物就已经拥有各种各样的语言。动物有能力创造语言,但它们创造的语言比人类语言低级。具体地说,动物语言是动物在进化过程中形成的一种能力,它是动物生存必不可少的一种能力,但这种能力不能与人类的语言能力相提并论。一方面,"动物的语言既不能演变,也没有进步;没有任何迹象表明今天动物的呼叫和过去有什么不同。"③ 另一方面,"动物的语言隐含着把符号与所表示的事物黏附在一起。要消除这种黏附,使符号获得离开事物而独立存在的价值,需要一种心理的作用,而这就是人类语言的出发点。"④ 人类语言和动物语言都作为符号而存在,所不同的是人类和动物赋予语言符号的意义是不同的,因此,"人类语言和动物语言的区别是在于对符号性质的评

---

① 〔法〕约瑟夫·房德里耶斯.语言[M].岑麒祥,叶蜚声,译.北京:商务印书馆,2015:8.
② 〔法〕约瑟夫·房德里耶斯.语言[M].岑麒祥,叶蜚声,译.北京:商务印书馆,2015:14.
③ 〔法〕约瑟夫·房德里耶斯.语言[M].岑麒祥,叶蜚声,译.北京:商务印书馆,2015:16.
④ 〔法〕约瑟夫·房德里耶斯.语言[M].岑麒祥,叶蜚声,译.北京:商务印书馆,2015:16.

价。"① 人类之所以创造不同于动物的语言，主要是为了交际的需要。"从人类感到有互相交际需要的那一天起就有了语言。"②

道德生活是人类社会生活中一个相对独立的领域。在这一领域中，人类主要借助道德语言进行交际。道德语言是一个由内含伦理意义的概念、术语、命题等构成的语言体系。世界上的每一个民族都有自己的道德语言体系。以英语为母语的民族拥有英语道德语言。中华民族拥有汉语道德语言。在长期使用汉语道德语言的过程中，中华民族形成了具有自身特色的语德传统。

语言从何而来？这是一个难题，在语言学、心理学、人类学等领域引起了诸多争议。学术界能够达成共识的地方是将语言的发生机制归结到人的内部世界，认为"语言的发展是人脑自然进化的结果"③，但迄今还没有人能够对语言在人脑的发生机制进行准确定位和说明。中华民族很早就开始关注语言的发生机制问题，但较早的关注并没有上升到"研究"的程度。《文心雕龙》说："心生而言立，言立而文明，自然之道也。"④ 这显然是一种没有经过深入论证的经验之谈，但它确实揭示了"言由心生"的事实。

如果说"言由心生"是一个客观事实，那么我们就不得不探究"心是什么"的问题。生理学和心理学研究显示，"心"不是指人的心脏，而是指人脑。在古代，人类认识到了自身的存在是由身体和精神两个部分构成的事实，但由于没有能力认识、确定精神的存在位置和发生机制，只能创造一些概念来描述它。古希腊人使用的概念是"灵魂"，中华民族使用的概念是"心"。中华民族也讲"灵魂"，但它是一个不同于"心"的概念。在中华民族眼里，"心"既是思想的寓所，也是七情六欲的寓所，更是思想与七情六欲博弈、斗争的寓所。从这

---

① 〔法〕约瑟夫·房德里耶斯. 语言［M］. 岑麒祥，叶蜚声，译. 北京：商务印书馆，2015：15-16.
② 〔法〕约瑟夫·房德里耶斯. 语言［M］. 岑麒祥，叶蜚声，译. 北京：商务印书馆，2015：14.
③ 〔法〕约瑟夫·房德里耶斯. 语言［M］. 岑麒祥，叶蜚声，译. 北京：商务印书馆，2012：17.
④ 文心雕龙［M］. 王志彬，译注. 北京：中华书局，2012：3.

种意义上来说,"言由心生"是指人所说的话或所发的言都源于人本身的"心",是对人心中的东西进行表达的结果。心里有什么,言就表达什么,言与心中的东西是一致的。

中华民族将心视为一种实体。它或者像一块地,因而被称为"心地";或者像一块田,因而被称为"心田";或者像一栋房子,因而被称为"心房";或者像一只眼睛,因而被称为"心眼"。作为实体存在的"心"有大小之分,可大可小,因此,我们可以说"这个人心很大",也可以说"那个人心很小"。"心"也有空间,心中可以装载人的思维对象(心事)、思想(心思)、愿望(心愿)、欲求(心意)、情感(心情)、情绪(心绪)、声音(心声)、语言(心语)、器官(心肠)、境界(心境)等众多东西。可见,中华民族所说的"心"是一种可以描述、可以言说的实体。如果说言由心生是一个事实,那么言所表达的就是人的心所能拥有之物。

除了上述可以描述的东西以外,中华民族所说的"心"能装载的最重要之物是人的道德修养。根据儒家伦理思想,一个人的道德修养怎么样,既有天生的原因,也有后天的原因。天生的善良本性可以使人心地善良,后天的道德教育则可以使人回归善良本性。《三字经》说:"人之初,性本善,性相近,习相远。"[1] 此话是对孔子在《论语》中说的话"性相近也,习相远也"[2] 进行拓展的产物。这一方面是指人刚生下来的时候本性都是善良的,但后天养成的习惯可以让人相差甚远,另一方面也暗示所有人都可以凭借天生的善良本性或后天所受的道德教育成为心地善良的人。在儒家伦理思想中,心是人的道德修养的生发之地,道德修养的实质是"修身","修身"的关键在于"正心"。

所谓"正心",就是要端正人的心术和心态。端正心术,是要正确地使用用心之法。在中华民族眼里,心是可以"用"的,用法正确与否,体现心术是否端正的事实。端正心态,是要调整好心的状态。中

---

[1] 三字经 百家姓 千字文 弟子规 千家诗 [M]. 李逸安,张立敏,译注. 北京:中华书局,2011:6.
[2] 论语 大学 中庸 [M]. 陈晓芬,徐儒宗,译注. 北京:中华书局,2015:207.

华民族相信，心的状态是可以调整的，调整得是否到位，体现心态好坏的事实。另外，要端正心态，必须首先端正心术。心术正，则心态正；心术不正，则心态不正。心态正，则心正；心态不正，则心不正。"正心"是为了"心正"，"心正"是为了"修身"，"修身"是为了修炼道德修养。儒家伦理学将"正心"视为修炼道德修养的关键。《大学》说："心不在焉，视而不见，听而不闻，食而不知其味。此谓修身在正其心。"① 如果心术和心态不端正，人看不到正在看望的东西，听不到正在听的声音，吃不出正在吃的食物的味道。

作为道德修养的发源之地，心对人承担着以德润身的重任。在中国伦理学尤其是儒家伦理学中，德心是人心的根本，它是人心能否承担以德润身重任的决定因素。德心的本性是向善、求善，其最高目的是追求"至善"。王阳明的心学所说的"心"主要是指人的德心。他说："至善是心之本体，只是明明德到至精至一处便是。"② 德心之所以是德心，是因为它能够对人的心事、心思、心愿、心意、心情、心绪、心声、心语、心肠、心境等发挥支配性的价值引导作用；或者说，它有能力对人心中所装载的思维对象、思想、愿望、欲求、情感、情绪、声音、语言、境界等进行道德上的控制。

正心是为了正本清源。心是德之本，本立而道生；心是德之源，源清则流清。心中所想，嘴中所说。一个人的心里装着什么，这都会通过他说的话反映出来；或者说，一个人以什么方式说话直接反映他的心术和心态。孔子说："君子喻于义，小人喻于利。"③ 其意指，君子心里想着的都是义，嘴里说的也都是义；小人心里想着的都是利，嘴上说的也都是利。一般来说，心正之人说出的话往往充满正能量，心不正之人说出的话则往往充满负能量。只有正本清源，人说出的话才能彰显道德的崇高性和感召力。

"言由心生"是中国伦理学家要求人们"正心"的原因。中国伦理学家普遍强调"听其言"的重要性和必要性。听其言，不仅是要听一

---

① 论语 大学 中庸[M].陈晓芬，徐儒宗，译注.北京：中华书局，2015：267.
② 王守仁.王阳明全集（上）[M].北京：中央编译出版社，2014：2.
③ 论语 大学 中庸[M].陈晓芬，徐儒宗，译注.北京：中华书局，2015：44.

个人说了什么，而且是要通过倾听他说的话来探察他的心事、心思、心愿、心意、心情、心绪、心声、心语、心肠、心境，并在此基础上了解他的心术和心态是否端正的事实。这是我们认识身边人和自己应有的伦理智慧。老子说："知人者智，自知者明。"① 人之为人，既需要认识和了解他人，也需要认识和了解自己。如何认识和了解他人？听其言是重要方式。如何认识和了解自身？我们自己的心术和心态是否端正？只要听一下我们自己说的话即可。

三、言的正当性：合乎礼与有道理

一个人只要活着，他就可能说话。纵然被禁止说话，他也完全可能在睡眠的时候说梦话。对于人类来说，说话与其说是一种生存手段，不如说是一种生存方式。说话不仅表达人类的心事、心思、心愿、心意、心情、心绪、心声、心语、心肠和心境，而且在一定意义上划定着人类生存世界的范围。维特根斯坦说："我的语言的界限意味着我的世界的界限。"② 这种完全用语言和逻辑来解释人的生存状况和世界存在状况的逻辑实证主义观点值得商榷，但它仍然具有可以肯定的合理性。它至少揭示了这样一个事实：说话是人类的生存方式，我们每一个人都是说着话生存的。

中华民族把"言"归源于"心"，认为"言由心生"，但这绝不意味着人可以随心所欲地说话。维特根斯坦把人说话的活动称为一种游戏——"语言游戏"，其目的不仅是要强调人用语言说话的随意性、变化性和差异性，而且是要强调它的规则性。在维特根斯坦看来，人可以像玩游戏一样说话，但我们总是遵循一定的语法规则和逻辑规则，因为所有游戏都有特定的规则。

人说话常常涉及正当性问题。一个人应该怎样说话，这不完全是由他自己决定的，而是会受到一定的道德规范的制约。道德规约的实质是社会会对人说话的行为进行道德价值认识、道德价值判断和道德

---

① 老子［M］. 饶尚宽，译注. 北京：中华书局，2006：83.
② ［奥］维特根斯坦. 逻辑哲学论［M］. 贺少甲，译. 北京：商务印书馆，1996：88.

价值选择，并且会对它做出道德价值认同或不认同的裁决。只有那些能够得到社会道德价值认同的说话方式才具有正当性。如果一个人的说话行为不能得到社会的道德价值认同，他说的话就不具有正当性。对人说话进行正当性稽查是每一个社会都具有的道德稽查机制。

无论一个人是否愿意，他说话的时候都会受到正当性稽查。一旦想说话，他就不得不考虑是否开口、开多少口、如何开口等问题。在现实中，一个人在某个特定的语境应该说话，如果在应该说话的时候沉默，他会受到道德谴责；一个人在某个特定的语境下应该沉默，如果在不应该说话的时候说话，他也会受到道德谴责。人说话是讲究语境的。语境对说话者的要求主要不是语法性的和逻辑性的，更多的是道德规范性的。道德规范是规约人说话的非强制性社会规范，但它的力量不容忽视。荀子曾经指出："言而当，知也；默而当，亦知也。故知默犹知言也。"① 说话应该得体，说话得体是有智慧的表现，沉默得体也是有智慧的表现。在中国，说话得体和沉默得体都可能受到道德上的称赞，但这是由语境决定的。

一个人说话或者具有正当性，或者不具有正当性，这不仅涉及个人的道德权利问题，而且涉及个人的道德责任问题。从个人角度来看，言论自由是一种不容剥夺的道德权利，但从社会道德的角度来看，言论自由这种道德权利是有限度的。这不难理解。一个人在公共场所大声喧哗通常不会被视为言论自由，而是会受到社会公德的谴责。在美国如此，在中国也如此。这一方面是因为社会公德反对人们在公共场所大声喧哗，另一方面是因为社会公德要求把在公共场所轻言细语地说话视为公民应该承担的道德责任。

一个人说话的行为是否具有正当性，这是由一定的语德原则来决定的。在中国，语德原则主要有两个：一是合乎礼；二是有道理。

"礼"是儒家伦理学家普遍使用的一个道德概念。孔子既强调仁和义，又高度重视礼。他说："道之以政，齐之以刑，民免而无耻。道之以德，齐之以礼，有耻且格。"② 其意指，用政令引导民众，用刑法约

---

① 荀子 [M]. 安小兰，译注. 北京：中华书局，2016：65.
② 论语 大学 中庸 [M]. 陈晓芬，徐儒宗，译注. 北京：中华书局，2015：16.

束民众，民众可免于犯罪，但不会有羞耻心；用道德引导民众，用礼规范民众，民众不仅会产生羞耻心，而且会自觉归正。荀子更多地强调"礼"。他说："人无礼则不生，事无礼则不成，国无礼则不宁。"①荀子将礼视为人"正身"的必由之路，并且要求人人学习礼法。《礼记》也表达了类似的观点："人有礼则安，无礼则危。故曰：礼者不可不学也。"②

中国是礼仪之邦，中华民族具有讲礼、崇礼的悠久传统。中华民族所说的"礼"，主要不是指"礼物"，而是主要指人的言行举止应该遵循的礼仪、礼节、礼法、礼貌。中国民间将"礼"称为"规矩"。要求人们讲礼是中国社会从古至今的道德要求。只要关于礼的道德要求被保持在合理的限度内，礼的存在就具有道德合理性基础，它对人就具有普遍有效的道德规范作用。古代中华民族崇礼、讲礼，当代中华民族也崇礼、讲礼，这是中华民族崇德、尊德、守德的重要表现。孔子曾经说过："非礼勿视，非礼勿听，非礼勿言，非礼勿动。"③这种伦理思想固然有过分隆礼的明显缺点，但它要求将人的言行举止都纳入礼的规范之下的观点是可取的。无论中国社会演进到何种水平，遵循应有的礼仪、礼节、礼法、礼貌是永恒的道德要求。

除了应该合乎礼以外，言还应该有道理。"礼"主要是儒家使用的伦理概念，它是对人的行为举止提出的仪式和程序要求，其根本目的是要借助庄重、严肃的仪式感和程序感来增强人们对社会规范特别是道德规范的敬重态度。中华民族所说的"道理"是由"道"和"理"两个词组合而成。它们为儒家、道家、佛家、法家等各个思想流派共用。在中国哲学中，"道"大体上相当于西方哲学中的"逻各斯"概念，意指隐藏于事物背后的普遍性、必然性和规律性；"理"是指以道作为依据而形成的真理。王阳明说："心即理也。"④这是指，心既是言的出处，也是真理的出处。王阳明所说的"理"是指内含普遍性、

---

① 荀子 [M]．安小兰，译注．北京：中华书局，2016：65．
② 礼记·孝经 [M]．胡平生，陈美兰，译注．北京：中华书局，2020：20．
③ 论语 大学 中庸 [M]．陈晓芬，徐儒宗，译注．北京：中华书局，2015：138．
④ 王守仁．王阳明全集（上）[M]．北京：中央编译出版社，2014：2

必然性和规律性的"天理"。另外,"礼""道""理"等概念在中国民间广为使用,既是人们耳熟能详的词语,也是中华民族普遍坚守的道德信念。中华民族用它们来规约包括"言"在内的所有行为。

我国先秦时期就已经有"道"和"理"两个概念,但先秦哲学家用得比较多的是"道"这一概念,并且用它意指"道理""法则"等。孔子在《论语》中论及"古之道""君子之道""先王之道"等。例如,他说:"射不主皮,为力不同科,古之道也。"① 其意指,射箭主要不在于穿透靶子,因为人的力量有差异,这是古人的道理。老子的《道德经》有十四章专门论道。例如,老子说:"天之道,损有余而补不足;人之道,损不足以奉有余。"② 其意为,自然法则是用有余的弥补不足的,而人的法则是用不足的供养有余的。韩非子则同时使用"道"和"理"两个概念,并对两个概念做了区分。他说:"道者,万物之所然也,万理之所稽也。理者,成物之文也;道者,万物之所以成也。故曰:'道,理之者也'。"③ 这是指:道是万物如此这般地存在的原因,是所有理的汇总,理是万事万物得以构成的条理和根据,因此,道是能够使万事万物条理化、有序化的东西。

中华民族很多时候会将"道"和"理"两个概念合在一起使用,这就导致了"道理"一词的产生。将"道"和"理"合在一起,既意指两者紧密相关,又意指道在理中、理中有道的事实。中华民族所说的"道理"就是西方人所说的"真理"。"道理"是中华民族的本土语,"真理"是从西方传入的"舶来语"。事实上,中华民族主要用"道理"一词来评判一个人说的话是否正确。如果一个人认为另外一个人说的话正确,他会说"你说得有道理"。如果一个人认为另外一个人说的话不正确,他会说"你说得没有道理"。说话有道理或没有道理是每一个中华民族都能够心领神会的两种价值判断。

言的正当性问题受到中华民族的高度重视。在中国,一个人应该如何说话,这不仅是一个说话技巧问题,而且是一个伦理问题。言的

---

① 论语 大学 中庸 [M]. 陈晓芬,徐儒宗,译注. 北京:中华书局,2015:33.
② 老子 [M]. 饶尚宽,译注. 北京:中华书局,2006:184.
③ 韩非子 [M]. 高华平,王齐洲,张三夕,译注. 北京:中华书局,2015:200.

正当性从何而来？它有一个规范性来源，还有一个真理性来源。换言之，在判断人说的话是否合适或正当的问题上，中华民族有两个标准，一个是规范性标准——礼，另一个是真理性标准——道理。这两个标准实质上都是伦理原则。在中国，"礼"和"道理"都是伦理概念，也都是伦理原则；只有既合乎礼又有道理的言或说话才具有道德上的正当性。

四、言与行的合一：言而有信的道德原则

"言"是人类道德生活的一个重要环节。人类将自己的语言能力运用于道德生活，这不仅凸显了"言"的道德作用，而且导致了道德语言的产生。作为人类特有的生活方式，道德生活包括道德思维、道德认知、道德情感、道德意志、道德信念、道德语言、道德行为、道德记忆等诸多环节，道德语言在其中发挥着不容忽视的重要作用。在中国伦理学中，"言"是指"道德语言"。

人类道德生活的每一个环节都不是独立的，而是相互联系、相互作用、相互影响的。例如，道德思维是人类道德生活的基础，它的发动不仅会直接影响人类的道德认知、道德情感、道德意志、道德信念、道德语言、道德记忆和道德行为状况，而且会影响人类道德生活的整体状况。当然，人类的道德认知、道德情感、道德意志、道德信念、道德语言、道德记忆和道德行为也会反过来影响其自身的道德思维状况。

同理，作为人类道德生活的一个重要环节，道德语言既会影响人类的道德思维、道德认知、道德情感、道德意志、道德信念、道德记忆和道德行为，又会受到它们的影响。一方面，它是人类道德思维、道德认知、道德情感、道德意志、道德信念、道德记忆和道德行为的表达系统，充分发挥它的表达功能是人类道德生活得以呈现的必要途径；另一方面，人类的道德思维、道德认知、道德情感、道德意志、道德信念、道德记忆和道德行为是其道德语言的内容，它们能够从根本上决定道德语言的形式。因此，要研究中华民族的道德语言，我们不能将它作为中华民族道德生活的一个独立环节来看待，而是应该看到它与中华民族的道德思维、道德认知、道德情感、道德意志、道德信念、道德记忆和道德行为之间的紧密关系。

中国伦理学家历来重视研究人的道德语言与其道德行为之间的关系。人的道德语言与其道德行为是两种不同的东西,但它们又是紧密相关的关系。道德语言不仅以人的道德行为作为重要内容,而且必须通过道德行为来彰显自身的道德价值。在中国伦理学中,如果道德语言不能落实为具体的道德行为,它就是"空话"和"假话",应该受到道德谴责。正因为如此,中国伦理学家历来将"听言"作为伦理学研究的一个重要内容。

孔子就特别强调"听言"的重要性。例如,学生宰予白天睡觉、不读书、不做事,孔子不仅指责他"朽木不可雕""粪土之墙不可圬",而且从他的所作所为中悟出了"与人打交道必须听其言而观其行"的道理。① 在孔子看来,人应该言而有信,如果一个人言而无信,他说的话不具有道德价值,应该受到道德谴责。孔子还说:"鸟之将死,其鸣也哀。人之将死,其言也善。"② 将死之鸟的鸣叫为什么是悲哀的?将死之人所说的话为什么是善的?这是因为它们内含特殊意义,而人可以用耳朵听出来。孔子强调"言"与"行"以及"听其言"与"观其行"的统一,并视之为伦理学应该研究的重要内容。

在现实中,一个人说的话可能既合乎礼又有道理,但这并不意味着他一定会将它转化为具体的行为,"言而无信"的情况完全可能出现。如果一个人言而无信,那么他曾经说过的既合乎礼又有道理的话的道德价值是令人怀疑的。孔子对此有深刻认识,并且认为言而无信事关人们对一个人的整体道德评价。他说:"人而无信,不知其可也。"③ 如果一个人不守信用,不知道他还可以做什么。在孔子看来,一个人必须言而有信才能在社会上安身立命。

言而有信是中华民族评价一个人说的话是否具有道德价值的最重要标准。孔子之所以提出"人而无信,不知其可也"的论断,是因为在他看来,言而无信之人说出的话可能非常华丽、动听,但它们只不

---

① 论语 大学 中庸 [M]. 陈晓芬,徐儒宗,译注. 北京:中华书局,2015:52-53.

② 论语 大学 中庸 [M]. 陈晓芬,徐儒宗,译注. 北京:中华书局,2015:90.

③ 论语 大学 中庸 [M]. 陈晓芬,徐儒宗,译注. 北京:中华书局,2015:24.

过是欺骗人的"花言巧语",并不具有真正的道德价值。他说:"巧言令色,鲜矣仁。"① 这是指,花言巧语、容貌伪善的人很少有道德修养。他还说:"其言之不怍,则为之也难。"② 其意为,如果一个人说起话来大言不惭,他是很难将自己说的话落实到行为上的。

要求人们言而有信是儒家始终坚持的伦理思想。与孔子一样,荀子对花言巧语深恶痛绝。他曾经对它嚣、魏牟、陈仲、慎到等人花言巧语的做法进行猛烈抨击。例如,他如此评价魏牟:"纵情性,安恣睢,禽兽行,不足以合文通治;然而其持之有故,其言之成理,足以欺惑愚众,是它嚣、魏牟也。"③ 这是指,与荀子同时期的它嚣、魏牟两人放纵自己的邪恶本性,肆意妄为而无所愧疚,行为与禽兽无异,与国家的礼仪要求大相径庭,但他们把话说得有根有据、有条有理,能够欺骗、迷惑愚昧的老百姓。

老子也要求人们言而有信,但他没有像孔子、荀子等儒家哲学家那样,要求人们通过严守诺言来体现言而有信的美德,而是要求人们通过不轻易承诺来遵守言而有信的道德原则。他说:"夫轻诺必寡信,多易必多难。"④ 其意指,轻易承诺的人必定很少守信用,把事情看得太容易的人必定会遭受很多困难。老子从推崇"无为"的道家伦理思想出发,认为一个人言而有信的重要方式是不轻易许下诺言。这与老子主张慎言、崇尚"无为"的伦理思想是吻合的。

言而有信是中华民族历来坚持的一个重要道德原则,其核心要义是要求人们重诚信、讲诚信、守诚信。在"言而有信"这一道德原则中,"言"的道德价值被延伸到人的行为上,"行"被当作"言"的后果来看待。显而易见,"言而有信"这一道德原则的实践模式是"言行合一"或"言行一致"。

倡导言而有信的道德原则和言行合一的实践模式是中华民族对人说的话进行道德评价的一种重要方式。这是典型的后果论道德评价方式。在这种评价方式中,"言"与"行"被视为因果关系,"言"是

---

① 论语 大学 中庸[M]. 陈晓芬,徐儒宗,译注. 北京:中华书局,2015:8.
② 论语 大学 中庸[M]. 陈晓芬,徐儒宗,译注. 北京:中华书局,2015:172.
③ 荀子[M]. 安小兰,译注. 北京:中华书局,2016:57.
④ 老子[M]. 饶尚宽,译注. 北京:中华书局,2006:153.

"因","行"是"果",其评价标准是"有言"应该"有行"。

五、言的道德价值评价：标准的多元性

墨子说："凡出言谈，由文学之为道也，则不可而不先立义法。若言而无义，譬犹立朝夕于员钧之上也，则虽有巧工，必不能得正焉。"① 其意指，人发表的言论都必须体现文学之道，确立言谈准则是第一要务；如果没有衡量言谈的准则，这就好比在转动的陶轮上安放测定时间早晚的仪器一样，即使是技艺精湛的工匠，也无法掌握正确的时间。墨子认为言谈应该遵循"本之者""原之者"和"用之者"② 三个准则，意指人的言谈应该有本源，不是无中生有；有依据，不是无凭无据；有应用，不是一无用处。墨子要求为人的言谈设立准则的观点无疑是正确的。

人类对自己的"言谈"有多种多样的评价标准。我们有时候会从文采的角度来评价它。例如，刘勰说："言之文也，天地之心哉！"③ 其意指，人说的话之所以有文采，是因为它体现的是天和地的心性。中国具有欣赏文采、赞美文采的传统。如果一个人能言善辩，中华民族会用"口若悬河""伶牙俐齿"等词语来称赞他。不过，我们更多的时候会从伦理的角度来评价自己说的话。例如，孔子说："道听而途说，德之弃也。"④ 这是指，在路上听到传言就到处传播，这是道德摒弃的行为。

中华民族特别重视言的道德价值评价。道德价值评价反映人类对一定事物是否具有道德价值的事实的认识、理解和判断。人类的道德价值评价可以针对自己的一切活动，即可以涵盖自己的所思所想、所说所言和所作所为。例如，如果一个人总是恶语伤人，人们就会将他评价为恶毒的人，而如果一个人总是和蔼可亲地说话，人们就会将他评价为友善的人。在中国，言或说话不仅被视为一种艺术，而且被当

---

① 墨子［M］．方勇，译注．北京：中华书局，2015：295．
② 墨子［M］．方勇，译注．北京：中华书局，2015：295．
③ 文心雕龙［M］．王志彬，译注．北京：中华书局，2012：5．
④ 论语 大学 中庸［M］．陈晓芬，徐儒宗，译注．北京：中华书局，2015：213．

第二章 中华民族的语德传统

作一种道德修养；作为一种艺术，它必须讲究技巧；作为一种道德修养，它必须合乎一定的道德规范要求。中华民族对言的道德规范要求是通过"语德"得到体现的。"语德"就是专门规约人说话的道德规范。它将人的言或说话纳入一定的道德规范体系之中，并且借助它对人的言或说话进行道德价值评价。

从上述几个部分的分析来看，中华民族对"言"进行道德价值评价的标准或准则主要有三个：

一是"正心"。言由心生，这说明心是言的本源。一个人说的话要合乎语德规范，他必须首先心术端正、心无邪念。如果一个人心术不正、心存邪念，他说出来的话往往是"恶语"。"恶语"不仅难听，而且会伤人。

二是正当性。言的正当性主要建立在礼和理的基础上。"礼"是中国社会对人说话的方式所作的语德规范要求，其核心要义是要求人说话的方式应该遵循一定的礼数、礼节、礼法、礼仪和礼貌。"理"主要是中国社会对人说话的内容所作的一种语德规范要求，其主旨是要求人们说话的内容具有真理性，不能是错误的观点（谬论）。

三是诚信。在中国伦理思想中，"诚信"主要指"言而有信"。言就如同一面镜子，它映照人的内心世界和诚信状况。一方面，人内心的所思所想必定会通过人的言表达出来，人的言与人的心是相通的；另一方面，人嘴巴上的所说所言应该转化为实际的行为，这是言而有信的精义所在。"言而有信"是中华民族为人说话设定的重要语德原则。

上述分析说明，中华民族重视言的道德价值评价，但我们所设定的道德价值评价标准不是单一的，而是多元的。我们从本源（正心）、依据（正当性）、后果（言和行的结合状况）等多个角度对人说的话进行道德价值评价，从而建构了一个融动机论、规范论和后果论于一体的综合性道德价值评价体系。在中国伦理思想中，"言"是一个极其复杂的领域，它既可能与道德无关，也可能与道德有关；如果它与道德相关，它就必须受到道德规范的规约；语德规范是中华民族专门用于规约言的道德规范。

第三章

中国道德话语的发展路径

语言是人类在生存和发展过程中锻炼而成的一种能力。它的最重要功能是帮助人类进行必要的表达、交流和沟通。人类严重依赖语言，借助语言表达、交流和沟通自己的思维方式、认知能力、思想观念、情感状况、理想信念和行为模式，这不仅导致说话或言语行为的产生，而且将说话或言语变成了人类生存方式的重要内容。当人类利用自身的语言能力来表达、交流和沟通自己的道德思维方式、道德认知、道德价值观念、道德情感、道德信念和道德行为模式时，道德语言就会作为语言世界中一个相对独立的领域出现。世界上的每一个民族都有自己的道德语言。中华民族也不例外。中华民族共同拥有的道德语言就是中国道德话语。它是由中华民族创造、主要由中华民族使用、以表达中华民族的伦理价值诉求为主的一个规范性语言体系。中国道德话语是一个极其庞大的体系，并且总是在发展。它的发展是一个极其复杂的过程，但也是一个有迹可循的过程。本章不对中国道德话语展开宏观的、综合的、全面的、系统的研究，而是重点解析它沿着民间、官方和学术界三条路径发展的格局。

一、中国道德话语发展的民间路径

中国道德话语首先是在民间发展的。中华民族在地球上诞生之后并没有直接进入有国家的社会状态，而是经历过一个相当漫长的无国家的社会状态。无国家的社会状态就是原始社会。与其他民族一样，中华民族在原始社会仅仅遵循氏族部落的管理制度和原始道德规范。为了将原始道德规范变成氏族部落成员普遍接受的行为准则，我们的远祖必须借助道德语言的力量。我们无法准确地知道中华民族是在哪个历史关节点开始使用道德语言，但我们可以想象，中华民族一定是

第三章 中国道德话语的发展路径

世界上最先发明和使用道德语言的民族之一。中国位居世界四大文明古国之列。在建构中华古文明的历史进程中,中国道德话语一定发挥了不容忽视的重要作用。中国道德话语是催生中华文明、中华文化和推动它们不断发展的重要力量,它的发源地是原始社会。原始社会没有国家、政府,只有"民间"。中国道德话语的始发地是"民间"。

中国进入文明社会之后首先拥有的是奴隶制国家,尔后又经历了封建制国家、社会主义国家的历史变迁。进入有国家的社会状态之后,公共权力产生,朝廷成为公共权力的代理者,"官方"也应运而生,但"民间"并没有消失,依然对中国社会发展发挥着决定性作用。历史唯物论认为,人民是历史的创造者。无论是在无国家、无政府的社会状态,还是在有国家、有政府的社会状态,人民创造历史的能力和对历史进程的决定性作用都是不容否定的。研究中国道德话语的历史变迁,我们也应该首先关注和研究中国人民在民间发挥的历史作用。中国人民是中国道德话语的创造者、使用者和传承传播者。我们的远祖早在原始社会就创造了道德语言,并且在共同发展的过程中不断推动着它的发展,从而形成了中国道德话语体系。在创造、使用和传承传播中国道德话语的过程中,中国人民发挥着直接的决定性作用。

张岱年先生曾经指出:"在中国的长期封建社会中,基本上存在着两种道德:一种是封建统治阶级的道德,即封建道德;一种是人民的道德,即封建社会中受压迫的劳动者的道德。这两种道德不是彼此孤立,除了相互对立的关系以外,还有相互渗透的关系。"[①] 这至少说明,中华民族道德生活史历来存在两条历史演进路径或路线,一条是官方路径,另一条是民间路径。我们认为,与这种历史事实一致,中国道德话语至少存在两条历史变迁的路径或路线。在中国传统社会,虽然统治阶级总是试图实现官方道德语言和民间道德语言的统一,但是两种道德语言始终保持着巨大差异。研究中国道德话语演进的官方路径和民间路线能够使我们看到中国道德话语的分裂性特征,这对我们认识、理解和把握它在中国传统社会的存在和发展状况是有启发价

[①] 张岱年. 中国伦理思想发展规律的初步研究 中国伦理思想研究 [M]. 北京:中华书局,2018:25.

值的。

我们从中国道德话语存在民间发展路径的事实中很容易推导出这样一个结论：民间是中国道德话语产生和发展的最广阔场域，它为中国人民创造中国道德话语和推动中国道德话语不断发展提供了社会背景和现实条件；中国道德话语正是从"民间"这一非常广阔的场域中获取源源不断的发展动力的；民间是中国道德话语贴近中华民族的道德生活现实的场域，也是中国道德话语永葆生机活力必须依靠的最重要场域。

中国人民在民间使用的道德语言是现实性最强的道德语言，因而也是最鲜活的道德语言，但由于它零零碎碎地分布在老百姓中间，人们很容易忽略它的存在。在中国传统社会，人们更多地关注和重视孔子、孟子、荀子、老子、庄子、墨子、韩非子等哲学家的伦理思想以及他们用于表达伦理思想的道德语言。殊不知，这些哲学家所使用的道德语言大都来自民间，即来自中国老百姓所说的道德语言。

《礼记》这本书与其说是一部儒家伦理思想的经典著作，不如说是研究儒家伦理思想在民间得到应用以及它借助民间道德语言表达自身的事实的一本书。该书强调："太上贵德，其次务施报。礼尚往来，往而不来，非礼也；来而不往，亦非礼也。人有礼则安，无礼则危。故曰：礼者不可不学也。"[1] 其意指，上古时期的人强调以德为贵，后世才讲究施惠和回报；礼，讲究的是有往有来，施惠于人而没有得到回报，这是失礼；受到别人施惠而不去回报，这也是失礼；人有礼，人际关系就会安定平和，无礼，人际关系就会危险；因此，礼是不可不学的东西。众所周知，"礼尚往来""来而不往，非礼也"等术语都是中国老百姓使用的日常道德语言。《礼记》只不过是做了相关的收集工作而已。

与《礼记》类似的还有《三字经》《孝经》《千字文》《弟子规》等书籍。这些书大都由民间知识分子根据民间道德语言编辑而成。《三字经》开篇就说："人之初，性本善，性相近，习相远。苟不教，性乃

---

[1] 礼记·孝经［M］．胡平生，陈美兰，译注．北京：中华书局，2020：20．

迁，教之道，贵以专。"① 这段话的部分内容出自孔子的《论语》，但它们事实上也是民间老百姓耳熟能详的日常道德语言。

中国老百姓在民间使用的道德语言具有民间特色。民间道德语言具有两个重要特点，即口语性和通俗性。民间使用的道德语言都是口语化的言语，而不是严肃的官方道德语言或文绉绉的学术性道德语言。例如，民间的老百姓很少称有道德修养的人为"善良的人"或"有德之人"，而是称之为"好人"。在中国社会，"好人"是一个专有名词，专门用于指称"善良的人"或"有德之人"。另外，中华民族喜欢将没有道德修养的人称为"缺德的人"或"坏人"。这种人与"好人"相比较而言。在中国社会，无论一个人在何种语境下使用"好人""缺德的人""坏人"等伦理术语，大家都知道他所表达的伦理意义是什么。

中国老百姓还喜欢使用"靠得住""可靠""顶天立地""有志气""侠义心肠""菩萨心肠""坏心眼""一碗水端平""手心手背都是肉""打是亲，骂是爱""打抱不平"等口语化的道德语言。这些都是内含伦理意义的术语，在中国民间广泛流行。当一个人说另一个人"靠得住"或"可靠"的时候，是指他是一个言而有信的人；当一个人被称为"顶天立地"的人，这是指他是一个自强、自立、自信的人；当一个人被描述为具有"菩萨心肠"的人，这是指他是一个心地善良、仁慈、乐于助人的人；当一个人被要求"一碗水端平"，这是要求他公正无私。这些民间道德语言朴素无华，但伦理表意通俗易懂，能够被中国老百姓广泛接受，不应该受到忽视。

需要指出的是，中国民间的道德语言是零散的、非系统化的，它主要依靠口口相传的方式传承传播。这种传承传播方式具有直接性强、语境性强、效果性强等优点，但它的局限性也显而易见。口口相传的方式容易导致中国道德话语在传承传播的过程中出现"遗漏""误传"等问题。为了解决这些问题，我们的先辈增辟了以书面形式传承传播中国道德话语的方式。《三字经》《孝经》《千字文》《弟子规》等民间书籍应运而生。它们有效弥补了中国民间在传承传播道德语言方面存

---

① 三字经 百家姓 千字文 弟子规 千家诗［M］．李逸安，张立敏，译注．北京：中华书局，2011：6.

在的短板和不足。

二、中国道德话语发展的官方路径

进入有国家的社会状态之后，公共权力及其代理者开始深刻影响中国社会发展进程，中国道德话语不再仅仅沿着民间路径发展，朝廷开始干预中国道德话语的发展进程，并且增辟了中国道德话语的官方发展路径。

在有国家的社会状态，公共权力及其代理者对社会意识形态的控制不可避免。中国道德话语属于社会意识形态的重要内容。中国奴隶社会和封建社会的统治者都将它纳入其统治逻辑之中，试图对它的发展进程进行严密控制。这种控制的根本目的是要将中国道德话语官方化，或者说，它旨在将中国道德话语变成能够为奴隶社会和封建社会统治者服务的道德话语体系。

先秦时代的百家争鸣有利于思想自由、言论自由和学术自由，但这种局面也造成了民众思想难以统一、众声喧哗、百姓无所适从等问题。道家很早就意识到了这些问题，因而提出了"绝圣弃智"的观点。老子说："民之难治，以其智多。故以智治国，国之贼；不以智治国，国之福。"[1] 这反映了道家伦理思想具有"愚民"倾向的事实，应该受到批判，但它却为中国奴隶社会和封建社会的统治者采用"绝圣弃智"的统治模式提供了理论依据。

秦始皇统一中国的功绩应该受到高度肯定，但他统治中国的一些做法也应该受到批评。吞灭六国之后，秦始皇称皇帝，但他推崇迷信、渴望长生不老、实行专制统治，并且在李斯等人的建议之下发动了焚书坑儒运动，其结果是加速了秦王朝的覆灭。秦始皇是我国历史上第一位试图统一文化和社会意识形态的皇帝。他焚烧儒家书籍和迫害儒家学者的主要目的是要统一中国道德话语、中国道德文化观念和中国意识形态。

与此形成鲜明对照的是，董仲舒在汉武帝统治时期提出了"罢黜百家，独尊儒术"的建议。他的建议被汉武帝采纳。西汉时期，我国

---

[1] 老子[M]. 饶尚宽, 译注. 北京：中华书局, 2006：158.

第三章 中国道德话语的发展路径

在先秦时期出现的百家争鸣局面呈现出复兴态势，其中尤其以儒家和道家的影响最为广泛。为了维护中央集权制度和统一社会意识形态，董仲舒向汉武帝提出了实行"罢黜百家，独尊儒术"的国家治理方略建议。该建议被汉武帝采纳、实施，这一方面宣告了主张顺应自然、绝圣弃智、无为而治的道家伦理思想受到了冷落，另一方面也宣告了主张积极入世、崇尚德治、追求积极作为的儒家伦理思想开始成为中国传统社会的主导性伦理思想。事实也如此。汉武帝之后，儒家伦理思想以及表达儒家伦理思想的道德话语体系在中国传统社会一直占据着主导地位。

东汉时期，汉章帝甚至召集全国各地的儒家书生召开了著名的白虎观会议。那次会议在洛阳白虎观召开，由汉章帝亲自主持，持续了1个多月，与会者有魏应、淳于恭、贾逵、班固、杨终等在当时很有影响的儒生。会议结束之后，班固尊奉汉章帝的旨意，将会议内容整理成《白虎通义》四卷，明确提出了"三纲六纪"，特别是将"君为臣纲"置于"三纲"之首。白虎观会议是东汉时期由皇帝和朝廷负责举办的一次高规格学术会议。此次会议的根本目的表面上是要明确儒家推崇的"三纲六纪"，实质上是要统一中国道德话语体系和中国伦理思想体系。

白虎观会议的影响是深远的。它是董仲舒"罢黜百家，独尊儒术"观点在东汉得到延续的结果。此次会议的成功召开至少说明了这样一个事实：中国封建社会的统治者在极力维护封建专制政权的过程中，总是试图通过统一中国道德话语体系的方式来达到统一伦理思想和社会意识形态的目的。

伦理思想都是通过道德语言得到表达的。道家宣扬"绝圣弃智"的伦理思想和道德语言体系受到中国封建社会统治者的青睐、欢迎，但它主张顺其自然、无为而治的伦理思想、道德语言与封建统治者极力维护封建专制统治的要求相背离，因而没有得到他们的完全肯定和接纳。相反，儒家道德语言及其表达的伦理思想总是与人们的现实生活尤其是道德生活和政治生活非常紧密地联系在一起，能够为中国封建统治者维护封建专制统治秩序提供理论依据，因而受到他们的更多青睐和推崇。可以说，中国封建社会的统治者既喜欢儒家道德语言体系，又喜欢儒家伦理思想体系，因为它们能够最大限度地满足其政治需要。

中国道德话语在我国封建社会有一条实实在在的官方发展路径，但这需要我们用历史的眼光客观地加以评价。在先秦时期，诸侯争霸，中国社会处于严重分裂状态，礼崩乐坏情况非常严重，但各诸侯国忙于战争，难以有精力进行文化精神控制，这为思想自由、言论自由等提供了十分有利的条件。在此历史背景下，儒家、道家、墨家、法家等诸子百家建构的道德语言体系能够同时并存，中国道德话语呈现出百家争鸣、百花齐放的存在格局。在秦朝统治时期，秦始皇发动了"焚书坑儒"运动，试图以此手段统一伦理思想、道德语言体系和维护中央集权，但并没有达到预期效果。在汉朝，我国社会发展进入比较稳定的历史时期，封建统治者统一伦理思想、道德语言体系和维护中央集权的愿望和能力空前增强，于是发动了"罢黜百家，独尊儒术"运动。历史地看，那场运动对道家、法家、墨家等伦理思想流派、道德语言体系起到了遏制作用，同时突出了儒家伦理思想、儒家道德语言体系的地位。它是我国历史上由官方发起的一次以统一伦理思想、道德语言体系和维护中央集权为目的的社会文化运动，其影响是深远的。

需要指出的是，自汉朝以来的中国封建王朝一直试图实现统一伦理思想、道德语言体系和维护中央集权的目标，但这一目标从来没有真正实现过。在"罢黜百家，独尊儒术"运动及其余波的影响下，道家、墨家、法家的道德语言体系和伦理思想体系确实受到了相当严重的抑制，但它们从来没有彻底消失过。它们在中国社会的影响力确实不能与儒家相提并论，但这并不意味着它们完全没有影响力。

时至今日，越来越多的人开始认识到，中国社会历来是多种道德语言范式和多种伦理思想范式并存、争鸣的状况。先秦时期是各种伦理思潮和道德语言体系争鸣、竞争的时期，这是众所周知的历史事实。"焚书坑儒"并没有焚尽天下书，也没有对儒生赶尽杀绝，这在一定程度上保持了儒家、道家、法家、墨家等诸子百家在伦理思想和道德语言体系方面的平衡。汉朝以后，佛家伦理思想和道德语言体系被引进。儒释道三种伦理思想体系和道德语言体系逐渐发展成为中国传统伦理思想和道德语言体系的主流。

中国从来没有在历史上形成某种道德语言和伦理思想独霸天下的局面。被汉朝统治者寄予厚望的儒家道德语言体系和伦理思想体系也没有能力做到这一点。中国封建社会的统治者试图通过官方途径建构全国统一的道德语言体系和伦理思想体系，但这显然是一项没有完成的工程。中国地域辽阔，人口众多，统一道德语言体系和伦理思想体系的工作必定极其困难。

唐太宗李世民曾经说过："为君之道，必须先存百姓。若损百姓以奉其身，犹割股以啖腹，腹饱而身毙。若安天下，必须先正其身，未有身正而影曲，上理而下乱者。"[①] 其意指，担任国君的原则是必须首先考虑百姓的生存问题；通过损害百姓利益的方式来奉养自己，这就好比依靠割自己的肉来填饱肚子，肚子饱了，人却死了；如果想要天下安定，就必须首先端正自身，世界上绝对没有身正影子斜的情况，也不存在上面治理好了下面发生动乱的情况。唐太宗说的话对我们是有启示价值的。它至少暗示我们，国家治理者最重要的使命是心系百姓、情系百姓、服务百姓，而不是忙于其他的事情。

中国道德话语是全体中华民族使用的道德语言体系。无论从它的起源还是发展历程来看，它都是一种多元化的状态。历史地看，恰恰因为中国道德话语及其表达的伦理思想从古到今没有统一成单一的形态，中华民族在道德文化精神上始终保持着一定的内在张力，这不仅为中国道德文化和中华文明的不断发展提供了强大动力，而且将中国道德文化、中华文明与其他民族的道德文化、文明从根本上区别了开来。

在中国奴隶社会和封建社会，朝廷从来没有完全控制过中国道德话语及其表达的伦理思想的发展轨道。朝廷所能做到的主要是想方设法引导中国道德话语的发展，并在此基础上建构具有中国特色的伦理思想体系。这暗示我们，在有国家的社会状态下，国家公共权力及其代理者"政府"应该做的事情是用合理的方式引导人民的所思所想、所说所言和所作所为，而不是简单、粗暴地禁止人民的所思所想、所

[①] 贞观政要[M].骈宇骞，译注.北京：中华书局，2016：2.

说所言和所作所为。历史地看,中国封建社会的统治者将仁义礼智信作为封建时代的核心价值观来加以宣扬并不具有哲学合理性,因为他们的做法并不体现哲学意义上的普遍性和必然性要求,但它具有历史合理性,即它体现了中国封建社会对核心价值观的实际需要。

要合理引导中国道德话语的发展,官方必须提出具有说服力和解释力的伦理概念、伦理术语、伦理命题和伦理思想。中国封建社会的统治者之所以总是对他们倡导的道德语言体系和伦理思想体系采取创新发展的态度,是因为他们都知道这样一个事实:如果他们倡导的道德语言体系和伦理思想体系不能受到人民大众的喜爱和欢迎,他们对人民大众的所思所想、所说所言和所作所为进行的伦理引导就难以达到预期效果,而这必然会影响到他们试图维护的封建统治秩序。正因为如此,明智的封建统治者往往会寻找机会倾听人民大众所说的道德语言、所思考的伦理问题和所采取的道德行为模式。

三、中国道德话语发展的学术界路径

除了沿着民间和官方的路径发展,中国道德话语还具有在学术界发展的路径。中国学者开展各种各样的学术研究,提出概念,建构思想,为中国道德话语注入学术性元素,从而成为中国道德话语发展的重要贡献者。

中国学术发端于先秦时期,尔后不断发展,沿着哲学、文学、政治学、社会学、数学、经济学等方向全面铺展,形成具有中国特色的学术体系。在中国学术体系中,哲学占据举足轻重的地位。中华民族可以不懂数学、文学、经济学,但不能不懂哲学。哲学渗透于中国社会生活的方方面面,对中华民族的思维方式、认知能力、思想观念、情感状况、行为模式有着广泛而深刻的影响。

中国学术具有中国特色。这是中国学术的本性所在,也是中国学术能够为中华文明进步和中国文化发展做出巨大贡献的根本原因。记住这一点是中华民族具有学术自信的表现。德国哲学家雅思贝尔斯说:"在历史变迁时会存在着一个大哲学家永恒王国的理念,我们是在听到

第三章 中国道德话语的发展路径

和感受着的时候踏进这一王国的,即便我们本身也处在历史的运动之中。"① 根据雅思贝尔斯对哲学家的归类,孔子被称为"思想范式的创造者",老子被称为"原创性形而上学家",庄子被称为"智慧之中的文学家",墨子和孟子被称为"神学家"。② 我们姑且不去评论雅思贝尔斯将中国哲学家归类的观点是否合乎实际情况,但他将孔子、老子等中国哲学家归于"轴心时代"伟大哲学家的观点至少说明了这样一个事实:古代中国学术在世界学术中占据十分重要的位置。

中国哲学是中国道德话语的最重要来源。《周易》是一部具有特殊价值的中国哲学著作。它的出现可以追溯到殷末周初。该书以"阴"和"阳"作为基本概念,以"易数"或"变数"来解释世界万物的变化,在变化中寻找世界存在的规律,将世界的千变万化归因于这样的规律。作为一部哲学著作,《周易》不仅解析世界存在的规律,而且将整个世界解读为一个伦理共同体。

《周易》对中国道德话语的发展做出了巨大贡献。中国伦理学界常常提及的"自强不息"和"厚德载物"两种美德就出自《周易》中的乾卦和坤卦卦辞。另外,《周易》将人与人之间的关系以及人与自然之间的关系都归结为伦理关系,强调这两种关系的和谐具有伦理意义。在《周易》所描述的世界里,伦理对万事万物的存在发挥着主导作用,万事万物在世界中各有其位,每个位置都具有伦理意义,德位相配为吉,德不配位为凶。《周易》所使用的道德语言和所论述的伦理思想对后世产生了深远影响,是中国道德话语和中国伦理思想的重要来源。

中国哲学家对中国道德话语发展做出了巨大贡献。中国社会流传的很多伦理概念和伦理术语是由中国哲学家创造的。"君子务本""言而有信""慎终追远""既往不咎""见贤思齐""三思而后行""巧言令色""心不在焉"等具有伦理意蕴的成语出自孔子之手;"道法自然""上善若水""功遂身退""天网恢恢,疏而不失""出生入死"等具有伦理意蕴的成语由老子创造。

---

① 〔德〕卡尔·雅思贝尔斯. 大哲学家(修订版(上))[M]. 李雪涛,李秋零,王桐,姚彤,译. 北京:社会科学文献出版社,2010:15.
② 〔德〕卡尔·雅思贝尔斯. 大哲学家(修订版(上))[M]. 李雪涛,李秋零,王桐,姚彤,译. 北京:社会科学文献出版社,2010:18-19.

古代中国哲学家创造了具有中国特色的道德语言体系或道德话语体系，这是他们能够赢得国际声誉的重要原因。孔子之所以被雅思贝尔斯称为开创了哲学范式的哲学家，这首先是因为他具有自己的伦理学话语体系。他借助具有自身特色的伦理学话语体系来表达自己的伦理思想，这使得他的伦理思想具有极强的开拓性和创新性。老子之所以被雅思贝尔斯称为"原创性形而上学家"，这也首先是因为他具有自身特色的伦理学话语体系。老子反对以孔子为代表的儒家所倡导的伦理价值体系和道德话语体系，但他本身并没有从根本上否定伦理的存在价值。他只不过希望用彻底的自然主义伦理观、自然主义道德话语体系取代孔子的人本主义伦理观、人本主义道德话语体系。

古代中国哲学家具有强烈的伦理学话语创新意识。他们不照搬照抄已有的伦理学话语体系，总是用自己的话语来表达自己认为正确的伦理思想。他们所使用的道德语言不仅简洁、明了，而且生动、形象。他们的道德语言来源于现实生活，贴近百姓，因而不矫揉造作。虽然他们所使用的道德语言有时在伦理表意方面显得含糊其词，但是它本身的生动性、形象性和感染力弥补了这一缺陷。

孔子、老子等古代中国哲学家创造的传统伦理学话语体系是中国道德话语的重要来源。它们不仅进入了普通百姓的道德话语体系，而且影响了古代中国的官方道德话语体系。先秦时期的各个诸侯国王或者受到儒家伦理学话语体系的影响，或者受到道家、法家、墨家等其他流派的伦理学话语体系的影响。唐朝李世民从魏征那里受到的伦理影响主要是儒家的，因为魏征是一个深受儒家伦理思想和儒家伦理学话语体系影响的政治家。秦始皇深受韩非子所代表的法家伦理思想和法家伦理学话语体系的影响。汉武帝深受董仲舒的儒家伦理思想、儒家伦理学话语体系的影响。

孔子曾经说过："仕而优则学，学而优则仕。"① 其意指，如果一个人做官之后还有精力，就应该去学习；如果一个人学习之余还有精力，就应该去做官。古代中国所说的"学习"有别于当今时代所说的"学习"，它大体上相当于我们今天所说的"学术研究"。儒家对学习和

---

① 论语 大学 中庸［M］.陈晓芬，徐儒宗，译注.北京：中华书局，2015：232.

做官的关系的论述对绝大多数中国学者有深刻影响。它将伦理学视为关于人事的学问，要求从事伦理学研究工作的学者以学术思想服务国家治理或直接参与国家治理工作。受到儒家思想的深刻影响，绝大多数中国学者具有齐家、治国、平天下的政治抱负和道德理想，并且乐于提出有助于国家治理的伦理思想和理论。这种现象经久未衰，在当今中国依然比较广泛地存在。

四、中国道德话语发展路径的融合

中国道德话语的发展沿着民间、官方和学术界三条路径展开，但这三条路径并不是并行的关系，而是相互交织、相互影响、相互促进的关系。中国民间的道德语言具有自由、散漫的特点，但它深受官方道德语言和学术界道德语言的影响。从一定意义上来说，它在很多时候受到了官方道德语言和学术界道德语言的引导。中国传统社会的官方道德语言是有严格规范要求的道德语言，是"官话"的重要内容，但它源自民间道德语言，并受到学术界道德语言的深刻影响。中国学术界的道德语言是通过中国学者的学术研究成果得以创造和传播的，具有思想性和理论性强的特点，但它也与中国的民间道德语言、官方道德语言有着非常密切的联系和交际。中国道德话语的发展路径从古至今一直是交叉融合的状态。

从理论上来说，每一个民族的道德语言的发展路径都具有交叉融合性。在有国家的社会状态下，民间、官方和学术界的交流、合作在所难免，但这种"交流"和"合作"有深浅之分。世界上绝大多数国家只是在很浅的层面推进这种"交流"和"合作"。以西方资本主义国家为例。由于绝大多数西方资本主义国家推行自由主义政治观、经济观和文化观，它们的民间、官方和学术界的关系总体上是比较松散的，民间、官方和学术界除了共同遵守基本的道德规范和强制性的法律规范之外，每一方都具有相当大的独立空间和自由空间。相比较而言，中国民间、官方和学术界之间的交流和合作要深刻得多。这与中华民族特别强调国家、民族整合性、统一性和团结性的伦理思想传统有关。

中华民族在历史上经历过国家分裂、民族分裂，尤其是在近代遭受了西方列强的残暴侵略和掠夺，曾经一度陷入灭国亡种的危险境地，但始终致力于维护国家、民族的整合性、统一性和团结性。这是中华民族根深蒂固的政治理念，也是中华民族代代相传的道德价值观念。中华文明和中华文化之所以能够绵延不绝，这与中华民族强调国家和民族之整合性、统一性、团结性的思想传统有着千丝万缕的关系。中华民族是一个具有强烈国家共同体意识、民族共同体意识的民族。

中国道德话语是在民间、官方和学术界共同努力下建构的一个庞大道德语言体系。在建构该体系的过程中，民间贡献的主要是中国道德话语的实践经验。民间大众处于道德生活的一线，每天说着道德语言，对中国道德话语有着最直接、最深刻的感性认知和体会。他们或者将自己使用的道德语言总结成家训，或者将它概括为"好人有好报""要做事，先做人"之类的格言、警句，或者用它来讲述道德故事。通过民间的言语实践活动，中国道德话语的现实性和实践性得到了最有力的展现和证明。官方的贡献主要在于，它能够利用国家公共权力及其代理者对中国道德话语的发展进行行政性规范和引导，使之能够服务于统治者的政治利益需要。学术界的贡献则不同。学者不仅有能力创新中国道德话语，而且有能力用自己创造的道德语言影响民间和官方道德语言的存在状况。

民间、官方和学术界在建构中国道德话语方面的交流和合作自古以来一直很密切。早在春秋战国时期，中国民间的人民大众就普遍以听从圣人之言作为一条基本道德准则；各诸侯国的国王或者拜哲学家为师，或者向哲学家请教，其学习和请教的内容主要是哲学家论述国家治理的伦理思想；孔子、孟子、墨子等哲学家奔波于各诸侯国之间，试图游说各诸侯国国王采纳他们的道德话语体系和伦理思想体系。这种"游说"有时奏效，有时不奏效，但它至少证明了古代中国学术界与官方之间在道德话语体系和伦理思想建构方面存在密切交流和合作的事实。

古代中国民间、官方和学术界在道德语言和伦理思想建构方面的交流和合作能够为我们提供有益的启示。这主要表现在以下几个方面：

第一，民间、官方和学术界在建构中国道德话语和伦理思想方面的交流和合作在所难免。无论中国发展到什么样的历史阶段，民间、官方和学术界之间的密切关系是无法阻断的。民间代表人民大众，官

第三章 中国道德话语的发展路径

方代表国家公共权力和政府,学术界代表思想领域和理论领域。中国的不断发展需要同时依靠民间、官方和学术界的力量,三者缺一不可。中国道德话语和伦理思想的建构也必须同时依靠这三股力量才能成功。

第二,民间、官方和学术界在建构中国道德话语和伦理思想方面的交流和合作应该有一个限度。物极必反。任何事物的存在和发展都有限度。民间、官方和学术界应该在建构中国道德话语和伦理思想方面进行交流和合作,但这种"交流"和"合作"既不应该采取僵化、死板的模式,也不应该以一方对其他方的控制为目的。在交流和合作的过程中,各方都应该深刻认识自己的权利和义务,坚持权责分明的原则,各司其职,各尽其责。具体地说,民间人民大众能够在一定程度上创造道德语言和伦理思想,但由于他们的力量和智慧是分散的、自发的,他们很难建构出系统化的道德语言体系和伦理思想体系,因此,他们应该认识到自己的不足,尤其是在发现自己的理性能力存在缺陷的时候,应该自觉接受官方的规范和学术界的引导。官方的主要职责是治国理政,但治国理政工作与中国道德话语、伦理思想的建构紧密相关,因此,官方不能让中国道德话语和伦理思想的建构完全处于无政府状态,应该利用行政手段对其进行必要的干预和规范。学术界的主要职责是从理论上研究中国道德话语和伦理思想,但这种研究既不能脱离民间实情,也不能脱离官方需要。具体地说,中国学者在对中国道德话语和伦理思想展开理论研究的时候,应该将中国学术建立在中国民间基础上,同时自觉对接国家重大战略需求。学术研究不能没有自由,但这种自由不能建立在僭越民间实情和国家重大战略需求基础之上。

第三,民间、官方和学术界在建构中国道德话语和伦理思想方面的交流和合作是一个需要不断磨合的过程。中国民间、官方和学术界在建构中国道德话语和伦理思想方面应该怎样交流和合作?这是一个非常复杂的社会工程。首先,我们应该充分认识到这一工程的高度复杂性,避免犯简单化的错误。民间、官方和学术界之间有联系,也有区别。民间有民间的思维,官方有官方的意识,学术界有学术界的想法,如何将它们整合起来并非易事。其次,这一工程的成功推进需要民间、官方和学术界具有相向而行的意识。民间、官方和学术界之间在建构中国道德话语和伦理思想方面的交流、合作应该遵循真诚的原则，彼此具有相向而行的强烈意愿，并且能够坦诚相待，而不是相互猜疑、互不信任。再次，工程的完成需要有可操作的工作机制。既然民间、官方和学术界在建构中国道德话语和伦理思想方面应该交流和合作，那就应该建立切实可行的交流和合作机制。具体地说，民间应该有能够接受官方引导和学术界指导的机制，官方应该有联通民间和学术界的机制，学术界也应该有对接民间和官方需求的机制。

总而言之，中国道德话语的发展路径具有交叉融合的广阔空间。民间力量很强大，应该受到应有的尊重。离开民间人民大众来谈论中国道德话语的发展路径问题，这是不切实际的做法。官方力量很强大，应该受到应有的肯定。没有官方的规范性规约，中国道德话语的发展路径很可能是歪门邪道。在当今中国，有些学者不接受官方的规范性规约，他们对西方道德话语体系采取盲目崇拜的态度，对中国道德话语的当代发展造成了巨大冲击和危害。学术界的力量也很强大，应该予以维护。中国道德话语和伦理思想的建构需要中国学术界的思想和理论贡献。没有学术界的思想和理论贡献，中国道德话语和伦理思想的建构必定缺乏思想深刻性和理论系统性。学术界最容易犯脱离民间和官方的错误。学术研究固然应该保持应有的自由性和自由度，但它绝不是随心所欲的极端自由。中国学术界承担着从理论上研究中国道德话语和伦理思想的重任，但这不是在玩"自娱自乐"的游戏。中国学者所使用或所创造的道德话语体系应该是鲜活的，应该密切贴近现实，应该能够满足国家重大战略需要。只有将民间、官方、学术界三种力量有机地融合在一起，中国道德话语发展的路径才能越来越宽广。

第四章

中国道德话语中的元隐喻

"中国道德话语"是在中国社会传承发展的一个道德语言体系；或者说，它是中国各个民族所使用的道德语言的统称。它是一个非常庞大的体系，其魅力不仅在于它的形式美，而且在于它的内容美。在千变万化的形式背后，中国道德话语隐藏着丰富而深邃的伦理意义。中国道德话语中的元隐喻就深刻体现了这一点。研究中国道德话语中的元隐喻，能够将我们引入中国道德话语的深层结构和博大精深的伦理意义世界，并且能够为人们了解和研究中国传统伦理思想提供一种新的思路。

一、元隐喻：作为隐喻之母

要理解"元隐喻"，可以诉诸我国的说文解字方法。首先将"元"与"隐喻"拆散来解析，尔后分析它们融合在一起的整体意义。

根据《说文解字》，"元"意指"始也。从一，从兀。"① 这是说，"元"是"开始"之意，是由"一"或"兀"来会意的。正因为如此，汉语中有"一开始"之说。在《道德经》中，"一"是"存在"的开始或起点。老子说："道生一，一生二，二生三，三生万物。"② 在道家哲学中，"道"即"一"，"一"即"道"，整个世界归于"道"、归于"一"，因此，"圣人抱一为天下式"③，得"一"意指得"道"，得"道"意指得"天下"。可见，凡是可以用"元"来修饰、限制的词，意指"最初""最早""最基本"等意蕴。

---

① 说文解字（一）[M]．汤可敬，译注．北京：中华书局，2018：2.
② 老子[M]．饶尚宽，译注．北京：中华书局，2006：105.
③ 老子[M]．饶尚宽，译注．北京：中华书局，2006：55.

隐喻是人们常用的一种修辞手法。在汉语中，隐喻又称暗喻或简喻。与明喻不同，它是用一种事物暗示另外一种事物的修辞手法。隐喻比明喻更加灵活形象，在汉语中可谓比比皆是。中华民族喜欢使用隐喻。《文心雕龙》强调"文之为德也大矣"①，因此，"人文之元，肇自太极"，"言之文也，天地之心哉"②。其意指，语言具有与天地并生并存的德性，语言起源于太极，语言之所以有文采，是因为它表现的是天地的心性。它以天地之心来隐喻语言，强调"文心"可以"雕龙"，这是关于汉语的最精彩隐喻。

隐喻是比喻的常见表现形式。刘勰将"比喻"称为"比兴"。他说："'比'者，附也；'兴'者，起也。附理者切类以指事，起情者依微以拟议。起情故'兴'体以立，附理故'比'例以生。"③ 其意指，"比"是比附事理，"兴"是起兴引情；比附事理要用贴切的类比方法指明事物，起兴引情要凭借隐微含蓄的方法来寄托用意；引发了情感，"兴"的样式就形成了，比附了事理，'比'的体例也就产生了。比喻是用一个事物来喻指另外一个事物。明喻有喻词，其喻义是明确的、外显的，而隐喻没有喻词，其喻义是含蓄的、隐藏的。

"元隐喻"是指最初的或最基本的隐喻。它是所有隐喻之母。例如，《周易》是以"天"来暗喻最初的世界，因此，天或世界的首要价值在于它是世界的起点，或者说，天是世界之元。以"天"来喻指世界，这意味着世界的原初状态是"刚健"，即"天行健，君子以自强不息"④。作为世界的开始，"天"没有任何依靠，只能依靠自强立身。《周易》进一步以"天行健"隐喻人的原初本性，认为人的原初品格是自强不息。这样一来，"自强不息"就成了中华民族的原初品格，甚至整个人类的原初品格。

"地"也是中华民族的元隐喻。它喻指中华民族之品格中的温和、谦和之维度。《周易》认为，中华民族不仅具有刚健的品格，而且具有温柔的品格。以"地"隐喻中华民族的品格，就是指中华民族是

---

① 文心雕龙［M］．王志彬，译注．北京：中华书局，2012：3．
② 文心雕龙［M］．王志彬，译注．北京：中华书局，2012：5．
③ 文心雕龙［M］．王志彬，译注．北京：中华书局，2012：411-412．
④ 周易［M］．杨天才，张善文，译注．北京：中华书局，2011：8．

第四章　中国道德话语中的元隐喻

"地"、具有"地"的温柔，即"地势坤。君子以厚德载物"①。以"地"喻指"君子"，是指做人应该学习"地"的柔顺品格。

《周易》以"天"和"地"来隐喻人的品格，这不仅意味着世界有阴阳两极（太极），而且意味着人有刚健和柔顺两种本性和品格。《周易》首先将世界统一于天，尔后区分天与地、阴与阳，于是，世界一分为二，继而天地（或阴阳）产生万物，世界最终得以形成。可见，在《周易》中，元隐喻有两个，即天的隐喻和地的隐喻。它们决定着世界的基本本性和品格，也决定着人的基本本性和品格。这就是元隐喻的力量。

哲学家对元隐喻的认知和解释存在很大差异，因此，人类迄今为止并没有形成关于它的共识。很多哲学家倾向于将人类隐喻为"动物"。理性主义哲学家将人类隐喻为理性动物，而经验主义哲学家将人类隐喻为感性动物。康德认为，人类是理性存在者，由理性存在者构成的世界是"目的王国"，它从根本上不同于"自然王国"，而在叔本华看来，人类是本能意志存在者，由本能意志存在者构成的世界是"作为意志的世界"。这两种观点有着根本区别，但它们存在一个共同点，即都以"动物"来隐喻人类。这至少说明它们都承认人类的动物本性。

"夫'比'之为义，取类不常；或喻于声，或方于貌，或拟于心，或譬于事。"② 人类用比喻来说明声音、描述外貌、表达内心活动或解释事情，这是指我们运用非元隐喻的情况。与此不同，元隐喻的寓意是永恒的。它发端于仅仅属于自身的发源地，因此，它是所有其他隐喻的开始，没有任何一种隐喻先于它而存在。它是某一类隐喻中的原始隐喻。

元隐喻是人类文化精神的源头。中国神话有盘古开天辟地的故事，这只不过是以天、地隐喻世界的神话。在中国神话中，天和地是盘古用斧头劈出来的，而在基督教神话传说里，世界是上帝耶和华在七天内创造出来的。两种元隐喻导致两种截然不同的文化。中国神话以盘

---

①　周易 [M]. 杨天才，张善文，译注. 北京：中华书局，2011：29.
②　文心雕龙 [M]. 王志彬，译注. 北京：中华书局，2012：415.

古作为人的祖先，这喻指人不仅应该具有开天辟地的本领，而且应该有顶天立地的品格。基督教神话将世界的创造完全归功于上帝，因此，人类所需做的是感恩上帝、服从上帝，在上帝的庇佑下生存，而不是自己顶天立地地生活。中华民族之所以一代又一代地以自强不息、厚德载物、顶天立地等作为美德，这是由我们关于世界的元隐喻决定的。西方人之所以坚持用上帝的恩典来解释自己的生活福祉，这是由他们关于世界的元隐喻决定的。盘古是中华民族的神、祖先，但他因为开天辟地的艰苦劳动而死，而西方人的上帝并没有因为创造世界的工作劳累而死，它一直活着。中西文化存在的这种根本差异，是由中西文化中的元隐喻决定的。

元隐喻是一个值得研究的领域。它是人类文化之根，应该受到人类高度重视。它深藏于人类语言体系中，是我们的肉眼难以发现的东西，因为它是隐性的，但它包含着人类语言乃至人类文化的全部力量。中华文化源远流长、博大精深，但只要找到它的元隐喻，我们就能够找到打开中华文化宝库的密钥。同样，只要找到西方基督教语言中的元隐喻，我们就能找到打开西方文化宝库的钥匙。

人类道德语言体系中也有元隐喻。道德语言是表达人类伦理思想的语言体系。它是由具体的道德概念、道德判断、道德命题等构成的一个体系，但它归根结底建立在一定的元隐喻基础之上。由于伦理学本质上是研究人事的学问，人类道德语言中的元隐喻就是关于人的隐喻。伦理学不仅要追问和解答"人是什么"的问题，而且要追问和解答"人应该是什么"的问题。也就是说，伦理学不会停留在论证人性、人格的层面，而是要通过论证人的道德本性、道德人格来体现自身的高度。伦理学不是以将人变成人作为最高目标，而是以将人变成"道德人"作为最高目标。不过，不同的伦理学理论对"道德人"的隐喻不尽相同。

二、儒家伦理的元隐喻：山

《论语》中有一个关于孔子批评宰予的故事。故事的内容是这样的：孔子的学生宰予大白天睡觉、不学习、不干活，这让孔子很生气。

第四章　中国道德话语中的元隐喻

孔子说："朽木不可雕也，粪土之墙不可圬也。于予与何诛？"① 其意指，腐朽的木头不能雕琢，粪土般的墙壁不能粉刷。我还能怎么责备宰予呢？孔子还补充说："始吾于人也，听其言而信其行；今吾于人也，听其言而观其行。于予与改是。"② 其意为，我以前对待别人的时候，总是听了他说的话就相信他的行为；我现在对待别人的时候，不仅听他说的话，而且观察他的行为；宰予让我发生了这种改变。该故事告诉我们，孔子对宰予的所作所为非常不满，以致他不惜使用"朽木""粪土之墙"之类的粗鄙措辞来责骂他。

上述故事很容易让我们想起不少中国父母批评小孩常用的方式。在中国社会，父母普遍有"望子成龙""望女成凤"的观念，并且将这种观念贯穿于培养小孩的全过程。所谓"望子成龙"和"望女成凤"，就是希望小孩能够成为人中龙凤、人中翘楚，能够出人头地、出类拔萃，能够担当重任、齐家治国平天下。如果小孩不能如父母所愿，父母就会对他们加以责备，责备之词恰恰如同孔子责骂宰予的话语，无非是责备小孩不争气、不进取、不上进、不自强等等。每逢这种语境，中国父母总是摆出一副大义凛然、恨铁不成钢的架势，而小孩则往往表现出愧疚、自责、苦闷的样子。更可怕的是，看到自己的小孩不思进取的时候，有些中国父母甚至会对他们施以暴力。这种故事在中国社会从古至今一直在发生，可谓沿袭不断、源远流长。

我们不禁要问：身为伦理学家的孔子为什么如此这般地责备宰予？为什么中国父母普遍倾向于对自己的小孩求全责备呢？这两个问题看似关涉不同内容，实质上是两个相同的问题。它们都是在抱怨和责备人们没有按照儒家伦理的要求行动。区别在于，第一个问题中的宰予是被抱怨、被批评的对象，而在第二个问题中，被抱怨、被批评的对象转换成了中国小孩而已。

无论是孔子责备宰予的情形，还是中国父母责备小孩的情形，其内在逻辑是一致的。这就是，他们都对被责备的对象有某种价值目标的期待。孔子期望宰予能够成为子渊、子骞、伯牛、仲弓、子贡、子

---

① 论语 大学 中庸 [M]．陈晓芬，徐儒宗，译注．北京：中华书局，2015：52.
② 论语 大学 中庸 [M]．陈晓芬，徐儒宗，译注．北京：中华书局，2015：52.

路、子游等"优秀学生"。子渊好学，又具有优良道德修养，因而深得孔子喜爱。子骞是一个大孝子，被孔子称赞为可以与颜回齐名的人。伯牛为人正直，知书达礼，擅长待人接物，但英年早逝，孔子对其喜爱有加。仲弓饱读诗书，具有君子之风、君子之气象，是一个有德性、德行的官吏，很受孔子器重。子贡富于雄辩，具有经商智慧，注重德性修养，孔子对其颇为欣赏。子路为人刚直，多才多艺，处事果断，信守诺言，进取心强，常常是孔子夸赞的对象。子游敏而好学，擅长文学，又热心于传播孔子学说，获得孔子高度赞赏。中国父母往往对小孩怀有期待。他们或者希望小孩成名成家、扬名立万，或者希望小孩从政为官、手握权力，或者希望小孩经商赚钱、富甲一方。他们之所以责备小孩，是因为小孩没有达到他们的期望。

孔子是儒家的开创者，也是儒家精神的象征。儒家精神主要是通过儒家伦理思想得到体现的。儒家伦理思想内容非常丰富、非常复杂，但它的主线是清晰的、一以贯之的。这就是，它是以"山"作为儒家伦理的元隐喻，要求人们为人如山、做人如山。

孔子说："知者乐水，仁者乐山。知者动，仁者静。知者乐，仁者寿。"[①] 其意指，智者喜欢水，仁者喜欢山；智者好动，仁者安静；智者快乐，仁者长寿。孔子表面上是在区分"智者"和"仁者"，实际上是在论述道家伦理学与儒家伦理学的区别。"智者"是道家伦理学追求的目标，他是以"水"作为道德形象的。它要求人们做人如水。"仁者"是儒家伦理学追求的目标，他是以"山"作为道德形象的。儒家伦理学要求人们积极投身于现实生活、做人如山、敢于作为、勇于承担社会责任。

"山"集中体现了儒家伦理的精髓。儒家伦理是一个主张积极入世、自强不息、敢于担当、经世致用、厚德载物的伦理价值体系，这与山的形象极为相似。在我国社会，人们通常用挺拔、高瞻远瞩、具有内在修养、能够承重、安静稳重、天长地久、安全可靠等术语来描述山的形象。"山"常常被视为"父亲"应有的形象，因此，在我国有"父爱如山"这一成语。事实上，"做人如山"是儒家伦理学对所有人

---

① 论语 大学 中庸[M].陈晓芬,徐儒宗,译注.北京：中华书局,2015：68.

第四章 中国道德话语中的元隐喻

的道德要求。

儒家伦理以崇尚"仁"为核心思想。它将"仁"视为人们最重视的东西之一。孔子说:"民之于仁也,甚于水火。"① 其意为,老百姓对仁的需要超过对水火的需要。孔子还说:"当仁,不让于师。"② 这是指,一个人在追求仁、践行仁的时候,对老师也不能谦让。儒家伦理所说的"仁",既指仁道、仁爱精神或仁心,也指仁慈的行为或仁的践行。在孔子伦理思想中,仁慈的行为或仁的践行被称为合乎礼的行为。孔子要求人们将"仁"贯穿到社会生活的方方面面,但这需要通过讲礼的行为得到体现;或者说,孔子要求人们通过懂礼数、重礼节的行为来践行"仁"。孔子以"仁"为"本",以"礼"为"用",主张仁礼相通、仁礼统一。将内在的"仁"转化为合"礼"的外在行为,这就是孔子乃至整个儒家所说的成人成圣之道或内圣外王之道。

"山"是儒家伦理的元隐喻,因而也是儒家伦理的根基。儒家伦理以人本主义道德话语为主要特征,但它的道德话语体系的底色是自然主义的。在儒家道德话语体系中,山是儒家伦理的喻体,是儒家伦理旨在树立的道德形象。它是具有道德人格的自然实体;或者说,山的形象承载着儒家所倡导的仁爱伦理精神。做人如山,这是儒家对所有人提出的伦理要求。儒家伦理以倡导这样的道德真理作为自己的根本思想:向山学习,做积极入世、自强不息、敢于担当、经世致用、厚德载物的人。

要深刻认知儒家伦理,必须了解它以"山"作为元隐喻的道德话语特征。孔子讲"智者不惑,仁者不忧,勇者不惧"③,但他更多地强调"仁者不忧,勇者不惧"。这是儒家伦理的基调。"山"是"仁者"的形象,也是"勇者"的形象。作为"仁者",它因为内在具有道德修养而彰显出强大的道德精神,同时能够将内在的强大道德精神转化为勇敢的道德行为。

---

① 论语 大学 中庸 [M]. 陈晓芬,徐儒宗,译注. 北京:中华书局,2015:194.
② 论语 大学 中庸 [M]. 陈晓芬,徐儒宗,译注. 北京:中华书局,2015:194.
③ 论语 大学 中庸 [M]. 陈晓芬,徐儒宗,译注. 北京:中华书局,2015:109.

三、道家伦理的元隐喻：水

与儒家伦理不同，道家伦理是以"水"作为元隐喻。在道家伦理中，"水"与儒家伦理中的"山"一样，既是一个自然物象，又是一个道德形象。

根据道家伦理叙事，"水"具有如下伦理意蕴：

一是外柔内刚的伦理精神气质。老子说："天下莫柔弱于水，而攻坚强者莫之能胜，以其无以易之。"① 其意指，水外表柔弱，实则坚强无比；天下没有什么比水更加柔弱的东西了，但只有水才具有冲击坚硬之物的能力，因此，它是天下无双、不可取代的。也就是说，水是天下至柔之物，也是天下至坚之物，即"天下之至柔，驰骋天下之至坚"②。

与道家伦理不同，儒家伦理追求的是外刚内柔的伦理精神气质。一方面，儒家要求人们对外表现出自强不息、昂扬向上、积极作为、砥砺前行的道德形象；另一方面，又要求人们内在具有仁心、仁爱。儒者是侠骨柔肠的仁人志士，是懂得内圣外王之道的人。他们能够为正义事业抛头颅、洒热血，但这是因为他们的心里装着仁爱之心、崇高理想。他们博爱人民，这是因为他们有一颗博爱之心。他们以天下苍生之心为心，以人民大众之心为心，因此，每当天下苍生、人民大众陷入危难之中，他们会挺身而出、义无反顾、大义凛然，甚至不惜牺牲自己的生命。

二是不争的美德。水拥有"不争之德"③。所谓"不争"，是指顺其自然，不炫耀，不逞强，不张扬，不鲁莽。"不争"不是"示弱"，而是符合天道、有能力、有智慧的表现。另外，"不争"是最有伦理智慧的"争"。用老子的话说，这就是"夫唯不争，故天下莫能与之争"④。道家所说的"不争"美德是基于"争"的辩证法而确立的一种美德。它是以"不争"实现"争"的价值目标，是以无为实现有为。

---

① 老子［M］．饶尚宽，译注．北京：中华书局，2006：186.
② 老子［M］．饶尚宽，译注．北京：中华书局，2006：107.
③ 老子［M］．饶尚宽，译注．北京：中华书局，2006：166.
④ 老子［M］．饶尚宽，译注．北京：中华书局，2006：55.

老子还说："天之道，不争而善胜，不言而善应，不召而自来，繟然而善谋。"① 显然，道家所说的"不争"只不过是一种为人处世的策略和智慧。

与道家伦理不同，儒家伦理是以"争"作为美德的。它要求人们通过"争"来彰显德性，通过"争"来体现人之为人的伦理智慧。当然，儒家所说的"争"不是无政府主义的"争"，也不是霸权主义的"争"。它是"德争"，即以德为基础的争，是以德服人的争，是具有德治意蕴的争，是合乎天道的争。儒家的"争"和道家的"不争"都是以实现"胜"作为价值目标，但它们所采取的方式和路径不同。

三是甘居弱位的伦理思想境界。水总是甘居弱位。"甘居弱位"即"甘居低位"。道家伦理不要求人们通过抢占高位来获取伦理尊严，而是主张通过处于弱位或低位来彰显人们的伦理尊严。老子说："人之生也柔弱，其死也坚强；草木之生也柔弱，其死也枯槁。故坚强者死之徒，柔弱者生之徒。"② 其意指，人活着的时候身体是柔软的，死后却变得僵硬；草木生长的时候是柔弱的，死后却变得干枯；因此，坚强、强大的东西属于死亡类的事物，柔软弱小的东西属于生存类的事物。老子进一步说："是以兵强则灭，木强则折。强大处下，柔弱处上。"③ 这是指，军队逞强就要面临失败、灭亡；树木变得强大，就要被砍伐、折断；真正的强大者处于下位，真正的柔弱者处于上位。

中国有句古语：人往高处走，水往低处流。这句话囊括了儒家伦理和道家伦理的精髓。"人往高处走"是儒家伦理强调和追求的伦理思想境界。儒家反对道德生活上的"弱者"，认为人在道德生活上应该表现出勇往直前、敢于担当、积极作为的态度。它崇尚道德上的"仁者"。"仁者不忧"，不仅知道什么是道德，而且不会因为讲道德而忧愁。"仁者"也是道德生活中的"勇者"。"勇者不惧"，能够将道德信念落实到具体的行为上。与儒家伦理不同，道家伦理讲究的是"水往低处流"。它要求人们向水学习，做人如水，甘居弱位而不自卑，通过

---

① 老子 [M]. 饶尚宽，译注. 北京：中华书局，2006：182.
② 老子 [M]. 饶尚宽，译注. 北京：中华书局，2006：182.
③ 老子 [M]. 饶尚宽，译注. 北京：中华书局，2006：182.

"示弱"来彰显自己的强大。正如老子所说:"江海所以能为百谷王者,以其善下之,故能为百谷王。"①

四是利他的道德品质。水不求利己,专门利他。老子说:"上善若水。水善利万物而不争,处众人之所恶,故几于道。"② 水是"上善"之人具有的品质,它滋养万物,不与万物争夺任何东西,处于人们厌恶的低洼之地,但它更加接近大道。在道家伦理中,低洼之地是"善地",它是因为具有利他品格的水的汇聚而得此美名。

道家伦理反对利己,鼓励利他。老子说:"持而盈之,不如其已;揣而锐之,不可长保。"③ 所谓"持而盈之",是指利己、贪婪。所谓"揣而锐之",是指通过锤击而使自己变得锐利。老子认为这两种做法都不是"上善"之人应有的作为,因为它们只会导致失败、毁灭。他反对"持而盈之"和"揣而锐之"的做法,主张弘扬利他的道德品质。

五是追求流动、变动的伦理智慧。道家所说的水是"活水",而不是"死水"。所谓"活水",就是流动的水。活水表面平静,内在流动、涌动。它是因为流动、涌动而变活。没有流动、涌动的水是死水,缺乏活力。道家伦理以"水"作为元隐喻,不是以死水作为比喻,而是以活水作为比喻。活水具有活性,活性代表活力和智慧。

儒家伦理是以稳健、厚重、冷静、有定力作为智慧的象征。它是"山"的智慧。做人如山,是指学习山的稳健、厚重、冷静、有定力,是指能够在错综复杂的生活世界从容自如地应对和处理各种问题。与儒家伦理不同,道家伦理要求人们在永恒的变化中展现伦理智慧。道家伦理强调灵活、变通,强调适应一切变化、变动。老子说:"人法地,地法天,天法道,道法自然。"④ 所谓"道法自然",既是"顺其自然"之意,也是随机应变、灵活变通之意,其理想境界是自然而然、处变不惊、处变不乱。

道家伦理推崇水、崇尚水、赞美水,可谓唯水为重。"水"的隐喻是支撑道家伦理价值体系的根基,它决定了道家伦理的核心思想、精

---

① 老子[M].饶尚宽,译注.北京:中华书局,2006:161.
② 老子[M].饶尚宽,译注.北京:中华书局,2006:20.
③ 老子[M].饶尚宽,译注.北京:中华书局,2006:22.
④ 老子[M].饶尚宽,译注.北京:中华书局,2006:63.

神灵魂和实践品格。老子在水中求道，借水论道，凭水弘道，开创了以水作为元隐喻的自然主义伦理思想体系，其伦理思想为庄子所继承。庄子一生崇尚水一样的自由，在《逍遥游》《齐物论》等篇章中表达了对生命自由的向往和追求，将生命自由归结为"逍遥游"，主张以通达的精神超越现实、以"心斋"和"坐忘"达到"无待"的心境。在道家伦理中，水是生命自由的象征，其意指：人的生命应该像水一样，自由流动，自由变动，洒脱而超然，超然而快乐，快乐而幸福。

古希腊哲学家赫拉克利特曾经说过："智慧就在于说出真理，并且按照自然行事，听自然的话。"① 这是古希腊人较早表达的自然主义伦理观。在中国，道家是推崇自然主义伦理观的典型学派。它以"水"作为元隐喻，不仅建构了自然主义伦理观，而且建构了自然主义道德话语体系。道家不追求山高耸、挺拔、突兀的形象，而是追求水甘居低位、含蓄退隐、谦虚低调的形象。它在伦理上自成一家，与儒家、佛家都形成鲜明对比。因此，有国内学者指出："道家是中国思想文化史上的重要一家，与儒家和佛家鼎足而立，既相反相斥又相辅相成，共同构成中华民族传统文化的主要内涵。"②

四、佛家伦理的元隐喻：菩提树

佛家伦理是佛教主张弘扬的伦理价值体系。佛教是从印度传入我国的宗教。它汉末传入我国，在中华大地上扎根、繁衍、演化、发展，与中华民族传统文化深度融合，逐渐成为中华民族传统文化的重要组成部分。佛教传入中国之后并没有导致将中华民族佛教化的结果，但它确实在许多中国人身上植入了"佛教情结"。在中国，只有极少数人是信佛的佛教徒，但很多人具有佛教情结。他们或多或少地了解佛教信仰、佛教教义和佛教宣扬的神仙。

《西游记》在培养中华民族的佛教情结方面发挥了重要作用。它被奉为中国四大名著之一，是中国古代第一部浪漫主义章回体神魔小说，

---

① 北京大学哲学系外国哲学史教研室编译. 西方哲学原著选读（上卷）[M]. 北京：商务印书馆，1981：25.
② 王泽应. 自然与道德——道家伦理道德精粹 [M]. 长沙：湖南大学出版社，1999：1.

被拍成了电视连续剧，是中国每年春节期间都会播放的电视节目，因而在中国几乎家喻户晓。该小说主要描写了唐僧、孙悟空、猪八戒、沙僧和白龙马一行西天取经的故事。取经途中充满艰难险阻，各种妖魔鬼怪阻挠、破坏，孙悟空一路降妖伏魔，保驾护航。唐僧师徒一行经历了九九八十一难，但他们最终到达西天见到如来佛祖，并取回真经，可谓功德圆满。该小说除了讲述唐僧师徒的故事，还引入了灵山、灵界、佛经、如来佛祖、观音菩萨等众多佛教术语。唐僧、孙悟空、猪八戒等名字也都是佛教所说的法号。如来佛祖、观音菩萨等佛教神灵之所以在中国社会人人皆知，这与《西游记》的传播有着千丝万缕的关系。

　　根据印度佛教传说，佛教里的佛祖是释迦牟尼。佛祖释迦牟尼公元前7世纪出生在喜马拉雅山山麓与印度恒河之间的一个小国，原名悉达多，他的母亲在他出生7天之后就去世了，但他深得其父净饭王的喜爱。他后来削发成为一名修道者，不愿回家，到处求教哲学、向苦行僧学习，最终在一棵菩提树下静修6年得道成佛，想通了人如何脱离人间痛苦的道理，并于35岁的时候创立了佛教。释迦牟尼创立的印度佛教在汉明帝时期传入我国。据说，汉明帝曾经夜梦一个金人，吩咐他派人去西天求取真经，于是，他派了18人前往印度求取经书，并且将求得的经书安置在洛阳白马寺，从此拉开了佛教在我国传播的序幕。

　　印度佛教传入中国之后发生了很多变化，但它的基本教义和精神得到了保存和延续。印度佛教的源头是释迦牟尼静修得道的那棵菩提树。释迦牟尼在菩提树下参透世界一切，将人间苦难归因于现实，将摆脱苦难的希望寄托于天国，这是佛教教义的核心思想。与基督教、伊斯兰教等其他宗教一样，佛教教义包含大量伦理思想。佛家伦理宣扬善恶报应观念，强调善有善报、恶有恶报，注重引导人们在现实中向善、求善和行善，以求得死后在天堂得到福报。

　　佛家伦理既不同于儒家伦理，又不同于道家伦理。它是一个兼有入世性和出世性的伦理价值体系。儒家伦理强调现实道德关怀，聚焦于人的道德生活现实，要求人们尽心尽力做好修身、养性、齐家、治国、平天下的世俗事务，不管生前、死后状况。孔子将人的生前、死后状况归因于命运，认为"死生有命，富贵在天"①，所以他仅仅关注现实中的人是否过上美好生活的问题。道家伦理追求超越性道德生活，要求人们借助自由精神摆脱凡间俗事尤其是物欲横流的现实，主张通过精神超越提高人的道德生活境界。佛家伦理则表现为一种折中主义伦理观。它既要求人们立足现实，在现实中向善、求善和行善，又要求人们超越现实，建构理想的善的王国。

菩提树的形象最生动地体现了佛家伦理对人类道德生活的叙事模式。它扎根于土壤之中，这喻指佛家伦理立足现实、不脱离现实；同时，它又挺拔、高耸，这喻指佛家伦理超越现实、追求理想。菩提树是连接现实与理想、世俗世界与天堂世界的纽带，非常形象地表现了佛家伦理既入世又出世的特征。在佛家伦理中，"入世"意指投身于纷繁复杂的现实，入世的人都会受到尘世事务的纷扰而无法拥有人生幸福；"出世"意指超凡脱俗，出世的人能够通过"悟空"的方式达到精神超越的幸福。菩提树是佛教的宗教精神象征。

佛教传入中国之后，在影响中国民众的同时也受到了中国文化的深刻影响。中国文化历来是一种包容性很强、感染力很强的文化形态。它能够容忍文化观念的差异性，对外来文化也采取包容的态度，但它非常注重维护和守护自己的核心内容。也就是说，它可以海纳百川、有容乃大，但它从来不会轻易改变自己的本质和精华。早在佛教传入之前，儒家和道家就已经在中国社会占据主导地位，其影响已经深入中华民族的骨髓。佛教是一种外来宗教文化。与所有的外来文化形态一样，它无力从根本上撼动儒家和道家在中国社会和中国文化中的主导地位，只能通过"中国化"的方式来保全自身。中国佛教就是中国化的佛教。它源自印度，却又不同于印度佛教。它只是坚持了印度佛教的基本教义，对表现佛教教义的方式做了很多改变。

中国佛教的根在印度。印度佛教关于菩提树的元隐喻是中国佛教精神的源头。中国佛教徒都知道释迦牟尼在菩提树下得道的故事，也是以它作为佛教的起点。不过，传入中国之后，佛教受到儒家哲学和道家哲学的深刻影响，它兼有入世性和出世性的特征得到进一步增强。

---

① 论语 大学 中庸[M]．陈晓芬，徐儒宗，译注．北京：中华书局，2015：109．

一方面，在儒家哲学的影响下，它增强了入世性；另一方面，在道家哲学的影响下，它又增强了出世性。能够很好地吸收中国儒家和道家哲学思想是印度佛教能够在中国社会存在和发展的根本原因。佛教是一种适应性很强的宗教。

中国佛教关注、重视众生的现实之苦，同时宣扬"普度众生"的思想。在中国佛教中，众生身处现实，就得承受万般苦难，如果要摆脱苦难，就得脱离现实。当众生身处现实之时，只有在精神上超越现实，才能获得暂时的超脱。中国佛教要求佛教徒修炼佛心、得道成佛。所谓"佛心"，就是大慈大悲之心，就是普度众生之心，就是以佛心为我心，但佛心既是现实的，又是超越现实的。它体现佛教徒将人生信念置于现实和理想之间的价值取向。中国佛教徒同时生活在现实和理想之中。宣扬佛性与人性相通是中国佛教的重要教义。

五、元隐喻对中国道德话语的支撑作用

中国道德话语是一个极其庞大的体系。它是中国语言体系的一个子系统，因而具有中国语言所能拥有的构成要素、主要特征、表现形式等。与中国语言的大体系一样，中国道德话语是一个非常复杂的系统。进入该系统，我们会有眼花缭乱的感觉。为了消除这种感觉，我们需要找到研究中国道德话语的正确路径。

元隐喻是中国道德话语的根基。它隐藏于中国道德话语的深层，但蕴含着中国道德话语的本质内涵和核心要义。如果说中国道德话语是一个以表达伦理意义为主导的语言体系，那么，它隐含的伦理意义发端于它自身的元隐喻。中国道德话语蕴含多种多样的隐喻，但只有元隐喻才能被称为隐喻的隐喻。它是中国道德话语中的其他隐喻的起点，是整个中国道德话语体系的起点，对中国道德话语体系发挥着强有力的支撑作用。

所谓"元"，"善之长也"[1]。其意指，最初的生长决定着善的发展状况。元隐喻是中国道德话语的始发地，也是中国道德话语对"善"进行表达的开始。中国道德话语对"善"的表达始于元隐喻。具体地

---

[1] 周易[M].杨天才，张善文，译注.北京：中华书局，2011：10.

说，儒家伦理关于"山"的元隐喻、道家伦理关于"水"的元隐喻、佛家伦理关于"菩提树"的元隐喻都是中国道德话语表达"善"的起点。这一起点具有多元性、多样性，因此，中国道德话语从来都是一个内容丰富多彩、形式多种多样的体系。

根据《周易》，万事万物都有一个开始，好的开始预示事物会有好的发展势头，即元、亨、利、贞之意。开始好，才能够亨通、有利、正直。元隐喻是怎样的，决定着中国道德话语之隐喻体系的整体状况。正因为如此，要了解中国道德话语中的隐喻体系，我们不能不研究它的元隐喻。元隐喻是中国道德话语之隐喻体系的始基。这个始基很坚实，中国道德话语的隐喻体系就很坚实。更进一步说，中国道德话语的隐喻体系之所以很发达，是因为它的元隐喻很深厚、很强大。

要深入系统地研究中国道德话语，必须关注和重视它的元隐喻。由于中国道德话语历来有儒家、道家、佛家等流派之分，它的元隐喻就是一个非常复杂的根系。中国从来没有形成单一的道德语言体系，这从根本上来说是因为中国道德话语所依赖的元隐喻不是单一的状态。这种状态不仅赋予中国道德话语强烈的多元性、多样性，而且赋予中国道德话语强大的生命力。在多元中整合，又在整合中分散；在多样中统一，又在统一中分开；两个方面在对立统一中相互交织、相互激荡；这些是让中国道德话语能够持久保持强大生命活力的根源。

中国道德话语是一棵参天大树。这棵大树枝叶繁茂、生机盎然，有自己的伦理概念体系、伦理判断体系、伦理表意体系、伦理叙事体系，但这一切都是基于中国道德话语的元隐喻产生的。中华民族没有将元隐喻仅仅归属于儒家、道家或佛家，而是兼容并蓄、博采众长，因而形成了综合性非常鲜明的道德话语体系和伦理思想体系。我们历来主张百家争鸣，所以从来不追求完全整合、绝对统一。我们总是同时信奉多种伦理思想和道德价值观念，这是我们的道德人格具有多元性、复合性特征的根本原因。

元隐喻是中国道德话语的灵魂，也是中国道德话语的价值源泉。中国道德话语是中华民族道德生活的直接现实。一部中华民族道德生活史是中华民族切实经历道德生活的过程，也是中华民族借助中国道德话语表达道德生活体验的过程。我们经历着自己的道德生活经历，将它们刻写成道德生活史，并且用道德语言表达出来，这似乎说明我们的所有道德生活经历都是现实的，而不是历史的。其实不然。我们的道德生活经历都可以追溯到中华民族在中国道德话语中设定的元隐喻。中国道德话语中的元隐喻存在于遥远的过去，存在于我们的祖先对道德生活的原初想象中。它离我们很远，又离我们很近。当我们用隐喻表达伦理意义的时候，它不仅来到了我们的道德语言中，而且进入了我们的伦理思想中。无论我们处于何种时代，中国道德话语中的元隐喻始终伴随着我们。

第五章

中国道德话语的传统形态

每一个民族的道德语言都会通过一定的道德话语体系表现出来。道德话语体系是借助道德概念、道德判断、道德命题、道德推理等手段来表达意义的话语模式。中国道德话语是中华民族的道德语言，发端于先秦时代，最先表现为神话道德话语体系，尔后在春秋战国时期形成儒家、道家、墨家、法家等诸子百家道德话语体系相互争鸣的局面，在汉代还引进了佛家道德话语体系，到现当代又进一步发展出白话文中国道德话语模式。

一、中国的神话道德话语体系

道德话语体系与其他话语体系一样，既有不变的一面，又有变化的一面。不变的那一面是道德话语体系中具有普遍价值的内容，它们具有普遍有效性，能够被不同时代的人认可、接受，不会因为时间的推移而受到质疑、否定。变化的那一面是道德话语体系中具有相对价值的内容，它们具有历史合理性，但不能被不同时代的人认可、接受，时间推移导致它们的合理性基础被动摇，甚至被瓦解。

一切道德话语都来源于道德生活现实。有什么样的道德生活现实，就有什么样的道德话语与之相配。道德话语是人类适应道德生活需要而建构的语言体系。人类生活在道德生活中，又想将自己的道德生活表达出来，这是道德话语得以产生的现实动因。

有些人认为"道德"是文明的象征，因而将它归结为文明时代的"专利品"。事实上，人类道德生活开始于神话时代。神话时代包括原始社会和后原始社会的很长一段时间，其根本特征是：人类将世界区分为"神的世界"和"人的世界"两个维度，认为神性高于人性、优于人性，强调人应该敬畏神、神应该庇佑人。道德价值观念是神话的精神内核。

神话是文化的重要表现形式。它诞生于远古时期，反映远古时期的人类对存在世界缺乏深刻认识的状况。在远古时期，人类对存在世界的认识是含糊不清的，他们不知道世界因何而产生、如何产生、向着哪个方向发展。2000多年前，屈原曾经在《天问》中追问了天地如何被开辟、谁是开辟者、宇宙如何生成等问题，这对我们认识和理解神话的诞生问题是有启示的。

中国具有丰富多彩的神话，但直到近代才从外国引入"神话"这个概念。与其他民族的神话一样，中国神话产生于原始社会。在生产力极其低下的原始社会，原始人对世界的认识很有限，他们"在自己的想象中使周围世界布满了超自然的神灵和魔力"①。这是神话得以产生的根源。中国神话也是这样产生的。

中国神话对中华民族的生活有着深刻影响。大多数中国人具有强烈的神话情结。神话话语体系在汉语中的重要地位印证了这一事实。盘古开天地、女娲补天、精卫填海、后羿射日、天仙配等神话故事在中华民族中间广为流传、至今未断。中华民族普遍喜欢在日常话语中使用天神、土地神、河神、山神等术语，并且喜欢将"举头三尺有神明""人在做天在看""老天有眼"等话语作为口头禅。

中华民族所使用的神话话语体系往往具有道德话语特征，内含深厚伦理意蕴。首先，中华民族所说的"神"都被赋予了某种道德品格。开天辟地的盘古是顶天立地、开拓进取、自我牺牲精神的象征，补天的女娲是厚德载物、救世创生、无私奉献精神的象征。填海的精卫是自强不息、战天斗地、不畏艰难精神的象征。神的身上有人类可以学习、应该学习的优良道德品质。其次，中华民族所说的神都是有道德生活的存在者。与人一样，神具有道德思维、道德认知、道德情感、道德意志、道德信念、道德行为等道德生活内容。再次，中华民族所说的神具有道德形象。通过向善、求善、行善，神树立了实实在在的道德形象。中国神话故事在很大程度上是中国人民借助道德话语体系

---

① 袁珂. 中国神话传说：从盘古到秦始皇[M]. 北京：北京联合出版公司，2017：2.

叙述的经典道德故事。

在中国的神话叙事中，最具有伦理意义的叙事有三种：一是关于祖先的叙事；二是关于龙的叙事；三是关于狼的叙事。

神化祖先是中华民族自古就有的思想传统。我们将盘古、女娲、精卫之类的神奉为自己的祖先，将黄帝、炎帝、尧、舜之类的人奉为自己的祖先。最重要的在于，"祖先"被中华民族赋予不容否定的神圣性，这种意识甚至延伸到我们对自己的先祖的认知上。在中华民族眼里，所有先祖都应该被视为"神"。逢年过节的时候，中华民族都会将自己的先祖当作神来祭祀，并且会虔诚地祈求他们的护佑。"祭祖"是中国社会最重要的风俗习惯，既有敬神的意蕴，又有建构家庭道德记忆的意义。

中华民族崇拜"龙"，具有龙图腾传统。与西方人不同，中华民族历来将龙奉为神灵，视之为能够给人类带来吉祥的神，并且创造了龙德在田、龙凤呈祥、龙腾虎跃、龙行天下等成语。龙之所以受到中华民族的特别青睐，是因为它是风调雨顺、吉祥如意、龙马精神的象征。它也与中国社会长期处于农业文明的事实有关。长期以农业为主的生存方式是中华民族推崇龙图腾的根本原因。在当今时代，中华民族已经跨越以农业为主的时代，但人们的龙图腾意识依然强烈地存在。一代又一代的中华民族一直坚持将自己视为"龙的传人"。龙图腾崇拜主要见于汉族。汉族历来以龙为神，以龙为善，以龙为美，歌颂龙，赞美龙，赋予龙尽善尽美的形象。

狼图腾是中国部分少数民族的传统。例如，在蒙古族、维吾尔族等少数民族区域，狼被视为草原的保护神。狼有野蛮的狼性，显得粗犷、凶狠，但它们又具有豪放、合作、友善的一面。它们甚至能够与人类和谐相处，给人类提供庇护。正因为如此，中国的蒙古族、维吾尔族等少数民族不将狼视为敌人，而是视之为草原和人类的保护神。[①] 姜戎的《狼图腾》就是以叙述狼图腾为主题的一部文学作品，它将草原狼描述为神一样的狼，其深层主题是呼吁人类敬畏自然。

中国神话话语体系是以道德话语为主导的话语体系。它叙述的神

---

① 杨建新. 中国西北少数民族史［M］. 北京：民族出版社，2009：77.

话故事大都包含道德教育的内容。一代又一代的中华民族受到中国神话故事的熏陶，从而养成了自强不息、厚德载物、天下为公、济世救人等美德。中华民族的伦理思想也深受中国神话的影响。儒家、道家、墨家、法家等诸子百家的伦理思想都可以在古代中国神话中找到源头。古代中国神话中的神过着既入世又出世的生活方式，这至少为主张积极入世的儒家伦理思想和主张消极出世的道家伦理思想的形成具有启示价值。

中国神话既是中华民族道德话语体系的源头，也是中华民族道德话语体系的重要组成部分。中华民族道德话语体系是中国道德话语的呈现形式。它发端于中国神话，体现中国神话内含的伦理思想和伦理精神，是中华民族建构崇德传统的基础。如果说中华民族是一个尊德、崇德、敬德的伟大民族，那么，这首先是由中国神话塑造的一个事实。中国神话的神话叙事中包含道德叙事的丰富内容。甚至可以说，中国神话叙事本质上是道德叙事。它为中华民族形成尊德、崇德、敬德的思想传统发挥了奠基性作用。

二、儒家的人本主义道德话语体系

"儒"在我国春秋战国时期首先是指教书、襄礼的职业，后来被孔子创立为一个哲学学派。孔子在《论语》中常常使用"儒"这一概念，并且区分"君子儒"和"小人儒"。他曾经对学生子夏说："女为君子儒，无为小人儒。"[1] 他告诫子夏，要他做君子式的儒者，不做小人式的儒者。何谓"君子"？何谓"小人"？最重要的区别在于："君子喻于义，小人喻于利。"[2] 君子懂义、求义、尚义，而小人懂利、求利、逐利。孔子不仅要求自己做"喻于义"的"君子儒"，也要求他的学生做这样的儒者，因此，他创建的哲学流派被称为"儒家"。

儒家哲学主要因其伦理思想而著名。儒家伦理思想是以人本主义作为底色的。它深深扎根于人类社会生活的现实，特别强调道德的社会作用，主张从人的角度来审视和看待道德现象及其在人类社会生活

---

[1] 论语 大学 中庸 [M]. 陈晓芬，徐儒宗，译注. 北京：中华书局，2015：67.
[2] 论语 大学 中庸 [M]. 陈晓芬，徐儒宗，译注. 北京：中华书局，2015：44.

中的地位和价值，坚持以道德治理主导国家治理体系，要求国家治理者"为政以德"①，倡导道德教育，强调道德责任担当和道德关怀，从而形成了以凸显人的存在价值和伦理尊严为要旨的人本主义伦理思想体系和人本主义道德话语体系。

儒家人本主义伦理思想和道德话语体系的核心是共享伦理。"共享伦理"是以公正地分享社会资源作为核心伦理价值取向和最高美德而形成的一个伦理价值体系。儒家对共享伦理的追求是由它自身对人类社会生活本质的深刻认识决定的。孔子、荀子、孟子等儒家代表人物普遍将人类社会生活理解为一种群集性或社会性的现实。荀子曾经明确指出："力不若牛，走不若马，而牛马为用，何也？曰：人能群，彼不能群也。"② 人的力气不如牛，跑的速度不如马，但牛马却被人役使，其根本原因就在于人能够结成社会群体，而牛马不能做到这一点。群集性和社会性的社会生活现实客观上要求人类只能走广泛合作和共享发展之路。也就是说，人类社会生活从一开始就具有合作性和共享性特征，并且要求人类追求社会合作和共享发展的伦理价值。

儒家对共享伦理的诉求是以肯定人的人格平等作为伦理基础的。在儒家的伦理视野中，生活于社会中的人类固然应该区分为各种各样的等级，社会等级秩序也应该严格维护，但人之为人的人格平等应该受到充分尊重。孔子就旗帜鲜明地强调："三军可以夺帅也，匹夫不可夺志也。"③ 其意在强调，一支军队可被夺去主帅，而一个普通人不能被夺去人格尊严。要求尊重人格尊严是儒家伦理思想的一个重要特点。它不仅赋予人类最起码的人格平等性，而且赋予人类参与社会资源分配最基本的平等权利。尊重人格平等是儒家共享主义伦理思想体系得到确立的伦理价值支撑。

儒家对共享伦理的诉求主要依靠人的仁爱美德得到落实。"仁爱"是儒家伦理思想体系的核心概念，更是儒家落实共享伦理的根本途径。"仁爱"即"仁德"，其首要含义是"爱人"，意指一个人基于"仁道"

---

① 论语 大学 中庸 [M]．陈晓芬，徐儒宗，译注．北京：中华书局，2015：15.
② 荀子 [M]．安小兰，译注．北京：中华书局，2016：95.
③ 论语 大学 中庸 [M]．陈晓芬，徐儒宗，译注．北京：中华书局，2015：107.

精神对另外一个人的真挚关爱。"仁道"即孔子所说的"忠恕之道"。所谓"忠道",是指"己欲立而立人,己欲达而达人。"① 其意为,自己想成功,也让别人成功;自己想通达,也让别人通达。"忠道"的实质是要求人们能够与他人分享好的东西,它表现为"积极的共享"。"恕道"是指"己所不欲,勿施于人"。② 其意指,不应该将自己不喜欢的东西强加于人。"恕道"的要旨是要求人们不与他人分享自己不喜欢的东西,它表现为"消极的共享"。总体来看,以孔子为最杰出代表的儒家伦理思想具有强调"共享"的传统,它要求人们共享彼此所拥有的东西,但并不要求人们无限度或无原则地共享一切东西。它主张人们在共享所有物方面应该有所为也有所不为。

"忠恕之道"是孔子伦理思想的精髓,也是儒家共享主义伦理思想的精髓。以孔子、孟子等人为代表的儒家共享主义伦理思想具有人本主义的鲜明特征,因为它总是从现实的人的视角来看待一切伦理问题,并且总是试图借助于人本身的力量来解决问题。在儒家共享主义伦理思想中,人总是置身于一定的家庭和国家中,彼此相互联系、相互依赖、相互影响、相互制约,人与人之间的关系不仅表现为利益关系,而且表现为伦理关系。正是基于这种思想,儒家总是要求人们重视人际伦理关系的建构和维护,并且呼吁人们将伦理手段作为处理人际关系的根本手段。"忠恕之道"的精要在于强调"共享"的合伦理性。它将人际伦理关系界定为基于所有物共享而建立的一种社会关系。在儒家伦理思想中,人与人之间的交往不可避免,其核心问题是人们如何以合乎共享伦理的方式对待彼此的问题。

儒家共享主义伦理思想深深扎根于人类社会生活现实之中。什么是人类社会生活现实?在儒家伦理思想体系中,它主要指人类社会生活的共享性特征。由于人类社会生活本质上是共享性的,人类就只能采取共享的生存方式。共享即共同享有社会资源。它既是人类社会生活内含的必然性和普遍规律性,也是支配人类社会生活的伦理原则。在人类社会,利己易,利他难;共享合乎中道,成于利己与利他之间;

---

① 论语 大学 中庸[M].陈晓芬,徐儒宗,译注.北京:中华书局,2015:72.
② 论语 大学 中庸[M].陈晓芬,徐儒宗,译注.北京:中华书局,2015:191.

第五章 中国道德话语的传统形态

一味利己,敌意猖獗,矛盾四起,万物凋零;一味利他,彼盛我衰,非常生之道;唯有共享,万物生焉,万德兴焉;大德昭昭,立乎高远,成就长远;共享乃万德之源,可谓大德。

需要强调的是,儒家共享主义伦理思想的价值目标是实现分配正义和社会和谐。在儒家共享主义伦理思想中,共享是实现分配正义和社会和谐的最有效途径。孔子深知人类社会缺乏共享性的危害。他说:"有国有家者,不患寡而患不均,不患贫而患不安。"① 其意为,生活于国家中的人最担忧的不是在物质财富分配方面得到的份额少,而是贫富不均的问题;他们最担忧的不是贫穷,而是贫富不均所导致的社会动荡。显然在孔子看来,如果一个国家不能通过共享的方式维护分配正义,它就不可避免地会陷入尖锐社会矛盾和动荡不安。

孔子之后的儒家哲学家继承了他强调共享的伦理思想。战国时期的孟子将共享社会发展成果视为每个人都应该培养的一种美德,并提出了"独乐乐不如众乐乐"②"穷则独善其身,富则兼济天下"③ 等共享伦理意蕴显著的思想。汉代的《礼记》更是描画了一副由共享伦理主导的共享社会图景:"大道之行也,天下为公。选贤与能,讲信修睦,故人不亲其亲,不独子其子,使老有所终,壮有所用,幼有所长,矜寡孤独废疾者,皆有所养。男有分,女有归。货,恶其弃于地也,不必藏于己;力,恶其不出身于身也,不必为己。是故,谋必不兴,盗窃乱贼而不作,故外户而不闭,是谓大同。"④ 所谓大同社会,就是人人都能享受社会发展成果的小康社会,就是分配正义得到充分实现的理想社会。明末清初的王船山倡导以"公天下"为核心思想的社会理想,以"仁以厚其类则不私其权,义以正其纪则不妄于授"⑤ 为其社会理想的论纲,主张实行土地民有制、财产民享制和职位开放制,其思想中蕴含着追求和强调共享伦理的价值取向。

儒家伦理思想本质上是一个强调共享的伦理思想体系。它不仅要

---

① 论语 大学 中庸 [M]. 陈晓芬,徐儒宗,译注. 北京:中华书局,2015:198.
② 孟子 [M]. 万丽华,蓝旭,译注. 北京:中华书局,2006:23.
③ 孟子 [M]. 万丽华,蓝旭,译注. 北京:中华书局,2006:291-292.
④ 礼记译解 [M]. 王文锦,译解. 北京:中华书局,2016:258.
⑤ 王夫之. 船山全书(第二册)[M]. 长沙:岳麓书社,1996:401.

求人们做"君子"——能够成人之美、不成人之恶的人,而且要求人们做"仁者"——成为具有仁爱之心的人。在儒家伦理思想中,为人之道贵在仁慈、仁爱、不狭隘、不自私。仁慈之人能够仁人爱物,仁爱之人能够爱己及人;不狭隘之人能够看到他人的存在,不自私之人能够想他人之所想、急他人之所急。

儒家伦理思想还是一个强调群体价值的伦理价值体系。它把家庭、社会和国家视为命运共同体,呼吁人们在这些共同体中休戚与共,同呼吸共患难,相互促进,同生共荣。它对家国关系的认知更是深刻。在儒家伦理思想中,家是国中的家,国是由千家万户构成的国,但国更高,也更重要,可谓"没有国哪有家"。它旗帜鲜明地反对人们不择手段地谋取私利,同时旗帜鲜明地号召人们以天下为公。儒家强调群体价值的伦理思想也内含着重视和追求共享的伦理意蕴。

三、道家的自然主义道德话语体系

道家是我国春秋战国时期出现的另一个哲学流派,其创立者是老子。老子所著的《老子》又称《道德经》,是道家的开山之作。与喜欢谈论仁义道德、倡导"君子儒"的儒家不同,道家喜欢论"道"。《道德经》分上、下篇,共有81章,其中有14章专门论"道",还有很多章论及"道",可谓是一部关于"道"的论著。道家将"道"视为世界的本原,将世界万物解释为道的产物,将"道法自然"归结为宇宙存在的总原则,因论道而获得"道家"之名。

在道家哲学中,"道"等同于"无""自然""本原"等概念,它是"无名"且处于质朴状态的东西,即"道常无名,朴"① 之意,与"有"相比较而言。"有"是指"存在"或"万物"。因此,道家哲学是一种主张"无中生有"的哲学。

道家哲学主张以"自然"为"道",反对儒家崇尚仁义道德的做法。老子说:"大道废,有仁义;智慧出,有大伪;六亲不和,有孝慈;国家混乱,有忠臣。"② 其意指,大道被废弃时,提倡仁义才成为

---

① 老子[M].饶尚宽,译注.北京:中华书局,2006:81.
② 老子[M].饶尚宽,译注.北京:中华书局,2006:45.

必要；智谋存在时，伪诈才会产生；六亲不和睦时，孝子慈父才需要出场；国家混乱时，忠臣才会受到欢迎。道家讲"道"，论"道"，"求道"，要求人们悟"道"，不主张人们时刻将仁义道德挂在嘴巴上，但这并不意味着它反对甚至否定道德的存在。只不过，道家倡导的是以"道法自然"为核心的自然主义伦理思想体系。

  道家伦理思想的底色是自然主义。它较少从个人与社会的关系角度来审视和解释人类的生存状况和伦理价值诉求，而是更多地从个人与自然的关系角度来看待和诠释人类所思所想和所作所为的伦理意义。不过，儒家和道家伦理思想也存在相似之处，其中最明显的一点在于它们都具有鲜明的共享主义特征。儒家通过肯定人的人格平等、弘扬仁爱美德和追求分配正义、社会和谐等方式表达其共享主义伦理思想。道家则是从自然主义的角度来建构其共享主义伦理思想体系。

  与人本主义一样，自然主义既是看世界的一种哲学视角，也是一种哲学思想。一方面，与人本主义不同，它是从自然或人与自然的关系角度看待世界的存在，并在此基础上建构以自然为中心的世界观；另一方面，它在思想上将人界定为"自然之子"，强调自然规律或自然法则对人类存在的支配作用，并且要求人类遵循自然规律或自然法则而生存。自然主义哲学应用于伦理学领域导致自然主义伦理思想或自然主义伦理学的产生，其主要内容是倡导以自然为师的美德和顺其自然的道德生活方式。

  儒家共享主义伦理思想聚焦于社会资源的共享。它主要从国家治理的角度来探究社会资源共享的伦理意义。正如荀子所说："一天下，财万物，长养人民，兼利天下，通达之属，莫不从服……"[1] 其意指，国家治理者只要能够统一国家、管理好财物、让人民长期得到养育、使天下人都得到好处，他们所能到达的地方，就没有人会不服从。儒家推崇德治，倡导以德治方略增进社会资源的共享，但这并不意味着德治是绝对可靠的国家治理手段。荀子就曾经指出："仁义德行，常

---

[1] 荀子[M]. 安小兰，译注. 北京：中华书局，2016：63.

安之术也，然而未必不危也……"① 这意味着，奉行仁义道德是常常能够得到安全的办法，但这并不意味着就没有任何危险。

道家对儒家的德治思想和德治方略持否定态度。儒家所说的"道德"本质上是人际道德，它主要体现儒家哲学家对人际伦理关系的道德认知和主张以德治国的道德智慧。道家对此进行了无情的批评和否定。老子认为以巧智治理国家，会祸害国家；只有不用巧智治理国家，才会给国家带来福祉。以老子为重要代表人物的道家当然不是要从根本上否定道德的社会作用，而只是反对儒家偏重于以人际道德治理国家的做法。它主张以自然道德或生态道德来治理国家，并且在此基础上建构了以自然主义为根本特征的共享主义伦理思想体系。

道家弘扬共享伦理的伦理基础是"天道"。在道家看来，人道不同于天道，甚至与天道背道而驰。老子说："天之道，损有余而补不足；人之道则不然，损不足以奉有余。"② 其意为，自然界遵循的法则是，减少多余的，弥补不足的，而人类遵循的法则不同，因为它要求减少不足的，供奉多余的。老子强调的是，天道遵循自然界的共享法则，而人道则与之相背离。

老子的话不是没有道理的。在自然界，水总往低处流，尘土总往低处堆积，而在人类社会，人总是往高处走，社会资源总是更多地往强势群体汇聚。富人与穷人之间的鸿沟之所以在人类社会总是难以弥合，是因为富人在社会上居于优势或有利地位，他们容易集聚更多的财富，而穷人在社会上居于弱势或不利地位，他们在集聚财富方面总是困难重重。

道家主张遵从天道、以自然为师，反对违背天道的"人道"。在道家伦理思想中，天道即自然之道，其本质内涵是自然的共享法则。老子几千年前要求区分人道和天道的思想无疑彰显了极高的共享伦理智慧。他深知国家治理本质上是治理人的问题，但他同时认识到，治理人不能仅仅从"人"来看问题。他说："治人事天，莫若啬。"③ 他意

---

① 荀子：第1卷［M］．［美］约翰·诺布洛克英译．张觉今译．长沙：湖南人民出版社，北京：外文出版社，1999：82.
② 老子［M］．饶尚宽，译注．北京：中华书局，2006：184.
③ 老子［M］．饶尚宽，译注．北京：中华书局，2006：143.

第五章 中国道德话语的传统形态

在指出,要治理好人,就必须向自然界学习,即必须以学习天道为本。天道是什么?损有余而补不足也。

道家弘扬共享伦理的途径是"善利万物而不争"的美德。"善利万物而不争"是水的本性和德性。在道家哲学中,水乃是至柔之物,总是以不张扬的方式存在,滋养万物而不居功自傲,是真正意义上的"至善"。道家伦理思想的核心要义是要求人们向水学习,做上善之人。

"善利万物而不争"彰显共享伦理要求的道德实践精神。作为上善之人的美德,它不仅表现为一种道德修养,而且表现为一种实践能力。在人类的道德生活现实中,"善利万物而不争"是通过人的奉献行为和利他行为得到体现的。"奉献"和"利他"都是崇高的道德行为。它们都意味着与人分享自己的利益。例如,做慈善是奉献,也是利他。

道家共享主义伦理思想的价值目标是自然而然的美好生活。道家不否认人类的伟大,认为"道大,天大,地大,人亦大",但更多地强调"自然"是世界的根本、万物的本原、人类的本性,并且要求人类敬重自然、以自然为师。[①] 另外,道家所说的人类主要指离群索居的个人。这种人拥有充分的意志自由、思想自由和精神自由,因此,虽然他们离群索居,但是他们是逍遥的、洒脱的,因而也是幸福的。他们置身于社会现实之中而又超越于社会现实,能够在"自然而然"的生存状态中获得人生智慧和幸福。

"自然而然"是道家追求的最高道德生活境界。道家将人类作为自然之子来看待,强调人类对自然的依赖性,主张以自然为真、以自然为美、以自然为善,要求人类与非人类的自然存在物共享自然条件,呼吁人类过少私寡欲的生活,从而形成以自然主义为根本特征的共享伦理思想体系。在现实中,有些人之所以难以获得人生幸福,主要是因为他们没有养成自然而然的生活方式,贪恋物质财富、政治权力等身外之物,最终沦为物质财富和政治权力的奴隶。道家鼓励人们学习"天道",顺势而为地生存,不要在物欲横流中迷失自我。对于道家来说,人生幸福主要在于少私寡欲、善利万物和精神自由。

庄子说:"若夫乘天地之正,而御六气之辩,以游无穷者,彼且恶

---

① 老子[M]. 饶尚宽,译注. 北京:中华书局,2006:63.

乎待哉！故曰：至人无己，神人无功，圣人无名。"① 其意指，如果能够顺从自然万物的本性，把握六气的变化，遨游于无穷的境界，我们还有什么需要依赖呢？所以说："至高之人是忘我的，神仙是不贪求功名的，圣贤是不追求名誉的。"。在庄子眼中，一个人一旦成为"至人""神人"和"圣人"，他就会少私寡欲、不与人争权夺利，就会成为最富有共享伦理精神的人。

四、墨家的契约主义道德话语体系

墨家是我国先秦时期的另一个著名哲学流派，因其创始人为"墨子"而得名。墨子是一位农民哲学家，但他创办的墨家哲学在先秦时期与儒家齐名，被并称为"显学"。与儒家、道家不同，墨家崇尚契约主义伦理思想，并因此而建构契约主义道德话语体系。

墨子将社会混乱的根源归结为人与人之间不能互爱，认为不懂乱源的国家治理者不可能治理好国家。他说："圣人以治天下为事者也，必知乱之所自起，焉能治之；不知乱之所起，则不能治。"② 其意指，圣人是以治理天下作为自己的事业，必须知道天下混乱的原因，才能治理好它；如果不知道乱源何在，就不能治理好天下。在他看来，天下混乱源于"不相爱"，具体表现为"子自爱不爱父""父自爱不爱子""弟自爱不爱兄""兄自爱不爱弟""臣自爱不爱君""君自爱不爱臣"③ 等；人人自爱，损害他人而自利，这是天下混乱不堪的根源所在。

墨子主张以"兼相爱、交相利"④ 根治"不相爱"的乱源。所谓"兼相爱、交相利"，是指人与人之间相亲相爱、互利互惠。墨子称之为"圣王之法"和"天下之治道"⑤。在墨子看来，"兼相爱、交相利"不是难事，只是人们不愿意去做而已。他说："夫爱人者，人亦从而爱之；利人者，人亦从而利之；恶人者，人亦从而恶之；害人者，人亦

---

① 庄子 [M]. 方勇，译注. 北京：中华书局，2015：3.
② 墨子 [M]. 方勇，译注. 北京：中华书局，2015：119.
③ 墨子 [M]. 方勇，译注. 北京：中华书局，2015：120.
④ 墨子 [M]. 方勇，译注. 北京：中华书局，2015：133.
⑤ 墨子 [M]. 方勇，译注. 北京：中华书局，2015：133.

第五章 中国道德话语的传统形态

从而害之。此何难之有焉，特上不以为政，而士不以为行故也。"①

"兼相爱、交相利"是墨家伦理思想的核心，也是墨家道德话语体系的核心。它强调爱的相互性和利的相互性，以互爱互利为善，以自爱自利为恶，从而建构了一个契约主义伦理思想体系和道德话语体系。墨家成员大都出生于贫寒家庭，深知民间疾苦，因而倡导互利互爱的契约主义伦理思想。这种伦理思想与儒家、道家伦理思想有着鲜明区别，接近西方人强调道德生活的普遍性、交互性的契约伦理思想。虽然它曾经在先秦时代轰动一时，但是最终因为不契合中国农业社会的现实需要而迅速式微。我们在这里重提墨家的契约主义道德话语体系，是因为我们有这样一个信念：随着当代中国越来越深入地步入市场经济体制，墨家主张"兼相爱，交相利"的伦理思想会出现复兴。

除了倡导"兼相爱，交相利"这一核心道德价值理念以外，墨家还提倡其他道德价值理念。

一是"修身"。"修身"是指修炼内在的德性。它就是墨子所说的"君子之道"。他说："见不修行，见毁，而反之身者也，此以怨省而行修矣。"② 这是指，如果发现自己的品行修炼得不够好，被人诋毁，应该反省自己，只有这样，别人的怨言才会减少，自己的品行修养也会得到提高。墨子还强调，修身的两个重要内容是修炼自己的道德意志和诚心。他说："志不强者智不达，言不信者行不果。"③ 意志不坚强的人，他的智力也不会高；说话不讲信用的人，他的行为也不会有结果。墨子强调君子必须修养身心品德，认为修身是为人的根本。他认为君子应该奉行的原则是："君子之道也，贫则见廉，富则见义，生则见爱，死则见哀，四行者不可虚假，反之身者也。"④ 其意指，君子应该能够做到贫穷时不忘清廉，富裕时接济他人，对生命传达仁爱，对死者表示哀悼，内心与行为相一致。

二是"贵义"。"贵义"就是重视"道义"。墨子说："万事莫贵于

---

① 墨子 [M]. 方勇，译注. 北京：中华书局，2015：129.
② 墨子 [M]. 方勇，译注. 北京：中华书局，2015：9.
③ 墨子 [M]. 方勇，译注. 北京：中华书局，2015：10.
④ 墨子 [M]. 方勇，译注. 北京：中华书局，2015：10.

义。"① 这是针对当时很少有人重视道义的社会现实而言的。墨子所处的时代已经出现礼崩乐坏的局面,很多人一言不合就相互残杀,因此,他呼吁人们"贵义",以道义处理人际关系。他强调:"必去喜,去怒,去乐,去悲,去爱,而用仁义,手足口鼻耳从事于义,必为圣人。"②其意指,不以喜怒、乐悲、好恶作为为人处事的标准,而是以仁义作为标准,让自己的手脚口鼻耳朵眼睛都按照仁义的要求行事,这样就一定能够成为圣人。墨子"贵义"的立场与儒家强调仁义道德的立场很相似。它不仅要求人们重视道德修养,而且要求国家治理者实行德治。

三是"尚贤"。"尚贤"意指崇尚、尊重"贤者"。墨子说:"夫尚贤者,政之本也。"③ "贤者"即"贤能之士"——德才兼备的人。墨子称之为"国家之珍"——国家的珍宝和"社稷之佐"——社稷的辅佐,认为人们应该"富之、贵之、敬之、誉之"④,主张使贤能之士富足、显贵、受人敬重、拥有荣誉。他还强调,如果国家治理者不能"尚贤",国家是不可能治理好的;贤良之士多,国家治理的基础就厚实,贤良之士少,国家治理的基础就薄弱;国家治理者的第一要务在于使贤良的人众多。

四是尚同。所谓"尚同",就是要统一思维方式、统一思想观念、统一理念、统一立场。墨子说:"尚同为政之本而治要也。"⑤ 其意指,"尚同"是为政之本和治理国家的要领。在现实中,"一人则一义,二人则二义,十人则十义,其人兹众,其所谓义者亦兹众"⑥。这是说,一个人就有一种道理,两个人就有两种道理,十个人就有十种道理,人越多,道理就越多;每个人都说自己有道理,而否定别人的道理,所以相互非难。因此,"尚同"就是要"同天下之义"⑦。墨子反对我

---

① 墨子[M].方勇,译注.北京:中华书局,2015:411.
② 墨子[M].方勇,译注.北京:中华书局,2015:415.
③ 墨子[M].方勇,译注.北京:中华书局,2015:54.
④ 墨子[M].方勇,译注.北京:中华书局,2015:50.
⑤ 墨子[M].方勇,译注.北京:中华书局,2015:118.
⑥ 墨子[M].方勇,译注.北京:中华书局,2015:84.
⑦ 墨子[M].方勇,译注.北京:中华书局,2015:92.

第五章 中国道德话语的传统形态

国春秋战国时期百家争鸣的局面，主张统一理论、意见、标准，以减少因为不同声音而造成的纷争。"尚同"是"不同"的反面。思维方式不同、思想观念不同、意见不同、立场不同是天下混乱的重要原因。需要强调的是，墨子所说的"尚同"主要是指"上同"，即要求人们服从上层的意思——"统一于上"。也就是说，墨子试图将每个人的思想观念统一于天子，又将天子统一于天理。墨子试图以"尚同"克服"不同"，致力于将每个人的思想统一起来。他的尚同思想存在值得肯定的方面，但也存在明显的局限性。将人们的意见统一于天子、天理，这必然导致集权政治和宗教性的神权统治秩序。

五是"非攻"。"非攻"意指反对"攻伐"，即反对"不义"的战争。墨子并不反对所有的战争，而是反对不正义的战争所导致的不义。在他看来，战争会带来杀戮，杀戮在很多时候是"不义"。在战争中杀一人是不义，杀十人是更严重的不义，剥夺人的生命的战争是不义的，这是墨子反对战争的主要理由。如果战争是为了争取或保护"义"，那么，它具有道德合理性基础。另外，发动战争会因为征兵作战延误百姓的农时、农务，造成百姓食不果腹、民不聊生的情况，因此，为了君王的利益而发动的战争造成百姓生活困苦也是不义。发动战争还会耗费国家的积蓄和财用，这些积蓄如果用在民生上会大大改善百姓的生活，而一旦发动战争，国家的财政便容易出现问题，最后必然会将财政压力施加于百姓，压榨本就不富裕的百姓财力，使得百姓更加困苦，压榨百姓也是不义。墨子说："今欲为仁义，求为上士，尚欲中圣王之道，下欲中国家百姓之利，故当若非攻之说，而将不可不察此也。"[1] 其意指，要想奉行仁义，就应该做高尚的士人；要想对上符合圣明君王的道术、对下符合国家百姓的利益，就应该倡导"非攻"的思想。

六是"节用"。"节用"，既是指节制物用，也是指节约费用。墨子说："去无用之费，圣王之道，天下之大利也。"[2] 墨子认为，去掉没有用的费用体现圣明君王治国的道术，是天下最大的利益；"无用之

---

[1] 墨子[M]. 方勇, 译注. 北京：中华书局, 2015：179.
[2] 墨子[M]. 方勇, 译注. 北京：中华书局, 2015：184.

费"是那些超过应有需要的费用;"节用"主要是指物质层面的"节制"和费用的"节省"。墨子并不要求人们无限度地节制物用、节省开支,只是要求人们不"过度"地开支费用,将费用用在该用之处。墨子提倡"节用"的现实理由是,大部分百姓当时连基本的生存问题都解决不了,国家治理者应该通过节用的方式来改善民生。显然,墨子倡导"节用"的思想中包含着对百姓的道德关怀。

七是"节葬"。"节葬"意指丧葬应该从简,反对铺张浪费的"厚葬"。墨子说:"今天下之士君子,中请将欲为仁义,求为上士,上欲中圣王之道,下欲中国家百姓之利,故当若节丧为政,而不可不察者也。"① 其意为,如果天下的士人君子真心实意地想追求仁义、想要做高尚的士人,就应该对上符合圣明君王的道术,对下符合国家中百姓的利益,在丧葬方面从简。墨子所说的"节葬"是其"节用"思想的延伸,其要义是丧事的办理不应该铺张浪费,不应该超过理应遵循的"度"。在墨子看来,葬礼的度是:"棺三寸,足以朽骨;衣三领,足以朽肉;掘地之深,下无菹漏,气无发泄于上,垄足以期其所,则止也"②。"节葬"在墨子思想中是限制葬礼的铺张浪费,并没有要求人们"节用"情感之意。墨子意在强调,葬礼是活着的人对已故者的追悼、思念、尊敬、感恩等,最重要的是对已故者的"哀",而不是物质的堆砌,"哀"够深,葬礼简陋也能体现对故者的情感,而无论葬礼多么隆重,如果没有"哀",那也只是一场利用百姓的钱财进行的表演。墨子的"节葬"观与其说是对厚葬的不屑,不如说体现了墨子要求更加注重对故者"哀"思的思想。

八是"天志"。"天志"是指上天的意志,即"天理"。墨子说:"今天下之士君子,知小而不知大。"③ 其意为,当时的士人君子只懂得小道理而不知道大道理。什么是小道理?它是指处理人际关系的道理。什么是大道理?它就是"天欲义而恶不义"④的天理。墨子强调"天志",主要是要求国家治理者要遵循"天欲义而恶不义"的天意或

---

① 墨子[M].方勇,译注.北京:中华书局,2015:211.
② 墨子[M].方勇,译注.北京:中华书局,2015:211.
③ 墨子[M].方勇,译注.北京:中华书局,2015:213.
④ 墨子[M].方勇,译注.北京:中华书局,2015:215.

天理。他说："顺天意者，义政也；反天意者，力政也。"① 顺从上天的意志，就是用道义治理政务；违背天意，就是用暴力治理政务。墨子还强调，遵循天意可以得到上天的奖赏，而不遵循天意必然会得到上天的惩罚。他说："天下有义则生，无义则死；有义则富，无义则贫；有义则治，无义则乱。"② 可见，在"尚同"中，墨子给予了天子非常大的权力，而在"天志"中，墨子又希望可以通过"天"的奖赏惩处将天子的权力限制在合理的范围内。墨子的"天志"思想受到了当时的主流思想的影响，认为"天"可以限制天子的意志和行为，这是其思想内涵的一个严重局限性。

墨家道德话语体系主要通过《墨子》一书体现出来。墨家道德话语体系具有契约主义特征。这主要体现在它主张"兼相爱、交相利"的核心思想中。墨子将这一思想归因于天意、天道或天理。他说："天欲人相爱相利，而不欲人相恶相贼也。"③ 他甚至强调："爱人利人者，天必福之；恶人贼人者，天必祸之。"④ 其意指，人与人之间之所以应该"兼相爱、交相利"，这完全是天意使然。这是墨子伦理思想容易受到攻击的一个地方，因为它缺乏哲学意义上的严格论证。墨子将人的道德价值观念归因于天意，却不对此展开深入论证，很容易被人归于"独断论者"的阵营。

五、法家的法治主义道德话语体系

法家是先秦诸子百家中以倡导法治而著名的一个哲学流派。该流派主张走理论与实践相结合的学术路径，既注重研究法治理论，又重视研究法治理论的实际应用。它以实现富国强兵为己任，将依法治国作为国家治理的最有效方略。法家代表人物有韩非、管仲、商鞅等人。他们主张唯法为治，但并不彻底否定德治。事实上，法家思想中包含丰富的政治伦理思想。法家的法治主义道德话语体系主要是通过它的

---

① 墨子[M]．方勇，译注．北京：中华书局，2015：220.
② 墨子[M]．方勇，译注．北京：中华书局，2015：215.
③ 墨子[M]．方勇，译注．北京：中华书局，2015：23.
④ 墨子[M]．方勇，译注．北京：中华书局，2015：23.

政治伦理思想得到体现的。

韩非子是法家思想的集大成者。他出生于韩国宗室,在成长过程中目睹了韩国积贫积弱的局面,多次向韩王进谏,希望韩王改革图治、变法图强,但他的建议没有被韩王采纳。作为法家思想的集大成者,韩非的伦理思想主要是通过四个概念得到体现的。

一是"富强"。韩非深刻认识到民众渴望富贵、诸侯渴望富国强兵以及富强是安天下的根本之道等事实,认为富强是法家学说最重要的价值观。他使用了"富强"这一概念,认为"明主者通于富强,则可以得欲矣。故谨于听治,富强之法也。"[1] 其意指,英明的君主懂得使国家富强的办法,并且以此作为自己的政治理想,所以谨慎地处理政务是使国家富强的办法。韩非所说的国家"富强"是指国富、兵强。他指出:"民用官治则国富,国富则兵强,而霸王之业成矣。霸王者,人主之大利也。"[2] "富强"包括四层含义,即富民、富国、强兵、霸王,其中富民是富强的基础,富民就能用民、富国;以农富国,强兵就能拥有物质基础;兵力强大,国家就能威名远扬。他说:"战而胜,则国安而身定,兵强而威立,虽有后复,莫大于此,万世之利奚患不至?"[3] 这是指,在战争中取得胜利,国家就能够安定,君主的地位就能够巩固,兵力就会强大,国家就能够树立威望,纵然后来出现同样的情况,其获益也不会更大。韩非将富强的最高价值目标归结为成就霸王之业。

二是"法治"。在韩非的思想体系中,法治是将富强之道法律化。韩非可能是我国最先提出"以法治国"理念的哲学家。他说:"以法治国,举措而已矣。法不阿贵,绳不挠曲。法之所加,智者弗能辞,勇者弗敢争。刑过不辟大臣,赏善不遗匹夫。"[4] 这段话至少有三层含义:第一,以法治国即依法治国,就是以法作为衡量事物的标准,就是以法作为国家治理的手段。第二,法治的根本价值在于它的公正性。法制面前人人平等。第三,法治是一种强制性治国方略,它体现国家意

---

[1] 韩非子[M]. 高华平,王齐洲,张三夕,译注. 北京:中华书局,2015:675.
[2] 韩非子[M]. 高华平,王齐洲,张三夕,译注. 北京:中华书局,2015:657.
[3] 韩非子[M]. 高华平,王齐洲,张三夕,译注. 北京:中华书局,2015:527.
[4] 韩非子[M]. 高华平,王齐洲,张三夕,译注. 北京:中华书局,2015:50.

志，不以个人意志为转移。韩非是典型的法治主义者，他认为国家治理应该有法度。他说："国无常强，无常弱。奉法者强，则国强；奉法者弱，则国弱。"① 在韩非的法治思想体系中，法治的目的是"守道"，即遵守确保国家政权稳定的原则。韩非所说的"守道"是以伦理价值取向作为核心的。他说："圣王之立法也，其赏足以劝善，其威足以胜暴，其备足以必完法。……善之生如春，恶之死如秋，故民劝极力而乐尽情，此之谓上下相得。"② 意思是：立法的目的是为了推动人们向善、求善、行善，而不是以惩罚人们作为根本目的；法制完善是法治的前提；在一个法治好的社会，善会像春天的草木一样生长茂盛，恶则会像秋天的草木一样枯萎，民众也会相互劝勉向善、求善和行善。

三是"公正"。韩非强调"公正"，将"公正"视为法治的题中之意。他所说的公正具体体现为"法平""法不阿贵""推功而爵禄，称能而官事""不别亲疏，不殊贵贱""均贫富"等价值理念之中。他说："所谓直者，义必公正，公心不偏党也。"③ 其意指，"直"就是"公正"，公正是指具有公心、不偏私。他还说："今人主以其清洁也进之，以其不适左右也退之；以其公正也誉之，以其不听从也废之。民惧，中立而不知所由，此圣人之所为泣也。"④ 公正还体现在君主对待臣子的问题上。韩非认为，有些君主因为某人廉洁而加以任用，又因为他不迎合身边的亲信而辞退他；因为某人公正而对他赞赏，又因为他遵循自己的旨意而废黜他；君主变化多端，人们会感到害怕、彷徨不知所措，这是圣人担心的事情。韩非在此表达了对偏离法治公正的担忧。事实上，韩非提出了系统化的公正观。他的公正观主要有两个内容：一方面，以"法不阿贵"的价值理念打破西周等级社会中遗留的贵族特权。在西周时期，宗法封建制度根深蒂固地存在，"礼不下庶人，刑不上大夫"的问题非常突出，贵族与民众在礼法面前的地位是不平等的。韩非的"法不阿贵"价值理念直接冲击了当时的宗法封建制度。另一方面，以"选贤用能"的价值理念打破西周时期流行的以

---

① 韩非子 [M] . 高华平，王齐洲，张三夕，译注 . 北京：中华书局，2015：41.
② 韩非子 [M] . 高华平，王齐洲，张三夕，译注 . 北京：中华书局，2015：295.
③ 韩非子 [M] . 高华平，王齐洲，张三夕，译注 . 北京：中华书局，2015：196.
④ 韩非子 [M] . 高华平，王齐洲，张三夕，译注 . 北京：中华书局，2015：524.

血缘亲疏关系选拔人才的恶习。西周时期，统治者往往依据血亲辨识来选拔人才，因此，决定一个人社会地位的是血缘关系，社会阶层划分是固定的。韩非提出的"选贤用能"主张体现了机会公平之意，打破了固化的社会阶层结构，对激发普通民众参与社会建设的积极性起到了积极作用。韩非所说的公正价值理念是通过制定和实施公正法律的途径来践行的。

四是"诚信"。韩非所说的诚信主要是指法律信用，其意指：君主一旦颁布法律，就应该依照法律治理国家。在他看来，如果仅仅将法治的倡导局限于形式上，不将立法付诸实践，民众的利益就无法得到切实的保护，富国强兵的国家发展目标也必定无法实现。韩非较早提出"诚信"概念。他说："名号诚信，所以通威也。"① 其意指，给予臣子的名号与实际相符，这才能够体现君主的威望。韩非所强调的法律信用是通过赏罚信用得到体现的。他说："以赏者赏，以刑者刑，因其所为，各以自成。善恶必及，孰敢不信？规矩既设，三隅乃列。"② 韩非强调"赏罚分明"的重要性，并且视之为法律信用的重要内容。可以说，维护法律信用是韩非诚信观的核心思想，其主旨包括两个方面：一是君主必须守法；二是臣民必须守法。

韩非是先秦法家的代表人物。他崇尚法治，但并不否定德治。他说："德者，内也。得者，外也。"③ 意思是："德"（道德）是内部具有的东西，而"得"是外部得到的东西。韩非从来不否认人内在具有道德的事实，但他更多地强调法治的作用，并且要求人们通过内在的道德和外在的法制来获得一切。他甚至认为："德者，得身也。"④ 这是说，道德是人的本质所在，人都是通过无为的方式获得道德的。在先秦时代，诸侯争霸，社会混乱，礼崩乐坏，社会陷入严重道德危机，法治秩序也受到严重破坏。在那样一种历史背景下，韩非似乎对德治信心不足，而是希望通过弘扬法治精神来改善社会。在他建构的法治主义道德话语体系中，法只不过是道德法则得以外化的表现形式，它

---

① 韩非子[M].高华平，王齐洲，张三夕，译注.北京：中华书局，2015：649.
② 韩非子[M].高华平，王齐洲，张三夕，译注.北京：中华书局，2015：63.
③ 韩非子[M].高华平，王齐洲，张三夕，译注.北京：中华书局，2015：187.
④ 韩非子[M].高华平，王齐洲，张三夕，译注.北京：中华书局，2015：187.

与道德共同发挥作用才能造就秩序良好的社会。

六、佛家的超自然主义道德话语体系

佛教是外来文化形态，但它对中国社会的影响不容低估。传入中国之后，佛教对中华民族的道德价值观念、生活方式等都产生了较深影响。在中国，很多人对佛教有所了解，很多人知道佛教宣扬的释迦牟尼、如来佛、观音菩萨等。南怀瑾曾经如此评价佛教在中国的影响："到了中国以后的佛教，自魏、晋、南北朝，历隋、唐以后，一直成为中国学术思想的一大主流，而且领导学术，贡献哲学思想，维系世道人心，辅助政教之不足，其功不可泯灭……"[1]

佛教以弘扬超自然主义伦理思想作为其核心伦理价值取向。它因"佛陀"而产生，宣扬佛缘、佛心和佛道的实在性，相信西天极乐世界的存在，要求佛教徒虔诚地信佛、拜佛、礼佛。佛教将现实社会描述为"苦海"，认为人的痛苦是由自身的贪欲、情感等导致的。它将人类摆脱苦海的希望寄托在"放下""悟空""成佛"等环节上。"放下"即放弃世俗的一切欲望、情感纠葛等。"悟空"即明白四大皆空的道理。"成佛"即成功地修炼佛身和佛心。在佛教中，加入佛教即遁入空门，即达到忘却世俗自我的精神境界。一个人一旦成为佛教徒，这就意味着他必须一心向佛，抛弃一切俗念、俗事，心中只能仅仅装着佛祖（佛陀）。

佛教宣扬的"佛陀"既是心境空灵的神，也是能够海纳百川的神。他受尽人间苦难，因而能够体察芸芸众生的万般痛苦；他已经放下一切俗念、俗事，因而能够达到悟空的精神境界；他已经坐定成佛，因而具有强大的佛心。佛陀所达到空灵心境非凡人能相提并论，他所具有的包容美德也非凡人所能比。他已经达到自满自足、无所依赖的精神境界，因此，他的使命不是向任何人索取，而是向人类奉献自己的一切。"奉献"即"共享"。在佛教教义中，"奉献"或"共享"是最基本的伦理要求。佛教教义具有追求和强调共享伦理的思想特征。这主要体现在三个方面：

---

[1] 南怀瑾．中国佛教发展史略［M］．上海：复旦大学出版社，2016：87．

第一，佛教弘扬共享伦理的伦理基础是菩萨心肠。

"菩萨心肠"是佛教的专门术语，与人们日常所说的"心地善良"近义。在佛教中，得道成佛者被尊称为菩萨，有地藏菩萨、观音菩萨等等。菩萨之为菩萨，是因为他们具有仁慈之心，即大慈大悲、普度众生的善心。一个普通人要成为佛教徒，首先得修炼菩萨心肠。佛教引导人们向佛，其实质就是引导人们向善，就是引导人们修炼菩萨心肠。菩萨心肠是佛教徒得道成佛的前提条件，也是他们向善、求善和行善的前提条件。唯其如此，它是佛教弘扬共享伦理的伦理基础。

菩萨心肠的现实表现是"利乐众生"的道德情怀。所谓"利乐众生"，是指心系天下苍生，并且乐意为天下苍生的福祉而贡献自己的力量，其最高境界是"忘我"，即能够在不悔、不忧、不畏的高度上谋求天下苍生之利。"利乐众生"还有代天下苍生受苦之意。在佛教中，只要没有达到佛的圆满境界，人就会受到各种欲望和情感的困扰，人生就难免痛苦，而代人承受欲苦和情苦正是佛教对修佛之人的重要道德要求。达到"忘我"的佛教徒乃是得道成佛之人。他们不仅能够处处以众生之乐为乐，而且能够以代替众生受苦为乐。大乘佛教就明确号召信徒弘扬菩萨的自我牺牲精神，乐于代众生受苦，以达到普度众生、使众生得到安乐的目的。"利乐众生"是一种内含共享伦理意蕴的善心。

第二，佛教主张通过"布施"践行共享伦理思想。

所谓"布施"，即人们通常所说的"乐善好施"。它是佛教所说的"六度"① 中的第一度，被认为是人类最容易修习的善行，其基本含义是要求人们做向善、求善和行善的善男善女，施人以食物、力气、智慧等等，以求功德圆满。佛教将"布施"视为有功有德、有佛拥佛之举。在佛教中，每一个人都不是孤立的个体，其生命不仅与他人紧密相关，而且与他人的生命相互依赖、相辅相成，因此，如果要成就自身的生命价值，就必须关爱所有人的生命。也就是说，佛教是通过人类的群体性生命价值来诠释个人的生命价值，它的教义中融贯着强烈的人类命运共同体意识或众生意识。显而易见，佛教所说的"布施"

---

① 佛教的"六度"是指布施、持戒、忍辱、精进、禅定、智慧。

内含着以成就众生的方式来成就自身生命价值之意。

大乘佛教所说的布施,涵盖财物、无畏(安全感)和法(真理、知识、技术)三个内容。它要求人们随时随地以利人和助人为乐,不贪婪吝啬,并且强调这是人们修布施度的关键。在大乘佛教里,布施应该落实、从细处着眼,人们可以首先从布施蔬菜之类的小物品开始,在体会到布施的乐趣之后再进行拓展、扩大,最终逐渐养成布施的习惯。布施就是付出,要锻炼布施,实际上就是要"从付出做起"。付出就是奉献己力,给予别人协助、爱和温暖,为别人服务。

大乘佛教所倡导的布施要求人们修习以看破所施、能施、布施以及果报皆空不可得的智慧,以"无所住心"的方式推行布施,以财物、生命、知识技术、智慧、安全感等给予需要的众生,以智慧破除自己的悭吝心、破除执着众生和布施功德的分别心和破除希图回报、积集福报、计较功德、祈求美名、化解怨仇等自利心。在大乘佛教中,布施的主体应该深刻认识所施之物、施予的对象、能施之我皆空不可得的事实,以达到"三轮体空"的境界。它强调,只有以与空不可得相应的无住心布施,才能真正做到无所吝惜、无所分别、慷慨热诚、不求福报。事实上,这才是最大乃至无量的福报。人们可以通过布施与其自身的空的本性相应,得到如释重负般的心安,并达到明心见性的效果。也就是说,布施主体表面上看无所得,实际上最有利于自身。

第三,佛教弘扬共享伦理的最高价值目标是得道成佛。

"得道成佛"的核心要义是炼成菩萨心肠,即练就大慈大悲、普度众生的仁慈之心。得道成佛之人是悟空一切的人。他们看破红尘、看破人生、看破存在世界,能够深刻体会到"四大皆空"的事实,因此,他们虽身处红尘、经历人生、与存在世界相联系,但他们的佛心参透了一切,因此,他们不仅在心里装得下红尘万景、人生万事、世界万象,而且能够放下万事万物,并且与众生分享万事万物。他们是最富有共享伦理精神的存在者;或者说,他们已经不是自私狭隘的凡人,而是大慈大悲的神——菩萨。菩萨是佛心圆满的神。他们大彻大悟,以天下苍生之心为心,没有私念和私欲,能够从心所欲地利乐众生。

总之,佛教是一种崇尚共享伦理的宗教。它内含的共享伦理思想对中华民族影响很大。在中国社会,很多人利他、共享的动机与佛教教义有关。他们或者因为害怕善恶因果报应而与人共享自己的财富、能力、智慧等；或者因为愿意利乐众生而发扬共享伦理精神；或者出于布施的真诚愿望而弘扬共享美德。虽然佛教对共享伦理思想所作的解释不一定合理，但是它强调共享的伦理价值取向是值得肯定的。共享是佛的本性，也是佛教教义的要义所在。佛教把所有个人视为群体或社会中的人，强调人的群体性或社会性，并且以此作为重要依据倡导利乐众生、乐善好施的美德，从而形成了一个具有鲜明共享性特征的宗教伦理价值体系，并且在推动愿意共享、走向共享、乐于共享方面发挥了一定的伦理作用。

七、中国传统道德话语的影响力

中国道德话语的传统话语体系发端于先秦时期，具有多元性和多样性。在先秦时代，我国处于诸侯争霸、战乱不止的状态，这一方面使我国社会长期动荡不安，甚至出现了礼崩乐坏的局面，另一方面也为各种哲学思潮的产生提供了社会条件。先秦哲学家从各个不同角度思考当时的社会问题，试图找到解决问题的可行方案，从而形成了诸子峰起、百家争鸣的思想格局。

儒家、道家、墨家、法家等思想流派的出现使我国在先秦时期出现了哲学思想繁荣昌盛的景象。老子、孔子、墨子、孟子、庄子、韩非子等哲学家登上历史舞台，各抒己见，相互争鸣，盛况空前。他们视角不同、思想不同，但他们都以各自的方式切入伦理领域。论及伦理问题时，他们都会用精美、生动的道德语言表达丰富、深刻的伦理思想，从而为建构中国最早的道德文化形态做出巨大贡献。先秦时代的先哲所说的道德话语已经成为历史记忆，但它们仿佛就是昨天说的，萦绕于我们耳际，生动亲切，或让我们感动，或使我们震撼，或催我们深思。

先秦之后，中国传统伦理思想逐渐浓缩为儒道佛三家之间相互争鸣、相互融合的局面，中国道德话语的传统话语体系依然保持着多元性和多样性特征。儒道佛伦理思想是中国传统伦理思想的主流，表达它们的道德话语也相应地成为中国传统道德话语体系的主流。中国传统伦理思想和中国传统道德话语体系不仅影响了中国传统社会，而且深刻影响着现当代中国社会。我们重点谈一谈中国传统道德话语体系对后世的影响。

第一，中国传统道德话语体系具有范式效应，这推动着一代代中国伦理学理论工作者努力建构具有中国特色的道德话语体系。

中国传统道德话语体系依托儒家、道家、墨家、法家、佛家等伦理思想流派得以建构。这些伦理思想流派都具有强烈的范式意识。它们的代表人物大都恪守所属流派的学术理念、学术精神和学术话语体系，在学术上能够自觉保持传承性和连续性。具体地说，每一个伦理思想流派内部存在激烈的思想和理论争鸣，但这种争鸣不会突破自身的学术传统；相反，在维护本流派的学术传统方面，思想和理论争鸣退居次要位置。儒家、道家、法家等伦理思想流派不仅在伦理思想上自成体系，而且在道德话语上自成体系。

中国伦理学家一直具有建构中国特色伦理学的强烈意识和愿望。这一优良传统的种子是由中国传统社会的伦理学家种下的。先秦时期的孔子、老子、墨子等先哲在这方面所作的贡献尤其巨大。后世的中国伦理学理论工作者只不过是步其后尘、以其为师而已。单就儒家来说，孔子之后有孟子，孟子之后有荀子，荀子之后又有董仲舒、朱熹等人，可谓一代接一代，代代相传。这些儒家大师的伦理思想和道德话语存在差异，但在基本品格和总体特征上是一致的。

当今中国伦理学界再次将建构中国特色伦理学提上议事日程。这一方面是因为中国伦理学在过去一百年缺乏民族特色的问题日渐突出，另一方面是因为当代中国伦理学理论工作者在改革开放时代极大地增强了范式意识、学派意识和特色意识。在迎来"强起来"光明前程的大时代背景下，中国伦理学界能够在建构中国特色社会主义道德文化和当代中国伦理精神方面大有作为。为了发挥应有的作用，中国伦理学界应该向中国传统社会的伦理学家学习。学习他们建构伦理思想和道德话语体系的范式意识和创新精神，努力建构具有中国特色的伦理思想体系和道德话语体系。

第二，后世的中国伦理学研究在很大程度上是在诠释孔子、老子、孟子、庄子等先秦哲学家的伦理思想和道德话语。

先秦时期是中国伦理思想和中国道德话语的发端时期。那个历史时期产生了中国历史上最先具有国际影响的大哲学家。老子、孔子、庄子、孟子等先秦哲学家是享有国际声誉的思想家。他们提出的伦理思想和说过的道德话语具有跨越时代的价值。

当今中国拥有世界上最庞大的伦理学研究队伍，但其中有很大一部分人将主要注意力放在诠释老子、孔子等先秦哲学家的伦理思想和道德话语之上。这一方面说明先秦哲学家的伦理思想和道德话语体系确实具有跨越时代的价值和巨大影响力，另一方面也彰显了我国伦理学研究目前以伦理思想史研究为主的事实。

老子、孔子、孟子、庄子等先哲创造伦理思想和道德话语的智慧和能力值得后人学习。他们表达的伦理思想和说出的道德话语总是通俗易懂、生动形象、富有感染力，同时又留有无比广阔的想象空间，因而能够吸引当代中国学者的研究眼光和兴趣。对老子、孔子、孟子、庄子等先秦哲学家的伦理思想和道德话语进行诠释，这既有助于发掘它们的历史价值，也有助于推进中国特色伦理学和中国特色道德话语体系的当代建构。

第三，老子、孔子等大哲学家建构伦理思想和道德话语的理论创新智慧和勇气对当代中国伦理学理论工作者有启示意义。

儒家、道家、佛家等中国传统伦理思想流派都高度重视伦理思想和道德话语的传承和承续。孔子开创的儒家要求人们学习古人的孝道、仁道和礼道，做慎终追远的君子。老子要求人们"执古之道，以御今之有"①。佛家要求佛教徒牢记佛祖、祖先，铭记佛祖和祖先的恩德，并且为后人做出榜样。

庄子曾经提出"真人"概念，并且做出"有真人而后有真知"②的论断。其意指，要求得真知，先称为真人。何谓"真人"？庄子说："古之真人，不逆寡，不雄成，不谟士。若然者，过而弗悔，当而不自得也；若然者，登高不栗，入水不濡，入火不热。"③这是指，古代的真人不会因为少而拒绝，不会夸耀功绩，不会处心积虑地为人处事；

---

① 老子[M]. 饶尚宽，译注. 北京：中华书局，2006：34.
② 庄子[M]. 方勇，译注. 北京：中华书局，2015：95.
③ 庄子[M]. 方勇，译注. 北京：中华书局，2015：95.

第五章 中国道德话语的传统形态

像这样的人，事有差池而不会懊悔，事情处理得当而不洋洋得意；像这样的人，登高而不害怕，下水不觉得沾湿，入火不觉得炽热。在庄子笔下，"真人"是达到"道法自然"的人，他们能够顺其自然、随遇而安地生活，而不是殚精竭虑、劳心劳苦地生活。

庄子对"真人"与"真知"的关系所作的论述对当代人类思考道德生活是有启发的。当今时代是缺乏"真人"和"真知"的时代。很多人没有成为"真人"，却宣称自己掌握了"真知"。例如，一些学者在学界混迹了几年就开始以"专家"或"大师"自称，或者满足于被人称为"专家"或"大师"，其结果是把中国学术界弄得乱象丛生、乌烟瘴气。庄子强调"有真人而后有真知"的观点对当今中国学术界有一定的启发意义。

当今中国伦理学界应该学习老子、孔子、孟子、庄子等先哲创新道德话语的智慧和能力。重视道德话语能力修炼，说通俗易懂、接地气、富有感染力的道德话语。当今中国伦理学界不仅应该学习中国先哲创造的道德话语，而且应该学习他们的道德话语创新能力。中国伦理学界目前承担着繁荣发展中国特色伦理学的历史重任。要完成这一重任，创新道德话语体系和伦理学话语体系是题中之义和必然要求。

第四，中国传统道德话语的大量因子被中华儿女代代相传。

中国传统伦理思想通过中国传统道德话语得到表达。中国传统道德话语是一个博大精深、内容丰富的道德语言库，其中有孟母三迁、司马光砸缸、岳母刺字等经典道德故事，有言而有信、见利思义、从善如流、上善若水、道法自然、知行合一等经典伦理术语，还有以传承传播中国传统伦理思想和中国传统道德话语为重要主题的《西游记》《红楼梦》等文学经典。中国传统伦理思想和中国传统道德话语是中华民族集体道德记忆的主要内容。

孔子是中国最有影响的哲学家之一。他生活于先秦时期，但他的影响力经久不衰。他倡导的儒家伦理思想通过"君子务本，本立而道生"①"与朋友交，言而有信"②"人而无信，不知其可也"③"仁者安仁，知者利仁"④ 等道德警句得到表达，通过"仁者""智者""君子""小人"等伦理概念得到表述，既是儒家伦理思想的精髓，也是中国传统道德文化的精髓。

在当今中国，"现代化""现代性""全球化""人类命运共同体"等概念受到普遍重视，但中华民族并没有因此而遗忘自己的道德文化传统。在源远流长的中国道德文化传统中，孔子、老子、孟子、庄子等先哲建构的传统伦理思想和道德话语具有永不磨灭的价值。当今中国正在掀起又一次向中国道德文化传统学习、向中华民族集体道德记忆学习的热潮。当代中华民族是孔子、老子等先哲的后代。那些先哲曾经倡导的伦理思想和曾经说过的道德话语正在被当代中华民族继承和发扬光大。

---

① 论语 大学 中庸［M］. 陈晓芬，徐儒宗，译注. 北京：中华书局，2015：8.
② 论语 大学 中庸［M］. 陈晓芬，徐儒宗，译注. 北京：中华书局，2015：10.
③ 论语 大学 中庸［M］. 陈晓芬，徐儒宗，译注. 北京：中华书局，2015：24.
④ 论语 大学 中庸［M］. 陈晓芬，徐儒宗，译注. 北京：中华书局，2015：40.

第六章

中华民族的道德概念体系

道德概念是人类道德语言的重要构成要素。运用道德概念是人类道德生活的重要内容。哲学家的伦理学研究更是必须诉诸道德概念。作为哲学的一个分支学科，伦理学是借助道德概念进行哲学思维的科学。要研究中国道德话语的民族特色，不能不研究中华民族的道德概念体系。

一、德：中华民族的最基本道德概念

一切概念都是人类创造或发明的产物。人类之所以创造或发明各种各样的概念，既是为了概括或抽象出事物的一般性、普遍性特征，也是为了借助概念来表达其自身对事物之一般性、普遍性特征的认知。归纳推理和演绎推理是人类创造或发明概念的常用方法。无论人类以何种方法创造或发明概念，概念都是以严格的一般性和普遍性作为其本质内涵。

道德概念是人类创造或发明的概念体系的一个子系统。它是人类对有伦理价值的生活方式进行深刻认知而建构的一个概念体系。在人类有能力借助抽象道德概念来表达其具有伦理价值的生活方式之前，道德生活仅仅是杂乱无章的现象，我们对道德生活的认知停留在具体性、特殊性的层面，而一旦人类有能力创造或发明道德概念，我们对自身具有伦理价值的生活方式的认识就增加了一个抽象性维度。与其他概念一样，道德概念是以严格的一般性和普遍性作为其根本特征。

人类创造或发明道德概念的第一步是用抽象的概念概括具有伦理价值的事物。这不仅要求人类将具有伦理价值的事物与没有伦理价值的事物区分开来，而且要求人类用概念将它表达出来。古希腊人为了表达具有伦理价值的事物创造了善、恶、德性、品质、伦理、幸福等

概念。

　　中华民族用于表达具有伦理价值之物的第一个道德概念应该是"德"。关于"德"的含义，中华民族有多种解释。最早的解释是视之为天、地的德性，并且强调"天人合德"和"地人合德"。在这种解释框架里，天和地不仅被看作具有绝对意义的世界本体，而且被视为人类道德生活的终极依据，其根本目的是要赋予"德"这一概念不能质疑的绝对性，将人的道德本性建立在绝对可靠的理论基础之上。根据《周易》的解释，《乾》卦象征天，"自强不息"是天德的核心；《坤》卦象征地，"厚德载物"是地德的核心。有中国学者指出："中国传统伦理道德的一个基本特征就是强调天人合德，它把人类社会的道德看作是本体意义上的客观必然规定。"① 这种观点只是部分正确，因为它仅仅揭示了中国传统伦理道德强调"天人合德"的一面，忽视了它强调"地人合德"的一面。《礼记》则对"德"的含义作了另一种解释。它说："礼乐皆得，谓之有德。德者，得也。"② 其意指，"德"与"得"同音同义，是指人在欣赏音乐的过程中能够同时得到"礼"的熏陶。这种观点基于音乐与伦理的紧密关系得到确立，体现了"乐通伦理"的儒家伦理思想。

　　"德"是中华民族创造的一个道德概念，也是中国伦理学的研究对象。在中国传统伦理学中，"德"字可谓比比皆是。儒家特别强调"德"，并且将它划分为"民德""政德"等多种形态。例如，孔子说："慎终追远，民德归厚矣。"③ 其意指，孝是民德的首要内容，认为人应该认真办理父母的丧事、追念死亡已久的远祖，这是民德敦厚的表现。孔子还说："为政以德，譬如北辰居其所而众星共之。"④ 其意为，为政之要在于以德理政，因为只有这样，为政者才能得到民众的支持。

　　道家反对儒家处处讲"德"的做法，但并不反对使用"德"这个

---

① 唐凯麟，张怀承. 成人与成圣：儒家伦理道德精粹[M]. 长沙：湖南大学出版社，1999：47-48.
② 礼记·孝经[M]. 胡平生，陈美兰，译注. 北京：中华书局，2020：154.
③ 论语 大学 中庸[M]. 陈晓芬，徐儒宗，译注. 北京：中华书局，2015：11.
④ 论语 大学 中庸[M]. 陈晓芬，徐儒宗，译注. 北京：中华书局，2015：15.

概念。老子说："上德不德，是以有德；下德不失德，是以无德。"①这是指，具有上德的人顺应自然，不会追求仁爱之德，但他们确实是有德的人；具有下德的人不失去仁爱之德，反而是无德的人。老子主张以顺应自然的自然之德为德，不以坚持儒家倡导的仁爱之德为德。

"德"这一道德概念不仅被传统社会的中华民族使用，而且被当代中华民族使用。中华民族在传统社会所说的"德"就是现代中华民族所说的"道德"。在传统社会，中华民族在很多时候只讲"德"，并且形成了"为政以德""以德报德""中庸之为德""富润屋，德润身"等经典道德术语，但有时也会将"道"与"德"并用，从而产生"道德"概念。例如，荀子有时只讲"德"。他说："荣辱之来，必象其德。"② 有时候，他又讲"道德"。荀子鼓励人们学习《诗》《书》《礼》等儒家经典，将一个人学习《礼》之后就能成为圣人的境界称为"道德之极"，③ 即道德的极高境界。在当今中国社会，很多人喜欢使用"道德"概念，但这并不意味着他们已经完全摆脱仅仅使用"德"字的中国道德文化传统；相反，他们经常使用以德治国、以德服人、德才兼备、德法兼治、德不配位等仅仅内含"德"字的术语。

中国伦理学历来是以"德"（道德）作为研究对象。中国传统伦理学如此，中国现代伦理学亦如此。前者或者只讲"德"，或者将"道"与"德"两字合在一起使用。张岱年先生曾经指出："'道德'联结道与德为一词，从儒道两家的典籍来看，实始于战国后期。"④ 在研究中国伦理思想的时候，张岱年先生采用的是"道德"概念。他不仅认为"道德在本质上是为了某一范围的人们的利益而提出的对于人们行为的约束或制裁"⑤，而且将道德的起源追溯到原始社会。在当今中国伦理学界，学者们当然更多地倾向于使用"道德"概念。例如，甘绍平说："伦理学是以道德为研究对象的哲学学科。道德就是人际相处的行为规

---

① 老子 [M]. 饶尚宽，译注. 北京：中华书局，2006：93.
② 荀子 [M]. 安小兰，译注. 北京：中华书局，2016：6.
③ 荀子 [M]. 安小兰，译注. 北京：中华书局，2016：11.
④ 张岱年. 中国古典哲学概念范畴要论 [M]. 北京：中华书局，2017：182.
⑤ 张岱年. 中国伦理思想发展规律的初步研究 中国伦理思想研究 [M]. 北京：中华书局，2018：10.

范，换言之，所谓道德关涉到人们应当如何行动。"①

"德"是中华民族普遍使用的最基本道德概念。无论是在中国传统社会还是在当今中国社会，人们都知道"德"等同于"道德"的事实。中华民族是一个重德、尊德、崇德的民族，我们以"有德"为荣、以"缺德"为耻。儒家伦理学将"德"视为为人之本。孔子说："君子务本，本立而道生。"② 孔子说这句话的本意指"孝悌"是"仁"之本，但它其实也暗示了人之为人应该以德为本的伦理思想。"德"是中华民族表达其道德生活认知的最基本概念，也是中国伦理学家从事伦理学研究工作的出发点。

创造"德"这一概念是中华民族道德生活史上具有里程碑意义的大事件。这至少体现在三个方面：首先，它为中华民族表达具有伦理价值的事物提供了一个合理、合法的符号。在"德"这一概念出场之前，中华民族对具有伦理价值的事物的表述没有达到概念化的水平。其次，它为中华民族建构伦理思想确立了"阿基米德点"。"德"这一概念是中华民族伦理思想体系必不可少的支点。中华民族在历史上创造的伦理思想都是基于"德"概念提出、展开的。再次，它使中国伦理学具有了研究对象。"德"这一概念的形成标志着中国道德话语的理论化发展出现了根本性转折，标志着中国伦理学研究正式拉开序幕。

"德"是中国道德话语中的基础性概念。中国道德话语首先表现为一个无比庞大的概念体系。这个体系是由"德"概念奠基的。它体现中华民族对伦理价值的最初认识和基本看法，是中华民族进行伦理价值认识、伦理价值判断和伦理价值选择的最早理论依据，是中华民族的伦理思想、伦理学理论和道德文化传统得以建构的学理起点。有了"德"概念之后，中华民族对道德生活的认知和表达从具体性转向了一般性，从特殊性转向了普遍性，从现象性转向了规律性，从盲目性转向了自由性。

---

① 甘绍平. 伦理学的当代建构 [M]. 北京：中国发展出版社，2015：2.
② 论语 大学 中庸 [M]. 陈晓芬，徐儒宗，译注. 北京：中华书局，2015：8.

二、区分善恶：中华民族对"德"概念的分割

"德"这一概念的出场固然具有重大意义，但这并不意味着它是一个完美无缺的道德概念。它从一开始就内含着其自身无法化解的内在张力。这是指，人们一般用"德"概念来表述具有正面伦理价值的事物，这必然会导致事物的负面伦理价值被忽视的问题。具体地说，如果说"德"概念的含义仅仅是指人们应该尊德、守德和行德的事实，那么，它的内涵不应该涵盖人们背德、离德、缺德的事实吗？

我们不难想象，中华民族在使用"德"这一道德概念时常常会遭遇这样的困境：一些人不能很好地兼顾利己和利他的伦理价值取向，他们经常乐于助人，但偶尔会有一些自私自利的行为；一些人不能做到忠孝两全，他们为了精忠报国不得不减少孝敬父母的机会；一些人无法做到完全公而忘私，他们在认真完成分内工作时也会顾及一些私利。更进一步说，审视道德生活的历史和现实时，我们会发现人类总是在行善的同时又在作恶。如果仅仅用"德"这一概念来表达人类对正面伦理价值的追求，人们背德、离德、缺德的事实就被从它的外延和内涵中完全排斥掉。显而易见，"德"这一道德概念在外延和内涵上都存在严重局限性，它不能表述人类道德生活的全部事实。

为了摆脱上述困境，中华民族不得不将"德"概念一分为二，即把它分割为两个概念——"善"概念与"恶"概念。前者被用于表述人们应该尊德、守德和行德的事实，后者被用于表述人们背德、离德、缺德的事实。这样一来，"德"这一道德概念在外延和内涵上都涵盖了善恶两个方面，它的存在格局也相应地发生了根本性转变。原初的"德"概念在外延和内涵上仅仅涵盖具有正面伦理价值的事物（善的事物），它的内部构成要素是同质的，因而不存在内在张力，而在具有负面伦理价值的事物（恶的事物）融入之后，它的内部构成要素就变成了对立统一的善恶两个方面，出现内在张力就在所难免。

"善"和"恶"是中华民族从"德"这一道德概念中分解出来的两个概念，其根本目的是为了克服"德"概念不能同时涵盖善恶两个事实性维度的局限性，将人类道德生活的事实完整地描述出来。历史地看，善恶两个概念的出场，既是中华民族所使用的道德概念出现的

第一次分离或分割，也是中华民族的道德概念朝着体系化发展的肇始。从此以后，中华民族拥有了三个道德概念，即"德""善"和"恶"，我们表达道德生活认知的符号系统变得更加丰富，中国道德话语的发展达到新境界。

将"善"和"恶"从"德"概念中分离出来之后，中华民族表达道德生活认知的符号空间得到了空前拓展。普通人不仅开始区分善恶，而且开始使用"善人""恶人""行善""善举"等道德概念。伦理学家则从善恶两种视角来研究道德生活，得出的结论更加具有解释力和说服力。例如，孔子说："富与贵，是人之所欲也；不以其道得之，不处也。贫与贱，是人之所恶也；不以其道得之，不去也。"[1] 每个人都想得到财富和官位，但如果不以正当的方法获得它们，君子不会去享有它们；贫穷和卑贱是每个人都厌恶的东西，但如果不是因为行为失当而导致，君子不会摆脱它们。显然在孔子看来，伦理学家对道德问题的研究应该同时包括善恶两种事实。他还说："君子成人之美，不成人之恶。小人反是。"[2] 在孔子所代表的儒家伦理学中，恶固然不能受到人们的喜爱，是令人厌恶的东西，但这并不意味着伦理学家就应该回避它。事实上，孔子并不喜欢小人，但他仍然在研究小人。

孔子也像中国老百姓一样使用"善人""善语"等概念。他说："善人为邦百年，亦可以胜残去杀矣。"[3] 其意为，善人治理国家一百年之久，他们也有能力遏制残暴、消除杀戮。孔子总是鼓励人们做"善人"，讲"善言"，做"善事"。以孔子作为代表人物的儒家伦理学是一个以引导人们趋善避恶为宗旨的伦理学理论体系。

道家对善恶两个道德概念的研究也非常深刻、系统。老子说："居善地，心善渊，与善仁，言善信，政善治，事善能，动善时。"[4] 在这个简短的句子中，老子一共用了7个"善"字。其意指：达到上善的人居于善良之地（低洼之地），思考善良之事（真理），交往善良的人（为人处世低调的人），说话友善的人（说话不咄咄逼人的人），推行善

---

[1] 论语 大学 中庸 [M]. 陈晓芬，徐儒宗，译注. 北京：中华书局，2015：41.
[2] 论语 大学 中庸 [M]. 陈晓芬，徐儒宗，译注. 北京：中华书局，2015：145.
[3] 论语 大学 中庸 [M]. 陈晓芬，徐儒宗，译注. 北京：中华书局，2015：155.
[4] 老子 [M]. 饶尚宽，译注. 北京：中华书局，2006：20.

第六章 中华民族的道德概念体系

治（无为而治），擅长于做善事（对人们有利的事），能够把握善的时机（好的时机）。老子不主张人们将"德"时刻挂在嘴上，但鼓励人们向善、求善和行善。

在审视、理解和把握中华民族的善恶概念时，需要注意下面三个重要事实：

第一，中华民族对善本身与善的事物、恶本身与恶的事物做了区分。善本身是善的理念，而善的事物是指具有善性质的具体事物。同样，恶本身是恶的理念，而恶的事物是指具有恶性质的具体事物。中华民族是一个善恶分明的民族。这一方面是指我们具有善恶两种理念，对善恶的实在性都有深刻认识；另一方面是指我们能够在现实中区分善的事物和恶的事物，不会善恶不分。

第二，中华民族坚信善恶是相互转化的。中国哲学家大都推崇辩证思维。老子说："有无相生，难易相成，长短相形，高下相倾，音声相合，前后相随，恒也。"① 他看到了有与无、难与易、长与短、高与下、音与声、前与后的对立关系，洞察了它们相互之间的统一关系，将有无相生、难易相成、长短相形、高下相倾、音声相合和前后相随视为永恒真理。正是基于这种辩证法思想，老子提出了善恶相互转化的伦理思想。他坚信物极必反的辩证法，认为被视为美到极致的东西可能是丑陋的，善到极致的善可能是邪恶的。孔子也说："众恶之，必察焉；众好之，必察焉。"② 其意为，大家都厌恶的人，一定要认真审察；大家都喜爱一个人，也一定要认真审察。显然在孔子看来，所有人都厌恶的人可能是好人，所有人都喜爱的人也可能是坏人。

第三，中华民族具有"至善"概念。

区分善恶，说明"德"（道德）包括对立统一的两个方面。从"德"概念中分离出来的"善"和"恶"则有层次或等级之分。中华民族有句众所周知的俗语说："勿以善小而不为，勿以恶小而为之。"该俗语至少说明"善"有"小善"和"大善"之分，"恶"也有"小恶"和"大恶"之分。

---

① 老子［M］．饶尚宽，译注．北京：中华书局，2006：5.
② 论语 大学 中庸［M］．陈晓芬，徐儒宗，译注．北京：中华书局，2015：192.

在儒家伦理学中，"善"往往被当作"德"的代名词，因此，向善、求善和行善就是向德、求德和行德；善有大小之分，小善虽小，但可以积善成德；大善难求，但君子可以拥有；至善是最高的善，最难抵达，只有大仁大义的圣人才能达到。儒家具有追求至善的伦理思想传统。何谓至善？孔子称之为"中庸之德"。他说："中庸之为德也，其至矣乎！"其意指，中庸所代表的德是最高的德。《大学》则称之为"大学之道"——圣王之道。它说："大学之道，在明明德，在亲民，在止于至善。"① 作为"大学之道"，至善是人所能达到的最高道德境界。

在道家伦理学中，"至善"即"上善"，它是自然之物"水"的德性。道家之所以以水为至善，是因为它视之为"天下之至柔，驰骋天下之至坚"之物。在道家伦理学中，刚强和柔弱是相对的，并不意味着前者强于后者；相反，"柔弱胜刚强"② 是常见的事；因此，"反者，道之动；弱者，道之用。"③ 其意指，物极必反是道运动的方式，柔弱是道得到运用的本质特征。

总而言之，通过引入善恶两个概念，"德"的内涵和内容得到进一步具体化。人们不再笼统地谈论"德"，而是将它划分为善恶两个方面。中国伦理学家的研究使命也一分为二，既要研究普遍受到人们欢迎的善，又要研究普遍受到人们反感的恶。他们进一步将人区分为善人和恶人，将事区分为善事和恶事，而不是仅仅关注和研究善人和善事。他们的主要任务是引导人们趋善避恶，但这并不意味着他们不会与恶打交道。在中国伦理学家看来，研究恶并不是要向恶、求恶和行恶，而是要引导人们认识恶、致力于将人类社会的恶最小化。

三、家庭、国家与天下：中华民族的伦理实体概念

道德本质上是一种社会性规范要求。它是人类进入社会合作生活方式之后的产物。也就是说，只有当人类开始结成三人以上的生活群

---

① 论语 大学 中庸 [M]. 陈晓芬, 徐儒宗, 译注. 北京：中华书局，2015：249.
② 老子 [M]. 饶尚宽, 译注. 北京：中华书局，2006：89.
③ 老子 [M]. 饶尚宽, 译注. 北京：中华书局，2006：100.

体时，社会才会产生，道德的出场也才具有必要性。齐景公曾经向孔子求教行政的事情。孔子回答说："君君，臣臣，父父，子子。"① 其意指，行政之为行政，就是要使国君像国君、臣子像臣子、父亲像父亲、儿子像儿子。齐景公听后大悦，并且称赞孔子。他说："善哉！信如君不君，臣不臣，父不父，子不子，虽有粟，吾得而食诸？"② 齐景公称赞孔子说得好，并且强调：如果身为国君的人不像国君的样子，身为臣子的人不像臣子的样子，身为父亲的人不像父亲的样子，身为儿子的人不像儿子的样子，纵然有粮食，我能够吃得到吗？众所周知，孔子所说的"政"是指"德政"，因此，他将行政之要归结为君像君、臣像臣、父像父、子像子的事态，其根本目的是要让齐景公明白这样一个道德真理：为政之要在于德，德政必须基于政德才能产生，而政德的核心要义是要包括国君在内的所有人都必须尊德、守德和行德。

"物有本末，事有始终。"③ 儒家伦理学把个人视为道德的始发之地，并且强调个人道德努力的重要性，但它并没有将道德生活仅仅归结为个人的事情，即没有使道德生活终止于个人。它只是强调，个人是道德生活的直接主体，因此，我们不能脱离个人来谈论道德生活，不应该允许任何人在培养道德修养方面成为例外。正如《大学》所说："自天子以至于庶人，壹是皆以修身为本。"④ 在儒家伦理学中，个人必须修炼道德，但个人的道德修炼分为"内圣"和"外王"两个环节。在"内圣"环节，个人必须完成格物、致知、诚意、正心、修身的任务；在"外王"环节，个人必须完成齐家、治国和平天下的重任。这意味着，道德在个人身上的运行是一个由内到外的过程；如果一个人仅仅停留在"内圣"环节，他只是完成了道德生活的一半；为了全面完成道德生活，他必须转入"外王"环节，将自己的道德修养运用于齐家、治国、平天下的实践中去。这就是儒家倡导的"内圣外王"之道。《大学》将它描述为这样一个过程："物格而后知至；知至而后意诚；意诚而后心正；心正而后身修；身修而后家齐；家齐而后国治；

---

① 论语 大学 中庸 [M]. 陈晓芬，徐儒宗，译注. 北京：中华书局，2015：143.
② 论语 大学 中庸 [M]. 陈晓芬，徐儒宗，译注. 北京：中华书局，2015：143.
③ 论语 大学 中庸 [M]. 陈晓芬，徐儒宗，译注. 北京：中华书局，2015：249.
④ 论语 大学 中庸 [M]. 陈晓芬，徐儒宗，译注. 北京：中华书局，2015：250.

国治而后天下平。"① 根据儒家伦理思想，"内圣"是德的基础、前提，"外王"是德的具体应用，但两者不能相互分离，只能相互融合。具体地说，完成格物、致知、诚意、正心和修身的任务，体现个人的道德修养功夫；完成齐家、治国和平天下的重任，体现个人的道德责任担当。

将"德"区分为善恶两个概念，并在此基础上提出了"善人""善事""善举""善行""善治""至善"等概念，从而极大地丰富了中华民族的道德概念，但这并不意味着中华民族所建构的道德概念体系已经达到完备的程度。中华民族从来没有将道德上的善恶视为可以脱离现实的概念，而是使之紧紧依附于现实的实体之上，因此，在将"德"分割为善恶两个道德概念之后，中华民族必须确立可以让它们依附的实体。

家庭是构成中国社会的细胞。它是中华民族建构伦理关系的第一个场域，因而也是中华民族的第一个伦理实体概念。在"家庭"这一伦理实体中，中华民族不再作为单纯的个人存在，而是作为家庭成员而存在，并且具有爷爷、奶奶、父亲、母亲、儿子、女儿、哥哥、弟弟、姐姐、妹妹等关系性身份。家庭生活与单纯的个人生活有着根本区别。它不是个人独善其身的生活方式。在家庭生活中，家庭成员之间不可避免地会相互联系、相互影响，一个家庭的成员还会与邻居家庭的成员打交道。进入家庭亦即过上家庭生活，亦即建构家庭伦理关系。支配家庭生活的道德在中国被称为"家庭美德"，其核心是亲情。亲情是一种内含深厚伦理意蕴、强烈伦理精神的道德情感，它是维系中国家庭伦理关系的道德纽带。

国家是家庭延伸的产物。它是中华民族建构伦理关系的第二个场域，因而也是中华民族普遍使用的第二个伦理实体概念。在"国家"这一伦理实体中，中华民族不再将自身仅仅视为某个家庭的成员，而是作为国民而存在，并且具有国家公职人员、教师、商人、工人、农民等关系性身份。中华民族所说的"国民"大体上相当于西方人所说的"公民"。在中华民族眼里，国家生活是家庭生活的延伸，但两者之

---

① 论语 大学 中庸 [M]. 陈晓芬, 徐儒宗, 译注. 北京：中华书局，2015：250.

第六章 中华民族的道德概念体系

间有着根本区别。国家生活有公共生活和私人生活之分，必须公私分明。在国家生活中，个人与国家的关系是最重要的关系，它主要围绕个人利益与国家利益的关系轴心转动；个人与国家能够相互善待被视为最重要的伦理问题。支配国家生活的道德在中国没有统一的名称，而是被冠之以政德、师德、医德、商德、艺德等具体名称。我们可以将这些道德形态统称为"国民道德"或"公民道德"。

天下是中华民族的"国家"概念得到拓展的产物。它是中华民族建构伦理关系的第三个场域，因而也是中华民族普遍使用的第三个伦理实体概念。古人常用"天下"一词，有时指称"中国"，有时指称"世界"，有时指称"宇宙"。孟子引用《诗经》里的话说："普天之下，莫非王土。率土之滨，莫非王臣。"① 此处的"天下"指"中国"或中华大地。老子说："圣人在天下，歙歙焉，为天下浑其身。"② 其意指，圣人生活于天下，总是谦虚谨慎的样子，他们总是为了天下百姓着想而没有任何私心。此处的"天下"大体上相当于西方人所说的"世界"一词。老子还说："天下有始，以为天下母。"③ 其意为，天下有初始的道，它是万物之母。此处的"天下"是指"宇宙"。在"天下"这一伦理实体中，中华民族不再将自身仅仅视为中国的国民，而是视己为能够管天下事的"天下人"。身为"天下人"，应该弘扬适用于天下的德。这种德被老子称为"普德"。他说："修之于身，其德乃真；修之于家，其德乃余；修之于乡，其德乃长；修之于邦，其德乃丰；修之于天下，其德乃普。"④ 老子没有对"普德"的内涵作出具体说明，它应该是指以"道法自然"为核心内容的自然之德。儒家也主张弘扬适合于"天下"的德，它主要体现为《礼记》所说的"天下为公"或"大同"思想⑤。

在中华民族源远流长的伦理思想传统中，人本质上是群集动物，即社会性存在者。荀子说："力不若牛，走不若马，而牛马为用，何

---

① 孟子[M].万丽华，蓝旭，译注.北京：中华书局，2006：202-203.
② 老子[M].饶尚宽，译注.北京：中华书局，2006：119.
③ 老子[M].饶尚宽，译注.北京：中华书局，2006：125.
④ 老子[M].饶尚宽，译注.北京：中华书局，2006：130.
⑤ 礼记·孝经[M].胡平生，陈美兰，译注.北京：中华书局，2020：127.

也？曰：人能群，彼不能群也。"① 作为群集动物或社会性存在者，人不仅只能以社会合作的方式共同生存，而且只能在家庭、国家和天下之中充当道德生活主体。由于将个人道德生活紧紧依附于家庭、国家和天下之上，家庭、国家和天下就充当了中华民族的伦理实体概念。它们不仅具有深厚的伦理意蕴，而且承载着中华民族代代相传的道德精神。在中华民族的眼里，德、善、恶都是实实在在的，但这不仅是因为它们本身是实实在在的概念，而且是因为它们总是依附在家庭、国家和天下这三种伦理实体之上。

中华民族弘扬的"德"既是个人的，又是家庭的、国家的和天下的。它必须在个人身上养成，同时必须紧紧地依附于家庭、国家和天下三个伦理实体。只有这样，它才能成为现实的、活的善。在个人身上，它表现为一种修养或涵养，主要反映个人对善恶概念的认识、理解和把握状况，而在家庭、国家和天下之中，它表现为一系列普遍有效的原则，反映社会为了维护家庭、国家和天下秩序提出的规范性要求。完整的德是主观性和客观性、特殊性和普遍性的统一。

将家庭、国家和天下三个概念引入道德概念体系，这反映了中华民族对道德的独到认识。在中华民族的伦理思想传统中，道德是个人、家庭、国家和天下都应该遵守的社会规范。个人应该培养优良品德，依靠自强、勇敢、诚信等品德安身立命。家庭应该弘扬家庭美德，依靠孝老爱亲、勤俭持家、邻里和睦等道德原则谋求家庭兴旺发达。国家应该发扬国德，依靠民主、文明、和谐、公正等道德原则建构国家伦理精神。天下应该倡导国际道德，依靠和平相处、国际正义、开放包容等道德原则建构国际伦理秩序。中华民族不是一个以个人为中心的民族，而是一个重视家庭美德、强调国德、主张天下大同的民族。在道德价值观念上，中华民族历来反对狭隘的个人主义价值观，主张大力弘扬群体主义价值观。中华民族的群体主义价值观是以家庭作为起点，以国家作为核心，以天下（世界）作为终点，集中体现了中华民族在道德价值观念上以家庭为重、以国家为重、以天下为重的伦理价值取向。

---

① 荀子［M］.安小兰，译注.北京：中华书局，2016：95.

四、知、情、意等：中华民族的道德生活概念

道德不仅是一种价值观念，而且是一种生活方式。作为一种价值观念，它说明个人不仅有能力进行伦理价值认识、伦理价值判断和伦理价值选择，而且有能力将它们抽象为一定的道德生活概念和道德价值观念。作为一种生活方式，它既说明个人有能力将自己的伦理价值认识、伦理价值判断和伦理价值选择应用于家庭、国家、天下等伦理实体之中，也有能力将这种"应用"变成习惯化、日常化、固定化的道德生活模式。

道德生活归根到底必须由个人来落实。家庭美德、国德和天下普德必须基于家庭、国家和天下的集体意向性来建构，但它们最终必须借助个人才能现实化。具体地说，家庭美德是通过每一个家庭成员来落实的；国德是通过每一个国民或公民来落实的；天下普德是通过每一个人类个体来落实的。我们不难想象，如果当今世界各国的每一个人都缺乏人类命运共同体意识，推动构建人类命运共同体的中国方案必定难以落到实处。个人在道德生活中占据极其重要的地位，发挥着不可替代的重要作用。

中华民族的道德生活必须通过每一个中华儿女来落实。中华儿女的道德生活既是抽象的，又是具体的。它的抽象性主要表现为概念性、观念性，其意指中华儿女会用一系列的道德生活概念和道德价值观念来表达自身对道德生活的认知。它的具体性主要表现为现实性、实践性，其意指中华儿女的道德生活概念和道德价值观念必定会转化为可感知的现实。中华民族的道德生活概念主要有知、情、意、语、忆、行等。

"知"意指"知道"。所谓"知道"，就是能够认识、理解和把握道的本质内涵。"知道"是中华民族学习的根本目的。《礼记》说："人不学，不知道。"[①] 一个人必须通过学习才能懂得什么是道。在中国社会，教师被尊称为懂道、传道的人，因而学习就是向老师问道、

---

① 礼记·孝经[M]. 胡平生, 陈美兰, 译注. 北京：中华书局, 2020: 131.

求道和学道。"凡学之道,严师为难。师严然后尊道,道尊然后民知敬学。"① 学习之道,最难的是尊敬老师,只有老师受到尊敬,人们才会尊重道,道受到尊重,人们才懂得认真学习的重要性。"知道"还是中华民族过好道德生活的基础。在中国传统伦理学中,"知"是指对道德真理的确知,它被认为是道德生活的起点,或者说,"知"被中华民族视为道德生活的首要内容或第一个环节。孔子说:"仁者安仁,知者利仁。"② 众所周知,孔子所说的"仁"是指"仁德","知者"是指懂得"仁德"的人。在孔子看来,只有懂得仁德的"知者"才会积极地做有利于维护仁德的事。事实上,时至今日,中华民族仍然普遍强调"知"在道德生活中的重要性,并且倡导"知行合一"的伦理思想。懂得道德真理是中华民族倡导的"知德"。它是中华民族赋予道德生活的首要内容。

"情"意指"道德情感"。道德情感主要是指人们对待道德的态度,它是人类情感在道德生活中的体现。在面对社会性道德规范要求的时候,人们既可能采取欢迎、喜爱的态度,也可能采取抵制、厌恶的态度。中华民族历来强调道德情感的重要性,将它视为道德生活的重要内容,并且要求人们以喜爱、热爱的态度对待它。孔子曾经说过:"知之者不如好之者,好之者不如乐之者。"③ 这是指,关于学问事业,懂得它的人比不上喜欢它的人,喜欢它的人不如以它为乐的人。将孔子的观点运用于人的道德情感领域,其意为:懂得道德真理的人不如喜欢道德真理的人,喜欢道德真理的人不如以道德真理为乐的人。中国伦理学不仅要求人们懂得道德真理是什么,而且要求人们热爱道德真理。在孔子看来,只有热爱道德真理的人才能以捍卫道德真理作为人生的最大乐趣。他说:"好仁者,无以尚之;恶不仁者,其为仁矣,不使不仁者加乎其身。"④ 热爱仁的人认为没有东西可以高于仁;厌恶不仁的人在实行仁道的时候不会让不仁的事情出现在自己身上。要求人们培养热爱道德真理的情感,这是中华民族主张推行的"情德"。

---

① 礼记·孝经[M].胡平生,陈美兰,译注.北京:中华书局,2020:142.
② 论语 大学 中庸[M].陈晓芬,徐儒宗,译注.北京:中华书局,2015:40.
③ 论语 大学 中庸[M].陈晓芬,徐儒宗,译注.北京:中华书局,2015:69.
④ 论语 大学 中庸[M].陈晓芬,徐儒宗,译注.北京:中华书局,2015:41.

第六章 中华民族的道德概念体系

"意"意指"道德意志"。它反映人们参与道德生活的意志力状况。人类道德生活与人本身的意志力状况紧密相关。意志力坚强的人在践行道德的时候往往义无反顾,而意志力薄弱的人在践行道德的时候往往犹豫不决甚至畏惧不前。事实上,懂得和喜爱道德真理的人并不一定能够勇敢地捍卫道德真理,因为他们的道德意志可能不够坚强。人类道德生活需要"勇者"。所谓"勇者",就是具有道德勇气的人,就是具有坚强道德意志的人。他们是在维护道德真理方面能够做到勇往直前、无所畏惧的人。儒家伦理学要求人们培养坚强的道德意志,做道德生活中的"勇者",勇往直前、无所畏惧地捍卫道德真理,有时为了捍卫道德真理"杀身成仁"也应该在所不惜。这就是中华民族弘扬的"勇德"。

"信"意指"道德信念"。道德信念反映人们对道德真理和道德生活之真实性的总体看法和根本观点。具有坚定道德信念的人坚信道德真理和道德生活事实的实在性,并且以之作为其践行道德的行为动机。没有道德信念的人怀疑甚至否认道德真理和道德生活事实的实在性,并且以之作为其缺德、离德、背德的理由。相信或不相信道德真理、道德生活事实的实在性,这会对人类道德生活产生深刻影响。美国元伦理学家斯蒂文森认为:"任何信念都潜在地与道德具有某种关系,许多理论家经过认真的研究,都看到了这一点。"① 道德信念直接影响到人的道德行为状况。在道德信念问题上,中华民族相信应该相信的东西,但同时也会对应该质疑的东西进行质疑。荀子说:"信信,信也;疑疑,亦信也。"② 相信应该相信的东西,这是有信念的表现;怀疑应该怀疑的东西,这也是具有信念的表现。他还进一步说:"贵贤,仁也;贱不肖,亦仁也。"③ 尊崇贤人,是仁;鄙视不肖之徒,也是仁。信所当信,疑所当疑,这是中华民族崇尚的"信德"。

"语"意指"道德语言"。人不仅具有道德生活,而且有能力用语言对自己的道德生活进行描述、表述、陈述和交流,这就使得道德语

---

① 〔美〕查尔斯·L.斯蒂文森.伦理学与语言[M].姚新中,秦志华等,译.北京:中国社会科学出版社,1997:16.
② 荀子[M].安小兰,译注.北京:中华书局,2016:65.
③ 荀子[M].安小兰,译注.北京:中华书局,2016:65.

言的存在成为必要。道德语言是人类借助其语言能力描述、表述、陈述和交流道德生活而形成的一个语言体系。由于不同民族使用不同的语言，道德语言不可避免地具有民族差异性。一个民族所使用的道德语言往往是该民族在长期共同道德生活中约定俗成的，并且遵循具有民族特点的语德。"语德"是指人们说话的时候应该遵循的道德原则和规范。在中国，"说话"就是"言"，它有"当"与"不当"的区别，其根源在于它是否合乎一定的道德原则和规范。荀子说："言而当，知也；默而当，亦知也。故知默犹知言也。故多言而类，圣人也；少言而法，君子也；多言无法而流湎然，虽辩，小人也。"[①] 说话得体，是有智慧的表现；不说话也得体，也是有智慧的表现；懂得沉默和懂得说话都是有智慧的表现；说话很多，但所说的话合乎礼仪，这是圣人；说话很少，但所说的话合乎礼仪，这是君子；说话很多但不合乎礼仪，仍然沉溺于其中，即使说得头头是道，也是小人。中华民族历来要求人们"慎言"。《弟子规》说："人有短，切莫揭；人有私，切莫说。道人善，即是善，人知之，愈思勉。"[②] 别人的短处，不要轻易揭穿；别人的隐私，不可到处传播；称赞别人的善行，其实就是在行善，对方听到你的称赞，会更加勉力行善。要求人们与人说话时遵守一定的道德原则和规范，这是中华民族推崇的"语德"。

"忆"意指"道德记忆"。人类不仅具有道德生活能力，而且有能力将自己的道德生活经历刻写成道德记忆。"道德记忆是记忆的一种特殊形式。作为一种记忆形式，它是人类运用其记忆能力对自身特有的道德生活经历的记忆。"[③]个人能够拥有个体道德记忆，集体能够拥有集体道德记忆。人类应该遵循一定的道德原则和规范来建构道德记忆。能够支配人类建构道德记忆的道德可以被称为"记忆道德"。中华民族是一个特别重视道德记忆建构和特别重视信守记忆道德的民族。我们总是用司马光砸缸、孟母三迁、岳母刺字等道德故事来教育自己的小孩，更注重从老子、孔子、孟子、庄子等伦理学家的伦理学著作中汲

---

① 荀子[M]．安小兰，译注．北京：中华书局，2016：65．
② 论语 大学 中庸[M]．陈晓芬，徐儒宗，译注．北京：中华书局，2015：35．
③ 向玉乔．道德记忆[M]．北京：中国人民大学出版社，2020：10．

第六章 中华民族的道德概念体系

取伦理思想资源和伦理智慧。中华民族还历来坚持弘扬知恩图报、言而有信等传统美德。我们对这些传统美德的弘扬都是建立在道德记忆基础之上。"知恩图报"的前提是受恩者必须能够"记住"所受的恩。"言而有信"的前提是守信用的人必须"记住"自己做出的承诺。中华民族更加懂得记忆道德的价值。我们坚信,能够进入自己道德记忆世界的东西必须经过我们自己的道德审察。努力以合乎记忆道德的方式建构自己的道德记忆,既努力记住应该记住的道德生活经历,又淡忘应该淡忘的道德生活经历,这是中华民族主张发扬的"忆德"。

"行"意指"道德行为"。在中国社会,人们通常将"道德行为"简称为"德行"。它是人们将自己的道德认知、道德情感、道德意志、道德信念等落实为具体行为的结果。人的道德认知、道德情感、道德意志和道德信念是内在的,它们的统一体现人的内在道德修养,而人的道德行为是外在的,它是人的内在道德修养得到外化的产物。中华民族历来将"行"视为道德生活的落脚点,认为没有"行"的落实,道德就会沦为海市蜃楼一样的东西。正因为如此,儒家伦理学不仅要求人们求道、学道、知道,而且要求人们将求得的道、学到的道、知晓的道应用于自己的生活和工作中。在孔子看来,如果一个人懂得了"政者,正也"[1]的道德真理,他就应该在现实中"为政以德"[2]。孔子还要求人们在道德生活中做到"言必信,行必果"[3]。其意指,一个人做出了某个承诺,就应该用实际的、果断的行为履行诺言。王阳明更是旗帜鲜明地倡导"知行合一"的伦理思想。他说:"知是行的主意,行是知的功夫;知是行之始,行是知之成。"[4] 要求人们将道德认知、道德情感、道德意志、道德信念等落实到行为上,这是中华民族强调的"行德"。

与世界上的所有其他民族一样,中华民族拥有丰富多彩的道德生活内容。中华民族通过知、情、意、信、语、忆、行等方面体现自己的道德生活内容,并在此基础上形成了具有民族特色的知德、情德、

---

[1] 论语 大学 中庸[M]. 陈晓芬,徐儒宗,译注. 北京:中华书局,2015:145.
[2] 论语 大学 中庸[M]. 陈晓芬,徐儒宗,译注. 北京:中华书局,2015:15.
[3] 论语 大学 中庸[M]. 陈晓芬,徐儒宗,译注. 北京:中华书局,2015:158.
[4] 王守仁. 王阳明全集(上)[M]. 北京:中央编译出版社,2014:4.

意德、信德、语德、忆德和行德。知、情、意、信、语、忆、行以及知德、情德、意德、信德、语德、忆德、行德等道德概念的形成，不仅系统展现了中华民族的道德生活概念体系，而且折射了中华民族道德生活丰富多彩的内容和博大精深的内涵。这些道德概念是中华民族道德生活的镜子。它们将中华民族的道德认知、道德情感、道德意志、道德信念、道德语言、道德记忆、道德行为等映照了出来，并且将中华民族在长期道德生活中形成的各种道德形态呈现了出来。它们所呈现出来的画面是关于中华民族道德生活内容的真实写照，是人类道德生活史中一道光辉耀眼、魅力四射、引人入胜的风景线。

世界上的每一个民族都有自己的道德生活，也都有自己的道德语言。中华民族的道德概念体系是中国道德话语的基础性板块。深入系统地研究中华民族的道德概念体系，既有助于深化人们对中华民族的道德思维方式和道德认知模式的探究，也有助于推动人们更多地认知中国道德文化传统的建构基础、历史变迁、主要内容和价值取向。

中华民族深深地懂得一生二、二生三、三生万物的哲理，并遵循这一哲理来建构自己的道德概念体系。"德"是"一"。它是中华民族进行道德思维的起点，是中国伦理思想的原点，是中国伦理学的研究对象。"德"概念顺应中华民族的道德生活需要而出场，是中华民族的道德概念体系的阿基米德点。区分"善"和"恶"导致"二"的产生。这不仅意味着"德"概念一分为二，而且意味着"德"在内涵上应该涵盖善恶两个方面。从理论上来说，有了"善"和"恶"两个概念，中华民族的道德生活图景已经变得比较清晰；然而，由它们呈现出来的中华民族道德生活仅仅停留在一般的形式（概念）层面，中华民族追求的德还不是现实的、活的善；因此，引入"家""国"和"天下"三个伦理实体概念就成了必要。中华民族带着善恶概念生活于家、国和天下之中，形成家庭美德、国民道德（公民道德）和天下普德，其道德生活的图画变得更加清晰，但这副图画还是粗线条的，因为中华民族道德生活的微观细节还处于被遮蔽状态。出于"祛蔽"的目的，中华民族最终还必须将其道德生活投射到其自身的知、情、意、信、语、忆、行之中。在中华民族的道德概念体系中，知、情、意、信、语、忆、行以及知德、情德、意德、信德、语德、忆德、行德等

第六章 中华民族的道德概念体系

道德概念代表的是"多",它们表征中华民族道德生活在家庭、国家和天下三种伦理实体中得到实际展开的丰富性、多彩性和复杂性。

中华民族建构的道德概念体系非常庞大。这是由其自身的道德生活的复杂性决定的。中华民族道德生活史源远流长,其间有人民大众对它的经验性思考和实践性探索,也有伦理学家对它的理论性研究和理性引导,可谓历史久远、内容复杂,仅凭一个"德"概念是无法穷尽它的丰富性、多彩性和复杂性的。世界上的所有民族对道德生活的需要都是复杂的。只有创造庞大的道德概念体系,才能满足这种需要。中华民族也不例外。作为一个创造了世界四大古文明之一的伟大民族,中华民族更加需要有一个庞大的道德概念体系来支撑其源远流长、博大精深的道德文化传统。

中华民族建构的道德概念体系具有民族性特征。德(道德)、善、恶、家、国、天下、知、情、意、信等道德概念都是由中华民族在中国语境中创造的,它们的外延和内涵必定具有中国特色。如果我们将这些道德概念称为符号,它们所表达的主要是中华民族追求和设定的伦理意义。将"德"与"得"当作同音同义的两个概念,强调善恶的相互转化性,赋予"家"和"国"相同的伦理意蕴,要求人们培养心系天下的道德情怀,崇尚语德(口德),注重道德记忆和记忆道德,等等,这些都体现了中华民族在运用道德概念表达伦理意义方面的民族性特征和特色。

探析中华民族的道德概念体系是打开中国道德文化宝库的钥匙。中国道德文化是中华民族在长期共同生活的历史过程中创造的,它是中华文化的精髓。中华民族创造的道德概念是中国道德文化的思想灵魂。它们代表着中华民族在道德生活领域的最高伦理智慧和理论智慧。中华民族的道德生活既是经验的,又是理性的。我们在经验中体验道德生活的现实性和实践性,同时在理性中领悟道德生活的理想性和理论性。中国道德文化之所以从古至今一直在人类文明中占据不容忽视的重要地位,中华民族创造中国特色道德文化的能力和智慧发挥了决定性作用。建构富有中国特色的道德概念体系是中华民族在创造道德文化方面具有卓越能力和智慧的集中表现。

第七章

中国道德话语的构成要素及其伦理表意功能

表意是语言的基本功能。所谓"表意",就是表达意义。中国道德话语是以表达伦理意义作为基本功能的。只有深入研究中国道德话语的构成要素及其伦理表意功能,我们才能揭示它的特质和民族特色。本章拟解决四个主要问题:(1)中国道德话语是由哪些要素构成的?我们对中国道德话语的研究不能停留在"远观"或"外观"的层面,而是应该深入到它的内部,探察它的构成要素。只有这样,我们才能探知它的内部结构,也才能知道它存在和发挥作用的内在机理。(2)中国道德话语的伦理表意功能是什么?与其他道德语言一样,中国道德话语是一个道德话语体系,它以伦理意义作为其意义体系的核心,并且以表达或传达伦理意义作为其最重要的表意功能。(3)中国道德话语的构成要素与它的伦理表意功能是何种关系?中国道德话语的诸构成要素与它的伦理表意功能是符号与功能、语义与语用、能指与所指的关系。研究中国道德话语的伦理表意功能,实质上就是研究构成中国道德话语的诸要素表达或传达伦理意义的方式和效果。中国道德话语的伦理表意功能反映中华民族对道德价值的认知、理解和把握;或者说,中华民族对道德价值的认知、理解和把握会通过中国道德话语的伦理表意功能表达出来。(4)中国道德话语在伦理表意方面具有哪些主要特征?探察中国道德话语在伦理表意方面的主要特征,有助于揭示它的民族特色。

一、中国道德话语的构成要素

中国道德话语主要是通过汉语得到表现的一个道德语言系统。汉语是一种源远流长、使用人数最多的语言。"汉语是目前世界上唯一的几千年来一直使用表意语素文字的语言。汉语有文字记载的历史上下

第七章 中国道德话语的构成要素及其伦理表意功能

数千年,它的分布地区在中国境内纵横数万里。汉语作为母语使用的人口有十二亿以上,居世界首位。"① 在我国,汉语不仅被汉族使用,而且被回族、满族、蒙古族、傣族、苗族、白族等少数民族使用。它是"中华民族共同使用的一种交际工具"②。

汉语可以区分为古代汉语、近代汉语和现代汉语。古代汉语一般是指以文言文形式存在的汉语。它从商、周、秦、汉时期一直延续到五四运动前后,历时4000多年。近代汉语是指以古白话文存在的汉语。古白话文大体上发端于晚唐五代时期,在我国的发展历时1000多年。现代汉语大概形成于明朝中期,是现代汉民族的共同语。它是"经过加工规范的共同语",是汉民族共同语的最高形式,是"汉民族共同语的标准语"③。中国道德话语是指内含于汉语之中的道德语言体系,它贯穿于古代汉语、近代汉语和现代汉语中。也就是说,我们所研究的中国道德话语是内含于古代汉语、近代汉语和现代汉语中的道德语言。

汉语经历了历史变迁,但它的基本构成要素是稳定的。从古代汉语到近代汉语,再到现代汉语,汉语一直在发展,但它由语音、词汇、语法、文字、修辞等要素构成的基本事实并没有变化。汉语的变化主要表现为它自身在语音、文字、词汇、语法、修辞上的形式和内容变化。从这种意义上来说,汉语既有不变的一面,也有变化的一面。它是不变与变化的统一体。

中国道德话语也是由语音、词汇、语法、文字、修辞等要素构成。与汉语的整体存在状况一样,中国道德话语是一个不断发展的体系,但它的发展是逐步的、缓慢的。在不同历史发展阶段,它在语音、文字、词汇、语法、修辞等方面会有所不同,但它也存在不变的维度。

如何弘扬中华优秀传统文化是当代中华民族应该着力研究的一个重大课题。中国道德话语是中华民族道德生活的表达系统和直接现实,

---

① 北京大学中文系现代汉语教研室编. 现代汉语(增订本)[M]. 北京:商务印书馆,2012:2.
② 北京大学中文系现代汉语教研室编. 现代汉语(增订本)[M]. 北京:商务印书馆,2012:2.
③ 北京大学中文系现代汉语教研室编. 现代汉语(增订本)[M]. 北京:商务印书馆,2012:3.

也是中国道德文化的重要内容。它是在中国社会发展起来的、主要被中华民族使用、以表达中华民族伦理价值诉求为主导的一个规范性语言体系。构成中国道德话语的语音、文字、词汇、语法、修辞等要素都具有伦理表意功能。它们使中华民族的道德生活通过有组织的语言表达得以体现出来。没有中国道德话语，中华民族的道德生活必定处于被遮蔽的状态。研究中国道德话语的伦理表意功能，不仅有助于深化我们对中国道德话语乃至整个汉语的认知，而且有助于我们深化对中国道德文化的了解和把握。

二、汉语语音的伦理表意功能

"人类是通过语音来感知语言、理解语言的。"[1] 语音就是语言的声音。它是语言之实在性的一个基本维度。在文字发明之前，语音是人类进行语言交流的唯一手段，也就是说，在没有文字之前，人类仅仅依靠语音来交流彼此的思想。语音一旦发出来，人与人之间就不仅能够非常直观地感知对方所使用的语言，而且能够感知对方所表达的思想。语音是人类进行语言交流的首要媒介。

每一种语言都有语音。没有语音的语言是死的。汉语、英语、法语、俄语、韩语等都是有声音的语言形态，因此，它们都是活的语言。在当今世界，汉语、英语、法语、俄语、韩语等语言形态存在于不同的地域，它们之间也存在这样或那样的区别，但它们都是可以通过声音表达出来的活的语言。地球上每天都有人在用不同的声音说话。人们用不同的语音表达不同的思想。不难想象，我们生活的地球是一个众声喧哗的星球。

语音是一个符号系统。"语音一发即逝，不留踪迹，必须有一套符号记录下来，才便于学习、分析和研究。"[2] 英语语音是一个符号系统，汉语语音是一个符号系统，其他语言的语音也都是一个符号系统。符号是人类记录语音的方式。汉语语音的符号系统主要是汉语拼音字母。

---

[1] 北京大学中文系现代汉语教研室编. 现代汉语（增订本）[M]. 北京：商务印书馆，2012：22.
[2] 北京大学中文系现代汉语教研室编. 现代汉语（增订本）[M]. 北京：商务印书馆，2012：23.

第七章　中国道德话语的构成要素及其伦理表意功能

只要掌握汉语拼音，人们就能够将汉语用声音表达出来。表达汉语的声音就是汉语的语音。学习汉语的第一步是必须学习汉语语音，即必须首先学习汉语的发音符号系统。

语音是一种声音。"空气的振动在耳朵里发生的作用叫作声音。在语言里，振动是由说话者的发音器官发出的。"[1] 语音是语音学的研究对象。它不仅涉及语音的产生和传递，而且必须有感受声音的对象。"语音的产生和感受是语言中两个同等重要的现象，因为语言必须至少有两个人在交谈，并且所说出的话是要让人听的。"[2] 这意味着，语音是人与人之间进行语言交流必须依靠的媒介。

语音有四个构成要素，即音高、音强、音长、音色。音高是指语音的高低，音强是指语音的强弱、轻重，音长是指语音的长短，音色是指语音的特色、特征。人们发出语音的时候都会涉及音高、音强、音长、音色。在汉语中，有大量的词语被用于描述语音的高度、强度、长度、色度。例如，如果一个人说话的时候总是采用低音、弱音、短音和柔音，我们会说"他说话的时候总是轻言细语"；如果一个人说话的时候总是采用高音、强音、长音和刚音，我们会说"他说话的时候总是声如洪钟"。语音或高或低，或强或弱，或长或短，或柔或刚，这既是语音的品质问题，也是语音的传播和感受问题。

语音既有自然属性，又有社会属性。一方面，语音是语言的物质外壳，这种意义上的语音是自然而然的，具有自然属性；另一方面，语音又是一种社会现象，这种意义上的语音是社会交际的媒介，它是意义的载体，但它所承载的意义不是由个人选择和决定的，而是由社会共同体中的所有成员在长期共同生活的过程中约定俗成的。自然属性是语音的基本属性，但它不是语音的本质属性。"语音的社会属性是语音最重要的本质属性。"[3] 因此，语音本质上是人类在长期的社会生

---

[1] 〔法〕约瑟夫·房德里耶斯. 语言[M]. 岑麒祥，叶蜚声，译. 北京：商务印书馆，2015：25.
[2] 〔法〕约瑟夫·房德里耶斯. 语言[M]. 岑麒祥，叶蜚声，译. 北京：商务印书馆，2015：25.
[3] 北京大学中文系现代汉语教研室编. 现代汉语（增订本）[M]. 北京：商务印书馆，2012：34.

活中约定俗成的语言声音。汉语拼音就是中华民族约定俗成的汉语语音系统。

上述分析是我们了解汉语语音伦理表意功能的理论依据。与所有语言的语音系统一样，汉语语音的本质属性是社会性。它是中华民族在长期共同生活的过程中约定俗成的一个语音系统和表意系统。中华民族主要借助汉语拼音来表达一定的意义。这种意义具有政治意义、经济意义、伦理意义等各种形态。在这些汉语意义形态中，伦理意义是最基本的形态。它是汉语表意系统的基础性维度，但它的重要性不容低估。

中华民族借助汉语语音来表达伦理意义。汉语语音主要是中华民族的语音符号系统。中华民族用它来表达自己的道德概念、道德判断、道德价值观念，用它来描述自己的道德生活，从而形成具有中国特色的道德语言语音系统。中华民族不仅在长期的共同生活中约定俗成了"道德"这一概念，而且将它的读音约定为"dàodé"。关于"道德"的拼音是汉语道德语言专有的语音。在英语中，人们是用单词 morality 来表示"道德"的，而且具有完全不同于"dàodé"的语音。不同的道德语言具有不同的语音。

中华民族在用汉语语音表达道德语言的时候，我们的发音总是在传达着一定的伦理意义。例如，古代中华民族认为"德"和"得"同音同义。《礼记》说："德者，得也。"[①] 其意指，"德"就是"得"之意。古代中华民族之所以用"得"来解释"德"，而且赋予它们相同的语音和语义，是因为他们认为"德"不是别的，它是每个人都应该得到的东西，这就是仁义礼智信之类的东西。例如，孔子认为真正好的音乐应该是尽美尽善的，因此，欣赏音乐能够让人们同时得到美和善。古代中华民族以"得"解释"德"，并且赋予它们相同的读音和语义，旨在用"德"引导人们追求应该追求或具有道德价值的东西。

中华民族用自己的语音符号系统表达意欲表达的伦理意义。我们用具有中国特色、中国特征的汉语语音符号系统表达向善、求善和行善的意愿，也用它表达我们趋善避恶的愿望。在不同的语境下，我们

---

① 礼记·孝经[M]. 胡平生，陈美兰，译注. 北京：中华书局，2020：155.

第七章 中国道德话语的构成要素及其伦理表意功能

所采用的汉语语音可能在音的高度、强度、长度和色度并不相同,但我们都是在表达着某种伦理意义。例如,当我们在用约定俗成的语音说"厚德载物"这一成语时,我们通常不是仅仅在肯定该成语存在的事实,而是同时在传达一种道德上的期待,即期望所有人都能够做到"厚德载物"。中国道德话语所采用的汉语语音符号系统往往内含着一定的道德规范性要求。

语言反映人的内心想法或思想,一个人在内心有什么想法或思想,他就会用语言表达出来,这就是"心生而言立,言立而文明"的"自然之道"①。孔子将"听其言"作为观察人的首要内容,认为"不知言,无以知人也"②。所谓"听其言",就是听一个人怎么说话,或者说,就是听一个人说话的方式。孔子不仅非常重视研究人的语言,而且就如何评价人的语言提出了一些标准。他主要强调如下四点:

一是"敏于事而慎于言"③。孔子要求人们勤快做事、谨慎说话。为什么要谨慎说话?他说:"君子一言以为知,一言以为不知,言不可不慎也。"④ 这是说,君子可以通过说一句话展现他的聪明,也可以通过说一句话显示他的无知,所以说话必须谨慎。显而易见,谨慎说话是为了少说错话,即"言寡尤"⑤ 之意。孔子甚至认为,随便说话不合乎道德。

二是"言必信,行必果"⑥ 或"言忠信,行笃敬"⑦。孔子要求人们说话应该言而有信,但他同时认为只有有道德修养的人才能做到这一点。孔子主张"言"和"德"的统一,并且视之为言而有信的前提条件。他认为夸夸其谈的人往往难以做到言而有信。正因为如此,孔子主张"君子不以言举人,不以人废言"⑧,认为君子不能仅仅根据一个人说的话就推荐他,也不能仅仅依据他的个人品德就否认他说的话。

---

① 文心雕龙 [M]. 王志彬, 译注. 北京: 中华书局, 2012: 3.
② 论语 大学 中庸 [M]. 陈晓芬, 徐儒宗, 译注. 北京: 中华书局, 2015: 241.
③ 论语 大学 中庸 [M]. 陈晓芬, 徐儒宗, 译注. 北京: 中华书局, 2015: 13.
④ 论语 大学 中庸 [M]. 陈晓芬, 徐儒宗, 译注. 北京: 中华书局, 2015: 237.
⑤ 论语 大学 中庸 [M]. 陈晓芬, 徐儒宗, 译注. 北京: 中华书局, 2015: 22.
⑥ 论语 大学 中庸 [M]. 陈晓芬, 徐儒宗, 译注. 北京: 中华书局, 2015: 158.
⑦ 论语 大学 中庸 [M]. 陈晓芬, 徐儒宗, 译注. 北京: 中华书局, 2015: 185.
⑧ 论语 大学 中庸 [M]. 陈晓芬, 徐儒宗, 译注. 北京: 中华书局, 2015: 191.

三是反对"巧言"。所谓"巧言",就是花言巧语。孔子之所以反对"巧言",是因为他认为它会扰乱、败坏道德,即"巧言乱德"[1]。他说:"巧言、令色、足恭,左丘明耻之,丘亦耻之。"[2] 其意指,花言巧语、面容伪善、过分恭顺,左丘明以之为耻,我也以之为耻。显然,孔子反对"巧言",认为它与"令色""足恭"一样可耻。

四是主张"畏圣人之言"[3]。孔子认为人应该有三种敬畏,即"畏天命""畏大人"和"畏圣人之言"。他要求人们敬畏命运、敬畏高官大人、敬畏圣贤说的话,认为能否做到这三点是区分"君子"和"小人"的重要标准。在孔子看来,小人之所以是小人,是因为他们不知道也不敬畏天命、对高官大人态度轻慢、对圣贤说的话采取轻慢的态度。

孔子的观点不一定都是正确的,但它们对我们研究汉语语音的伦理表意功能是有启发的。他对语言的研究是以语音作为起点的。"听其言"首先是指"听其音"。孔子似乎认为,每一个人都是通过语音来表达自己的想法或思想的;一个人说话时的语音状况反映他的道德修养状况,"言"应该与"德"相统一。不过,孔子似乎也认识到了"言"与"德"统一的难度。他似乎认为只有圣贤和将死之人才能做到这种统一。他相信圣贤能够做到言而有信,将死之人能够做到言而有德。他说:"人之将死,其言也善。"[4] 其意指,将死之人说的话往往是充满善意的。

语音之中包含"弦外之音"或"玄外之意"。汉语是最能表达"弦外之音"或"玄外之意"的语言。一个人在说汉语的时候用或高或低、或强或弱、或长或短、或柔或刚的语音,语音之中往往包含他的某种道德价值观念或道德态度。例如,如果一个人用居高临下的口吻与另外一个人说话,这很可能是因为他在心底里蔑视后者;同样,如果一个人用平和的语气与另外一个人说话,这很可能是因为他从心底里尊重另外一个人。汉语语音有高有低、有强有弱、有长有短、有柔

---

[1] 论语 大学 中庸 [M]. 陈晓芬,徐儒宗,译注. 北京:中华书局,2015:192.
[2] 论语 大学 中庸 [M]. 陈晓芬,徐儒宗,译注. 北京:中华书局,2015:59.
[3] 论语 大学 中庸 [M]. 陈晓芬,徐儒宗,译注. 北京:中华书局,2015:202.
[4] 论语 大学 中庸 [M]. 陈晓芬,徐儒宗,译注. 北京:中华书局,2015:90.

有刚。无论是以何种方式出现，它都犹如一面道德镜子，在映照着说话人的道德修养状况。中华民族非常看重这一点，因而形成了要求人们"听话听音"的悠久传统。

三、汉字的伦理表意功能

中国是一个崇尚文字的文明古国，也是一个具有悠久文字历史的国家。在中华文明不断演进的历史进程中，文字发挥了极其重要的作用。中国的文字就是源远流长的汉字。汉字是中华文明和中华文化的重要内容。

汉字是一种独特的文字。它不同于英语文字、日语文字等其他文字。英语文字是字母文字，它是由拉丁字母和罗马字母拼写而成。日语文字是由汉字和假名混合而成，假名又区分为平假名和片假名。相比较而言，"汉字是表意文字，表意文字的最大特点，就是构形与意义联系紧密"[1]。这是指，"汉民族在长期使用汉字这种表意文字的过程中，逐渐形成了很强的表意文字意识，对于每一个汉字，都有意无意地去寻求形体和意义直接的关联。"[2]

以表达"人"的汉字为例。单独一个"人"字，是指"个人"，个人就是用两条腿走路的存在者。"从"意指两个人，是指两个人并立在一起，或者说，它是指一个人跟着另外一个人走路。三个以上的人被称为"多人"或"一堆人"，汉语用"众"来表示。"众人"就是由三个以上的人堆积在一起的一群人。可见，汉字中的"人"字的意义是通过形体和会意的融合得到表达的。

汉字是中华文化的重要载体。我国学者王立军认为，汉字是表意体系的文字，汉字与社会文化之间有着十分紧密的关系。[3] 在《汉字的文化解读》一书中，王立军不仅深入系统地探究了汉字与中华文化之间的紧密关系，而且对汉字构形表达古代天文、古代地理、古代神灵、古代崇祖观念、古代占卜、古代祭祀、古代饮食、古代时间观念等方

---

[1] 王立军等.汉字的文化解读［M］.北京：商务印书馆，2012：9.
[2] 王立军等.汉字的文化解读［M］.北京：商务印书馆，2012：16.
[3] 王立军等.汉字的文化解读［M］.北京：商务印书馆，2012：1.

面的功能进行了解析。汉字之中蕴含着中华文化的丰富内涵。

《汉字的文化解读》的一个不足之处是它忽略了汉字与伦理的关系。中华文化本质上是一种伦理型文化。崇尚伦理是中华民族从古至今一直保持的文化传统。中华民族具有宗教情结，也具有法治意识，但这两个方面均不能与中华民族的伦理观念相提并论。在中国社会，伦理观念是最重要的东西，人们可以不信奉任何宗教，也可以对法律采取漠不关心的态度，但不能不遵守伦理原则。孔子把守信用视为伦理的基本要求，认为不讲信用的人不足以为人。

汉字是表形文字，具有很强的形态性、直观性和会意性。由于具有这些特点，汉字不仅被称为世界上唯一能跨越时空的文字，而且被视为信息量最大的文字。也正因为如此，要研究中国道德话语的伦理表意功能，我们就不能避而不谈汉字的形态特征。

汉语中有大量汉字内含丰富而深刻的伦理意义。以"伦"字为例。《说文解字》说："伦，辈也。从人，仑声。一曰，道也。"①"伦"字涉及人的辈分问题，或者说，"伦"字涉及人与人之间的关系；另外，"伦"字也可以指"道理"。可见，"伦"的核心要义是"人伦"，即人际关系所包含的道理。根据《说文解字》的解释，我们不仅可以知道"伦"字的真正含义，而且可以知道伦理学这一学科的研究对象和内容。它既研究"伦"——人际关系，也研究"理"——道理，两者组合在一起就是"伦理"，因此，伦理学是以研究"伦理"作为根本任务的。

"仁"字是中华民族常用的一个伦理范畴，由"人"字和"二"字组合而成，这说明"仁"的基本含义涉及两个人如何对待彼此的问题，意指孔子所说的"仁者爱人"之意，即人与人之间应该相互友爱、相互帮助、相互提携之意。《说文解字》如此解读"仁"字："亲也。从人，从二。"② 其意指，"仁"字意指"亲爱"，由人、二两字会意。当"仁"以文字形态呈现在我们面前的时候，中国人大都知道它的含义。如果某个人称另一个人为"同仁"，其意指他们是相互友爱、相互

---

① 说文解字：三 [M]．汤可敬，译注．北京：中华书局，2018：1614.
② 说文解字：三 [M]．汤可敬，译注．北京：中华书局，2018：1588.

第七章 中国道德话语的构成要素及其伦理表意功能

帮助、相互提携的同事或同行。

"礼"是中华民族喜欢使用的另外一个伦理范畴。"礼"的繁体字是"禮"。《说文解字》说:"禮,履也。所以事神致福也。从示,从豊,豊亦声。"① "礼"或"禮",是指"履行"之意,是祭祀神灵、祈求福祉的事情;由示、豊会意,由豊表声。可见,"礼"是极其严肃的事情,它的原初意义是指人们祭神祈福的重要活动或行为,这是它在中国社会受到高度重视的根本原因。中华民族是一个特别"讲礼"的民族。我们从古到今注重"礼节""礼数"和"礼仪",致力于建构"礼仪风范""礼仪之邦",其根源即在于此。

"性"更是中华民族青睐的一个重要伦理范畴。古代中华民族所说的"性"就是现代中华民族所说的"本性"——人的本性。《说文解字》说:"性,人之阳气性善者也。从心,生声。"② "性"指人本性善良、从属于阳的心气,它由"心"会意,由"生"来发音。可见,"性"字从一开始就是指人的本性,即指人"本性善良"、具有阳刚的心气。它表达的是对人性本善的肯定,这可能是性善论在中国传统伦理学中占据主流地位的根源所在。

"品"字也具有伦理意蕴。《说文解字》说:"品,众庶也。从三口。凡品之属皆从品。"③ "品"字是由三个"口"字会意,凡是以"品"字作为偏旁的汉字都与三口会意的事实有关。"品"的基本含义是评价。用三个"口"来会意"品"字的意义,意指人们对某个事物的评价应该由多人来完成,而不是由一个人来完成。这就如同品味某种食物的情况,每个人都有自己的品位,如果只有一个人来评价,其结果必然是众说纷纭、莫衷一是。同理,要评价一个人的道德修养怎么样,这不能仅仅听取某个人的片面之词,而是应该多听取人们的评论。一个简单的"品"字之中内含着中华民族普遍倡导的民主主义、多元主义道德价值观。

会意伦理的汉字数量众多。在中华民族的日常话语中,"天"字意

---

① 说文解字:一 [M]. 汤可敬,译注. 北京:中华书局,2018:8.
② 说文解字:三 [M]. 汤可敬,译注. 北京:中华书局,2018:8.
③ 说文解字:一 [M]. 汤可敬,译注. 北京:中华书局,2018:446.

指一个人头顶的那一片东西，因此，生活在天底下就是"顶天"之意；"地"字意指"土"，所以生活在土上就是"立地"之意。中华民族用"顶天"喻指"独立"精神，用"立地"喻指"务实"精神，并且形成了要求人们"顶天立地"的伦理思想传统。中国儒家伦理思想将天、地、人称为"三才"，论天、论地、论人构成它的伦理思想框架。要懂得儒家伦理思想，需要深刻了解"天""地"和"人"字。道家伦理思想则强调"四才"。老子说："道大，天大，地大，人亦大。"① 道家认为，宇宙之中有"四大"，人是其中之"一大"。要深刻了解道家伦理思想，我们不仅需要了解"天""地"和"人"三个汉字，而且应该了解"道"字的含义。

"道"也是一个内含伦理意蕴的汉字。根据《说文解字》的解释，所谓"道"，"所行道也"②；或者说，"一达谓之道"。③ 其意指，"道"是人们行走的道路，道路应该是通达的，所以"得道"意指找到通达的道路。在汉语中，"道"是由"首"和"走"两个字同时会意，"首"是指"引领"之意，"走"是指"走路"之意，两者合一喻指走路需要道理、原则或行动指南的引导。"道"有时也会意"规律"，意指人们应该按照规律办事。

汉字是一种生命力特别强大的文字，这可能与它的会意功能有关。汉字是一种古老的文字，也是一种不断焕发出新的活力的文字。古印度文字早已经随着古印度文明的中断而中断，古埃及文字也早已经随着古埃及文明的中断而中断。在当今世界，唯有汉字从古代延续到了今天。日本汉学家白川静曾经指出："除了汉字，其他古文字早已消亡，成了死文字，只能用作古典学的研究对象。"④ 汉字与中华文明、中华文化是相辅相成的关系。一方面，汉字不断焕发出强大生命力为中华文明、中华文化的持续发展提供了重要基础；另一方面，中华文明、中华文化的不断发展也为汉字的延续提供了必要条件。

---

① 老子［M］．饶尚宽，译注．北京：中华书局，2006：63．
② 说文解字：一［M］．汤可敬，译注．北京：中华书局，2018：388．
③ 说文解字：一［M］．汤可敬，译注．北京：中华书局，2018：388．
④ ［日］白川静．汉字的发展及其背景［M］．吴昊阳，译．福州：海峡文艺出版社，2020：5．

≪ 第七章 中国道德话语的构成要素及其伦理表意功能

　　汉字具有伦理表意功能，这不仅使得它能够贴近中华民族的生活，而且为它不断焕发出强大生命力提供了重要条件。在伦理型文化一直占据主导地位的中国社会，承载着深厚伦理意蕴的汉字很容易受到人们的喜爱。用汉字来表达伦理思想是中华民族道德生活的重要内容。中国人从小就开始学习汉字。中国父母和教师在教育小孩的时候，不仅会从一般层面教他们汉字的会意功能，而且往往会侧重于教他们如何理解汉字的伦理会意功能。伦理会意是汉字的重要功能，也是汉字具有魅力的重要原因。

　　汉字的伦理会意功能是它自身发展的重要功能。汉字可以区分为"自源文字"和"借源文字"。汉字是典型的"自源文字"。所谓"自源文字"，是指"从文字产生开始，就独立发展的文字，在文字的形状和体系上是自己独创的，历史也比较悠久，如：汉字，亚洲西部的苏美尔楔形文字，中美洲的玛雅文字。"① 所谓"借源文字"，是指"借用或参照其他文字或系统而建立的文字，如日文是借源于汉字，英文、法文等都借源于拉丁字母和希腊字母，而希腊字母又借源于古埃及文"②。在发展过程中，汉字的会意功能尤其是伦理会意功能得到了很好的维持，这是汉字能够始终魅力四射的重要原因。

　　汉字的伦理会意是中华民族集体道德记忆的重要内容。我们将自身的道德认知转换为文字形式，并且将它们代代相传，从而建构了中华民族集体道德记忆的重要表现形式——汉字道德记忆。汉字是中华民族集体道德记忆的重要载体。我们也可以从广义的角度说，由汉语语音、汉字等要素构成的中国道德话语是中华民族集体道德记忆的重要载体。

四、汉语词汇的伦理表意功能

　　词汇是汉语的重要构成要素，当然也是中国道德话语的重要构成要素。汉语词汇既可以表现为"词"，也可以表现为"语"。"词"是最主要的组成部分，但"语"的重要性也不容低估。"词是最小的有意

---

① 董琨. 中国汉字源流 [M]. 北京：商务印书馆国际有限公司，2017：6.
② 董琨. 中国汉字源流 [M]. 北京：商务印书馆国际有限公司，2017：7-8.

义的独立运用的语言单位"①,而"语指由词或由词和语素构成的、性质作用相当于词的固定语,如熟语、专门用语、习用词组等"②。因此,要探讨汉语词汇的伦理表意功能,我们既需要探究"词"的伦理表意功能,也需要探析"语"的伦理表意功能。

汉语中的词是以表意作为其基本功能。汉语中的语音和文字也具有表意功能,但它们不能独立地行使这种。汉语中的词或者能够独立地表达某种实在的意义,或者能够独立地表达某种抽象的意义。例如,"梁"是一个实词,意指"水桥"或"跨水的桥梁",它是由木、水会意而成,表示"用木跨水"之意。③ 又如,"的、地、得"等是虚词,它们的意义比较抽象,只能在汉语句子中表达一定的语法意义。汉语中的很多词与汉字是相通的。例如,"梁"既是一个词,也是一个字。山、水、桥、树、路、善、恶等词同时也是汉字。因此,汉语中的词在表意方面与汉字之间存在相互交织的内容。

汉语中的很多词具有伦理表意功能。例如,中国传统社会所说的仁义礼智信就是五个专门的"伦理词"。它们是五个可以独立使用的词,也是中国传统社会倡导的五种道德价值观念。在西方元伦理学中,它们表称为"价值词",因为它们的主要功能是表达道德价值判断。

汉语中的词都是依据构词法产生的。除了由单个的字构成的词以外,汉语中存在大量合成词。合成词可以按照并列、陈述、偏正、支配、补充、附加、重叠等方式合成,因此,汉语词的构成是有规可循的。另外,合成词的两个构成部分并不是互不相干的关系,而是相互联系、相互影响、相互作用的。认识这两点是我们研究汉语词的伦理表意功能必须具备的语言学知识。

"忠诚"是一个并列结构的合成词。它是由"忠"和"诚"两个词合成的。在这个合成词中,"忠"可以独立成词,意指"敬",即

---

① 北京大学中文系现代汉语教研室编. 现代汉语(增订本)[M]. 北京:商务印书馆,2012:189.
② 北京大学中文系现代汉语教研室编. 现代汉语(增订本)[M]. 北京:商务印书馆,2012:189.
③ 说文解字:二[M]. 汤可敬,译注. 北京:中华书局,2018:1212.

第七章 中国道德话语的构成要素及其伦理表意功能

"肃敬而尽心尽意",由"心"会意,由"中"字发音;①"诚"也可以独立成词,意指"信",即"信实不欺",由"言"会意,由"成"发音。②将这两个字合在一起,体现"忠心"和"言行一致"的统一。在汉语中,"忠"意指一个人的心居于中间位置或不偏不倚,"诚"意指诺言的兑现,它们都是内含伦理意蕴的词,将它们合在一起,显然是为了同时强调"忠心"和"诚信"的重要性。

很多表达伦理意蕴的汉语词汇是由两个同义的词构成,其功用之一是表达"强调"的意思。例如,"善良"一词中的"善"和"良"均为"好"的意思,但"善"更多地指"心地善"或"内心善","良"更多地指"行为良好"。这两个词的组合一方面意在强调"善良"应该是"好上加好"或"怎么好都不过分"的意思,另一方面旨在强调"心地善"与"行为良好"达到统一的必要性和重要性。

还有很多内含伦理意蕴的汉语词汇是固定语。例如,"愚公移山""上善若水""积善成德""助人为乐""嫉恶如仇""大公无私""清正廉明""欺善怕恶""大义凛然""先天下之忧而忧,后天下之乐而乐""江山易改,本性难移""勿以善小而不为,勿以恶小而为之"等是中华民族耳熟能详的成语。这些固定语是中国道德话语的重要组成部分,被中华儿女代代相传,已经被深深地刻写成中华民族的集体道德记忆。

汉语词汇非常丰富,其中有很多词汇是以表达伦理意义作为其主要功能。"上善若水""积善成德""大义凛然"等成语就是专门表达伦理意蕴的伦理词汇。汉语中的伦理词汇在中国社会广为流传,甚至被纳入道德教育的内容体系,它们的生命力是极其强大的。它们深受中华民族的喜爱和欢迎,其合法性和合理性基础一直都是坚固的。

需要指出的是,汉语中的伦理词汇数量总是随着时间的推移而在不断增强。在当今时代,随着改革开放的不断深化、经济全球化进程的不断推进、中国特色社会主义建设事业的不断进步、人工智能时代的到来,很多新的伦理词汇涌现了出来。例如,道德人、公平正义、

---

① 说文解字:三 [M]. 汤可敬,译注. 北京:中华书局,2018:2149.
② 说文解字:一 [M]. 汤可敬,译注. 北京:中华书局,2018:484.

共享伦理、网络伦理、生态伦理、国际正义、国际伦理空间、人工智能伦理、道德记忆、记忆道德、道德资本、人类命运共同体等伦理词汇不仅是我国新时代伦理学中常见的伦理概念，而且逐渐进入了我国社会各界的日常道德话语体系。这些道德话语或者是我国伦理学界创新道德话语的结果，或者是从西方引进的词汇。它们的出场对当代中华民族的伦理词汇起到了丰富、拓展的重要作用。

伦理词汇可能是中国道德话语中最能表达伦理意义的构成要素。中华民族不仅擅长继承祖先和先辈遗留下来的伦理词汇，而且擅长进行伦理词汇创新。我们珍惜一切值得珍惜的传统，又敢于创新一切值得创新的东西。中华民族的伦理词汇是一个不断扩充的宝库。早在几千年之前，我们的祖先就创造了自强不息、厚德载物、善始善终、杀身成仁、精忠报国、邪不压正、刚正不阿等伦理词汇。作为后辈，我们不仅应该学习这些伦理词汇，而且应该将它们刻写成中华民族的集体道德记忆。我们应该将它们流传给我们的子孙后代。当然，为了适应人类历史不断变迁的社会背景，也为了体现中华民族的伦理智慧，我们需要与时俱进、开拓创新，不断提出反映历史需要、时代发展需要、人民群众喜闻乐见的新的伦理词汇。我们这一代人肩负着创新伦理词汇的重大责任。

伦理词汇是最能够反映中华民族道德生活的语言要素。每一个民族都拥有具有民族特色的伦理词汇。西方资本主义国家通过宣扬自由、平等、博爱、民主、公正等伦理词汇来建构它们的核心价值观。社会主义中国也应该拥有具有民族特色的伦理词汇。这是建构中国特色伦理学和建设中国特色社会主义道德文化的内在需要。在创新发展理念受到高度重视的中国特色社会主义新时代，我国伦理学界应该在创新伦理词汇方面积极作为。

五、汉语语法的伦理表意功能

语言不是静止的、死的东西。它是被人们使用的东西。通过"使用"，语言将自己转化为"言语"，并且将自己变成了动态的、活的东西。一般来说，语言主要表现为形式、理念、规则，言语主要表现为实践、应用和现实。

第七章 中国道德话语的构成要素及其伦理表意功能

普通人对语言的认知大都建立在经验基础上。言语就是说话。我们自己说话，也听别人说话。说话是我们的日常活动。对于很多人来说，说话简直是我们的生存方式，因此，我们很容易将它视为一种自然而然的活动。我们到一定的年龄就"自然而然"地开始说话，这似乎是不证自明的事实。如果我们仅仅停留在这个层面来看待说话或言语问题，我们是典型的经验主义者。

说话不是一种随心所欲、为所欲为的活动。在说话的过程中，我们需要遵循一定的发音规则、造字规则、构词规则、造句规则、修辞规则，否则，我们说出来的话被认为是不规范的，别人是不可能听懂的。近些年，有人宣称掌握了外星人的语言，并且将它乱七八糟地写了出来，其结果是谁也听不懂他们在说什么、谁也无法辨认他们所写的东西是什么。语言能够被言说，但它一般能够被听懂。言语之所以能够被人听懂，是因为它遵循了大家共同认可的言说规则。这就是人们所说的语法。

"语法是一种语言中由小的音义结合体组合而成大的音义结合体所依据的一套规则。"[①] 人类发明语言的原初目的是交际。我们不难想象，远古时期的人类肯定是出于生存的目的才发明了语言，他们使用语言表情达意，从而使语言能够起到帮助人类交际的目的。我们也不难想象，如果远古时期的人类发明语言之后并不遵循一定的语法，他们的说话必定是混乱的无政府状态。语法是人类在使用语言的过程中约定俗成的规则。它的出场有助于消除语言世界的众说纷纭状况。

人们说话都遵循一定的规则，但这并不意味着整个人类都遵循同样的语法。这是因为整个人类并不使用同一种语言。在地球上，有些人使用的是英语，有的人使用的是俄语，有的人使用的是阿拉伯语，有的人使用的是汉语。不同的语言所遵循的语法是有区别的。这种区别是不同语种的人进行交际时会遭遇障碍的重要原因。

汉语也遵循语法。与其他语言一样，汉语具有语素、词、词组、句子等语法单位。汉语语法不是由汉语语法家规定的，而是由说汉语

[①] 北京大学中文系现代汉语教研室编．现代汉语（增订本）[M]．北京：商务印书馆，2012：261．

的人在长期说汉语的过程中归纳、总结、概括出来的一套规则。汉语语法家不能创造汉语语法，但他们能够发现它、揭示它。汉语语法一旦被发现，它又会影响汉语的使用。具体地说，说汉语的人可以通过学习和掌握汉语语法家发现和揭示的汉语语法更深地认知汉语的结构规律，并且将这种语法知识运用于具体的言语活动之中。

要懂得和研究中国道德话语，必须研究它所遵守的汉语语法规则。一般来说，汉语语法反映说汉语的人的逻辑思维方式。说汉语的人遵循汉语语法实质上是在遵循一定的逻辑思维规律。需要指出，汉语中有不少的句子不一定合乎语法，但由于所有人一直这么说，每个人都知道它们所表达的伦理意义，它们的存在往往被视为合法、合理的。

从主体的角度来看，当今世界说汉语的人主要是中华民族。我们在长期使用汉语的过程中建构了一套语法体系，并且按照它来说汉语，这就形成了中华民族特有的汉语表达方式。对此，研究中国道德话语的人不能一无所知。

例如，受汉语允许无主语句存在的语法规则影响，中国道德话语中有大量没有主语的句子。道家老子就特别喜欢说"致虚极，守静笃""执古之道，以御今之有""故知足不辱，知止不殆，可以长久"之类的无主语句，孔子则喜欢说"朝闻道，夕死可矣""不在其位，不谋其政"之类的无主语句。老子、孔子之类的中国哲学家之所以喜欢使用无主语句，这与中华民族的思维方式有关。在讲一些被视为普遍真理的思想时，中华民族认为它应该受到所有人的尊重和维护。所谓的无主语句其实是有主语的，它可以是任何人或所有人。

又如，汉语还有用泛指人称代词做主语的语法规则。这在儒家伦理学话语体系中尤为明显。孔子特别喜欢用具有泛指意义的"君子"或"小人"做句子的主语，诸如"君子怀德，小人怀土；君子怀刑，小人怀惠""君子周而不比，小人比而不周"之类的句子在《论语》中可谓比比皆是。在孔子的道德话语体系中，"君子"泛指有道德修养的人，而"小人"则泛指道德修养不到位的人。

了解汉语语法规则是研究中国道德话语的一门必修课。对此，我们强调如下几点：

第一，一些汉语语素能够直接构成伦理词。"语素是语言中最小的音义结合体。它是最小的语法单位。语素的特点是它不能再被分割成更小的音义结合体。"① 例如，仁、义、礼、智、信都是不能再进一步分割的汉语语素，但它们都可以独立成为汉语中的伦理词。需要强调的是，能够独立成为汉语伦理词的语素必须具备两个条件：（1）它有独立的语音；（2）它有独立的语义。这两个条件缺一不可。

第二，汉语里存在大量仅仅被用作伦理词的词。与语素不同，词是可以独立运用的音义结合体。汉语中的词可以区分为伦理词和非伦理词。伦理词是表达伦理意义的音义结合体或语言单位，而非伦理词是表达非伦理意义的音义结合体或语言单位。例如，"仁"是一个伦理词，而"茶"是一个非伦理词。需要强调的是，汉语中的伦理词不仅可以构成词组，而且有时可以构成句子。例如，"仁"和"爱"这两个伦理词可以组合成另外一个伦理词"仁爱"。

第三，汉语里的很多伦理词是以词组的形式存在的。"词组"又被称为"短语"。它是由两个以上的词按照一定的语法规则组成的音义结合体或语言单位。例如，"仁人志士"是由"仁人"和"志士"两个伦理词组合而成；"忠肝义胆"是由"忠肝"和"义胆"两个伦理词组合而成；"大仁大义"是由"大仁"和"大义"两个伦理词组合而成；"清正廉洁"是由"清正"和"廉洁"两个伦理词组合而成。这些由两个伦理词组合而成的词组可以被称为"伦理词组"。

需要指出，并非所有的伦理词组都是由伦理词组合而成的。例如，"大义灭亲"中的"大义"是一个伦理词，而"灭亲"并不是一个伦理词；"忠心耿耿"中的"忠心"是一个伦理词，而"耿耿"是一个没有伦理意义的虚词；"愚公移山"中的"愚公"和"移山"都不是伦理词，但它们组合而成的词组是一个伦理词组。

第四，汉语中的伦理句具有多种形态。句子是一种比词组更大的音义结合体或语言单位，也是最大的语法单位。汉语句式可以按照多种标准进行划分。如果按照句式的作用来划分，汉语句式可以区分为陈述句、疑问句、感叹句和祈使句四种形式。这四种句式都可以用于

---

① 北京大学中文系现代汉语教研室编. 现代汉语（增订本）[M]. 北京：商务印书馆，2012：262.

表达伦理意义。例如：

(1) 他是一个善良的人。
(2) 你为什么不弃恶从善？
(3) 善有善报，恶有恶报！
(4) 你应该帮助这个需要帮助的人！

　　上述四个句子都是以表达伦理意义作为主要内容的伦理句。第一个句子是一个陈述句。它不仅陈述了"他是一个善良的人"这一客观事实，而且隐含着说话主体对"他"进行道德肯定的价值取向。第二个句子表面上是在提问，实际上是说话的主体在要求听话的人完成"弃恶从善"的行为。第三个句子表面上是在感叹"善恶有报"的事实，实际上是说话的主体在奉劝听话的人趋善避恶。第四个句子是说话的主体在对听话的人进行道德劝告，意在劝告听话的人帮助需要帮助的人。

　　人类具有语言能力，但我们说话的时候从来都不是随心所欲、为所欲为的状态。我们应该按照一定的语法规则说话。只有这样，我们说出来的话才能被他人理解。在当今中国伦理学界，很多青年学者在说或写汉语的时候不遵循汉语语法，因此，他们所说或所写的汉语不是地道或标准的汉语。具体地说，他们使用的伦理学话语体系不是地道的汉语伦理话语体系。究其原因，主要是他们深受西方伦理学话语体系的影响，将英语或德语语法引入汉语表达过程，从而将他们的话语表达方式变得不伦不类。

　　从事伦理学研究工作的中国学者应该遵循汉语语法来表达自己的伦理思想。我们不能用英语或德语语法来说汉语。汉语是一个自成体系的语言系统。它的遣词造句都有自己的语法规则。将英语或德语语法照搬照抄过来，这既会冲击和损害汉语话语体系长期保持的传统，也会造成严重的负面影响。盲目崇拜西方伦理话语体系不可避免地会导致盲目崇拜西方道德价值观念的后果。对此，我国伦理学界应该高度重视、严加防范。

第七章 中国道德话语的构成要素及其伦理表意功能

六、汉语修辞的伦理表意功能

修辞是人类语言的美化剂。未经修辞的人类语言是原始的、死板的。经过修辞的人类语言是鲜活的、生动的。正因为如此，人类从古至今一直十分重视研究修辞艺术。古希腊人称修辞艺术为"修辞术"，并且将它大体上等同于"演说的艺术"。亚里士多德是这样定义修辞术的："一种能在任何一个问题上找出可能的说服方式的功能。"① 在亚里士多德的眼里，"修辞术是论辩术的对应物，因为二者都论证那种在一定程度上是人人都能认识的事理"②。在中国，修辞艺术被称为"修辞手法"，有时仅仅被简单地称为"修辞"。

修辞手法的根本价值是它的有用性。亚里士多德说："修辞术是有用的。"③ 修辞手法的用处主要在于它对语言的修饰作用。经过修辞手法的修饰，原始的、死板的语言可以变得生机勃勃。修辞手法的直接目的不是说服人，而是美化语言。经过修辞手法的美化，语言会焕然一新。这就好比智能手机的美颜功能。通过美颜，一个长相一般的女人可以变成"绝世佳人"。

修辞手法是人类为了提高语言表达效果而发明的各种方法的总称。古希腊的智者都是修辞学家。他们以传授修辞学为业，并且精于修辞手法的实际运用。亚里士多德是古希腊修辞学的集大成者，著有专著《修辞术》。在中国，刘勰的《文心雕龙》包含大量强调对偶、比喻等修辞手法的内容。该著作将"言之文"比喻为"天地之心"和"雕龙之心"，是古代中国名副其实的修辞学经典著作。刘勰说："古来文章，以雕缛成体，岂取驺奭之群言'雕龙'也？"④ 其意指，优美的文章自古以来都是精雕细刻而成的，这就是雕龙之意。

---

① 〔古希腊〕亚里士多德. 修辞术 [M]. 罗念生，译. 北京：生活·读书·新知三联书店，1991：24.
② 〔古希腊〕亚里士多德. 修辞术 [M]. 罗念生，译. 北京：生活·读书·新知三联书店，1991：21.
③ 〔古希腊〕亚里士多德. 修辞术 [M]. 罗念生，译. 北京：生活·读书·新知三联书店，1991：23.
④ 文心雕龙 [M]. 王志彬，译注. 北京：中华书局，2012：572.

中国道德话语 ≫

  中国哲学家普遍具有修辞学理论素养，普遍重视修辞手法的灵活运用，因而在修辞术方面普遍有深厚造诣。比喻、排比、对偶、反问、借代等手法常见于中国哲学家的著述之中。例如，《论语》中的"君子不器"、《老子》中的"上善如水"、《左传》中的"从善如流"等是经典的比喻；《庄子》中的"至人无己，神人无功，圣人无名"是经典的排比句；《孟子》中的"乐民之乐者，民亦乐其乐；忧民之忧者，民亦忧其忧"则是经典的对偶句。要研究中国道德话语，需要很好地探究中国哲学家运用修辞手法的高超技巧。

  我们首先以庄子在论述齐物论的时候说的一段话为例来说明修辞手法得到很好运用的巨大价值。庄子说："大知闲闲，小智间间；大言炎炎，小言詹詹。"① 其意指，有大智慧的人显示出知识渊博的样子，有小智慧的人则显得非常琐碎、啰唆；喜欢高谈阔论的人盛气凌人，轻言细语的人却喜欢争论。

  庄子说上面这段话的目的不是要赞美有大智慧的人，更不是要区分"大智慧"和"小智慧"，而是要讽刺人们通常对智慧的错误认识。在庄子看来，人的智慧不是表现为能言善辩、高谈阔论、盛气凌人，也不是表现为啰唆、喜欢争辩，而是懂得如何顺应自己的自然本性；总是想着如何与人辩论，或者说，总是想着如何在辩论中战胜别人，这实际上是"日以心斗"②（斗心）的做法，劳心、累心，只会使人的天真之心死亡、使人的生命缺乏生气、使人的自然本性丧失。庄子的话自然有讽刺、批评儒家喜欢对话交流、相互争辩之做法的意思，但我们更应该关注他达到讽刺、批评效果所采用的修辞手法。他连续用了两个排比句，这不仅生动、形象地对比了儒家所说的"大智慧"和"小智慧"，而且增强了讽刺、批评的效果。庄子主张的是"大道不称，大辩不言，大仁不仁，大廉不嗛，大勇不忮"③ 的智慧。

  我们不得不承认，庄子确实是一位擅长于运用修辞手法的哲学家。他喜欢运用排比句、比喻句、对偶句，留下了"天地与我并生，而万

---

① 庄子 [M]. 方勇, 译注. 北京：中华书局, 2015：19.
② 庄子 [M]. 方勇, 译注. 北京：中华书局, 2015：3.19.
③ 庄子 [M]. 方勇, 译注. 北京：中华书局, 2015：3.31.

物与我为一"①"吾生也有涯,而知也无涯"②"相濡以沫,不如相忘于江湖"③ 等经典名言,并且有庄周梦蝶、知鱼之乐、望洋兴叹、庖丁解牛、无用之用等经典故事。作为道家伦理思想的重要代表人物,庄子的一个重大成就是他能够非常熟练地运用各种修辞手法来表达自己的自然主义伦理思想。

诚如庄子所说,儒家确实有以辩论来诠释智慧的思想传统。荀子曾经说过:"君子必辩。"④ 其意指,君子必定会辩论。荀子认为"君子必辩"的理由是"凡人莫不好言其所善,而君子为甚焉。"⑤ 这是指,所有人都喜欢谈论自己崇尚的东西,君子更是如此。区别在于:"小人辩而险而君子辩言仁也。"⑥ 庄子意在指出,小人宣扬的是邪恶,而君子宣扬的是仁爱。

荀子也是一位特别擅长于运用修辞手法的哲学家。他强调"君子必辩",反对小人巧言令色的做法。他说:"言而当,知也;默而当,亦知也。故知默犹知言也。故多言而类,圣人也;少言而法,君子也;多言无法而流湎然,虽辩,小人也。"⑦,说话得体,是有智慧的表现;沉默不语也得体,也是有智慧的表现;因此,懂得沉默与懂得说话都是有智慧的。说话很多,但所说的话遵循礼义,这是圣人;说话很少,但所说的话合于礼义,这是君子;说话很多,但所说的话不合礼义,纵然说得口若悬河,也是小人。显而易见,荀子认为"君子必辩",但他反对人们以小人说话的方式说话,而是要求人们学习圣人、君子的说话方式。事实上,荀子在这段话里不仅为人们提供了高妙的伦理思想,而且为人们提供了运用排比句、类比等修辞手法的典型案例。

运用修辞手法来修饰自己的语言是哲学家的本性。优秀的哲学家应该首先是修辞家。他们不仅有伦理思想,而且懂得如何借助修辞手

---

① 庄子[M].方勇,译注.北京:中华书局,2015:3.31.
② 庄子[M].方勇,译注.北京:中华书局,2015:44.
③ 庄子[M].方勇,译注.北京:中华书局,2015:100.
④ 荀子[M].安小兰,译注.北京:中华书局,2016:53.
⑤ 荀子[M].安小兰,译注.北京:中华书局,2016:53.
⑥ 荀子[M].安小兰,译注.北京:中华书局,2016:53.
⑦ 荀子[M].安小兰,译注.北京:中华书局,2016:65.

法来表达自己的伦理思想。有些哲学家的伦理思想之所以能够获得"深刻""高妙""伟大"等肯定性评价,这既取决于它们本身作为精神现象的品质,也取决于它们是否得到修辞手法的润色和美化。哲学家的语言应该是精美的、鲜活的、生动的,应该具有吸引人、感染人、征服人的力量,应该具有化腐朽为神奇、化平凡为伟大、化简单为高妙的威力。

哲学家不能仅仅停留在拥有建构伦理思想之强烈愿望的层面,而是应该树立以神奇、伟大、高妙的道德语言感化人、感召人的信念。哲学家不是神,但也不是普通人。他们是人类社会发展的先导,肩负着为人类生存提供价值引领的重大责任。正因为如此,他们更应该锤炼自己的语言能力。只有这样,他们表达的伦理思想才能被人们广泛接受,也才能对人们产生有益的影响。

七、中国道德话语的伦理表意方式及其特征

不同民族表达道德认知的方式不尽相同。与崇尚科学真理的大传统相一致,西方人在表达道德认知方面讲究精确性,因此,他们界定道德概念或确立道德思想的时候往往显得很严谨或很谨慎。相比之下,中华民族在表达道德认知方面则不太讲究精确性。我们甚至可以说,中华民族在表达道德认知方面追求模糊的空灵境界。当老子说"道可道,非常道;名可名,非常名"的时候,我们体会至深的恐怕不是对"道"和"名"的确知,而是只可意会、难以言传的内心体会。说"人之初,性本善"这句话的时候,孔子似乎是在表达性善论立场,但由于他本人没有做出任何解释和论证,我们的判断就或多或少带有猜测的成分。中华民族通常不会对自己所说的道德概念或道德思想做出非常明确的言说,而是会给听众或读者留下无限广阔的思索和想象空间。

"规范性"是道德的内在规定性,也是道德能够对人类发布行为命令的力量。道德规范性是道德内在具有的东西,但它也是可以通过道德语言表达的东西。从一定意义上来说,所有道德语言都是表达道德规范性的语言体系。与英语道德语言一样,中国道德话语能够对人们的行为发挥非强制性的规范或规约作用。作为中国道德规范的表现形

第七章 中国道德话语的构成要素及其伦理表意功能

式,中国道德话语被使用的过程就是中国道德的规范性或命令性被表达的过程。由于道德本质上是人类进行意志自律的方式,中国道德话语的规范性只能来源于中华民族自身;或者说,它只不过是中华民族对其自身提出道德规范性要求而进行的言语表达。

道德语言既表达个人的特殊道德价值诉求,也表达人类的普遍道德价值诉求。中国道德话语很多时候是在表达中华民族对普遍道德价值的向往和追求。例如,当孔子以"尽善"和"尽美"作为音乐评价标准时,他实际上是将"尽善尽美"当成了创作和评价"好音乐"的普遍标准或原则。又如,当中华民族将"要做事,先做人"作为一个道德真理言说的时候,我们之所以没有设置主语,是因为我们将它当成了放之四海而皆准的普遍伦理原则或道德真理。

人类皆有道德理想,但不同民族会以不同的方式表达道德理想。一般来说,西方人表达道德理想的方式更多地体现个人主义特征,而中华民族表达道德理想的方式更多地体现群体主义特征。前者更多地强调个人权利的正当性、个人利益的优先性和个人幸福的崇高性,而后者更多地强调集体权力的正当性、集体利益的优先性和集体福祉的崇高性。正因为如此,美国人所说的"美国梦"和中华民族所说的"中国梦"是两种含义有着显著差异的道德理想。

道德评价是道德语言的伦理表意功能得到体现的重要领域。中华民族的道德评价方式具有鲜明的民族特色。一般来说,中国道德文化传统更多地强调自我道德评价,并且要求一个人在进行自我道德评价的时候应该从严,或者说,至少应该秉持谦虚或戒骄戒躁的原则,而在对他人进行道德评价的时候则应该从宽,或者说,至少应该坚持不求全责备的原则。相比之下,西方道德文化传统更多地强调人际道德评价,鼓励人们在进行自我道德评价的时候采取"张扬"态度,而在对他人进行道德评价的时候采取"严格"的态度。因此,"慎独"和自我道德评价在中国尤其重要,而在西方国家,他人的道德监督和评价才是最重要的。

需要指出的是,中国道德话语是具有中国特色的道德语言。它在伦理表意方面是以表达中华民族的道德思维、道德认知、道德情感、道德意志、道德信念和道德行为方式作为主要内容,因此,我们不能

153

用西方元伦理学理论来展开相关研究。元伦理学是西方哲学家（主要是英美哲学家）在20世纪建构的一种伦理学理论。我们可以借鉴它的合理思想和理论，但不能将它原封不动地拿过来作为研究中国道德话语的理论范式。

元伦理学是西方伦理学家发掘的一个伦理学研究领域。在20世纪西方元伦理学家的共同努力下，"道德语言"已经被论证为一个具有合法性的伦理概念，理查德·麦尔文·黑尔、玛丽·高尔·弗瑞斯特等人甚至直接以"道德语言"命名他们的著作。现代西方元伦理学家大都是从区分"道德语言"和"非道德语言"的角度来界定"道德语言"的含义。例如，黑尔将"道德语言"定义为一种"规定语言"或"价值语言"，认为它兼有"描述性意义"和"评价性意义"，而非道德语言既可能是规定语言，也可能不是规定语言，但它仅仅具有描述性意义。弗瑞斯特则以"道德语言"与"事实语言"相比较而言。她也认为道德语言兼有描述性意义和评价性意义，但她同时强调道德判断和事实判断的评价标准并不相同。这些现代西方元伦理学家的观点对我们认识、理解和把握"道德语言"的定义是有启发意义的，但也有需要商榷的地方。我们赞成他们认为道德语言兼有描述性意义和评价性意义的观点，但同时认为他们对"道德语言"的定义具有流于抽象、模糊的不足。在我们看来，道德语言是一种内含伦理价值取向或伦理意义的语言形式，它的伦理价值取向或伦理意义是由人们普遍信奉的道德价值观念或普遍遵守的道德原则决定的。

中国道德话语历来具有将描述性意义和评价性意义集于一身的总体特征。在中国道德话语体系中，事实描述和伦理评价从来都不是截然分开的。例如，当中华民族说"他是一个好人"的时候，我们不仅在描述"他是好人"的事实，而且在从道德上肯定和称赞他的道德品质，并暗含要求人们以他作为道德榜样的伦理价值诉求。又如，中华民族喜欢用"君子"和"小人"来指称讲道德和不讲道德的人，当我们使用这两个术语的时候，我们既在描述社会上存在君子和小人的事实，同时也在对君子和小人这两种人做出道德评价，并试图表达要求人们做君子、不做小人的伦理价值诉求。

除了上述总体特征以外，中国道德话语在伦理表意方面还具有下

第七章 中国道德话语的构成要素及其伦理表意功能

列特征：

一是层次性特征。中国道德话语的伦理表意功能从根本上来说是由它自身的构成要素决定的。由于中国道德话语是由语音、文字、词汇、句子、语法、修辞等要素构成的，这些要素在中国道德话语中居于不同的层次，它的伦理表意功能也具有层次性特征。中国道德话语借助它的各种构成要素所能表达的伦理意义是一个具有层次性的复杂意义体系，而不是由某种单一的义项构成的意义体系。由于具有层次性特征，中国道德话语通过语音、文字、词汇等所表达的伦理意义不尽相同。

二是辩证性特征。中华民族是一个特别重视辩证法思维或辩证思维的民族。为了增强语言表达的效果，我们往往喜欢将语义不同、甚至语义完全相反的术语放在一起。例如，孔子喜欢将"君子"与"小人"、"智者"与"仁者"等词语放在一起比较，而老子则喜欢将"上"与"下""强"与"弱"等词语放在一起比较。这种做法既是出于增强比较效果的目的，也是出于彰显辩证思维的目的。

三是语境性特征。中华民族高度重视体现中国道德话语被运用的语境性特征，因而从来不会将某个道德概念或道德思想的含义理解为某种固定不变的义项，而是赋予它们语境性含义。一个典型例子是，孔子在《论语》一书中常常使用"君子"和"小人"这两个概念，但他都是在不同语境下使用它们的，因此，这两个概念的含义总是在变化。当他说"君子周而不比，小人比而不周"的时候，他是从道德行为方式的角度来对比"君子"和"小人"，而当他说"君子坦荡荡，小人长戚戚"的时候，他是从道德心理上的差别来对比"君子"和"小人"。

总而言之，伦理意义是中国道德话语的各个构成要素旨在表达的核心意义，因而也是中国道德话语具有"道德性"的最重要标志。作为一种强调形态性和会意性的道德语言，中国道德话语在伦理表意方面主要依赖文字、词汇、语法、修辞等要素。研究中国道德话语的构成要素及其伦理表意功能，既有助于深化我们对中国道德话语的认知，也有助于深化我们对中国道德文化的认识、理解和把握。中国道德话语以其特有的伦理意义体系和伦理表意方式，承担着建构中国道德文化的功能，并凸显着中国道德文化与西方道德文化的深层差异。

第八章

中国道德话语的伦理叙事模式

伦理叙事是所有道德语言形态共有的功能，但这并不意味着所有道德语言的伦理叙事模式都是相同的。中国道德话语在伦理叙事领域的应用，既受到它自身发展状况的制约，也受到中国社会背景、中国道德文化发展状况等客观因素的制约。最重要的是，由于诞生于中国道德文化的特殊土壤之上，并且始终依靠中国道德文化传统提供滋养，中国道德话语的伦理叙事模式具有鲜明的民族特色。研究中国道德话语的伦理叙事模式实质上是研究中华民族将中国道德话语应用于伦理叙事的方式和方法。

一、"伦理叙事"释义

对"伦理叙事"这一概念的界定需要从伦理学和叙事学相结合的复合视角展开。

"叙事"是当今学术界的一个热词。伦理学自古就有关注和重视"叙事"的传统。孔子在《论语》中与学生的很多对话实质上是一个个故事。柏拉图的《理想国》也主要记录了苏格拉底与人对话的故事。这些故事被记录了下来，并且被代代相传，从而变成了经典叙事。

"叙事"是叙事学研究的对象。"叙事学"又称"叙述学"。学科意义上的"叙事学"20世纪60年代才诞生于法国，罗兰·巴特、兹维坦·托多罗夫等人大力倡导的结构主义语言学是它得以诞生的孵化器。学科化的西方叙事学被冠之以"经典叙事学"的名称，它将"叙事"完全纳入结构主义语言学的研究框架，其最高目标是要建构一套放之四海而皆准的"叙事语法"，以彰显人类叙事活动所遵循的语法规则与日常语法规则的根本区别；然而，经典叙事学对结构主义语言学的过分推崇和依赖很快就在西方学术界遭到了质疑和批判，其结果是导致

第八章 中国道德话语的伦理叙事模式

西方叙事学在20世纪70年代末80年代初转入后经典叙事学发展阶段，其主要标志有三：其一，认知语言学取代结构主义语言学的主导地位，成为西方叙事学的主要理论依据；其二，西方叙事学研究的跨学科性呈现不断增强之势；其三，西方叙事学的研究内容从以叙事语法研究为主的框架转变为以叙事语义研究为主的框架。

我国从事叙事学研究的学者大都来自文艺批评界。由于起步晚，我国至今没有形成具有中国特色的叙事学理论。按照傅修延教授的看法，"迄今为止国内叙事学研究仍未完全摆脱对西方叙事学的学习和模仿"[①]。另外，我国学术界对伦理叙事的研究更是少见。龚刚于2013年出版专著《现代性伦理叙事研究》，以"伦理叙事"这一概念指称"伦理-叙事批评"，试图在文艺批评领域建构一种具有普遍解释力和思想透视力的伦理叙事学理论。与此同时，一些国内学者提出了"道德叙事"概念，并对它的含义、适用范围等做了比较深入的探析。例如，晏辉2013年在《哲学动态》发表论文《论道德叙事》，探析了一般意义上的"叙事"、"道德叙事"的特殊性和复杂性、现代道德叙事面临的困境等论题，其基本立场是将"道德叙事"界定为人类讲述道德故事的方式。这些事实至少说明，我国伦理学界在"伦理叙事"和"道德叙事"这两个概念的选择方面存在争议，对它们的定义也存在分歧。

我们在充分借鉴国内外学术界已有研究成果的基础上支持"伦理叙事"这一提法，同时致力于从伦理学的角度对"伦理叙事"这一概念重新予以界定。

首先，伦理叙事有广义和狭义之分。广义的伦理叙事是指人类叙述道德生活经历的所有言语行为，而狭义的伦理叙事是指人类讲述道德故事的言语行为；伦理叙事不是人类为了达到某种偶然性说服目的而完成的言语行为，而是人类以遵循一定的普遍性叙事原理和实现一定的普遍性伦理价值目标为根本目的而完成的言语行为。

其次，伦理叙事应该被区分为"伦理叙事"和"合乎伦理的叙事"。"伦理叙事"中的"伦理"是一个名词，用它来限制"叙事"，是为了将伦理叙事界定为"叙事"的一种表现形态或属类，并且将它

[①] 傅修年.中国叙事学[M].北京：北京大学出版社，2015：14.

与历史叙事、政治叙事、经济叙事、文学叙事等叙事模式区别开来。这种意义上的"伦理"是一个价值中立的名词，它不对"叙事"作出价值评价和价值判断。"合乎伦理的叙事"中的"伦理"是一个形容词，意指"伦理的"或"合乎伦理的"。这种意义上的"伦理"不是价值中立的，它对"叙事"进行了价值评价和价值判断。

再次，既然"伦理叙事"可以指"合乎伦理的叙事"，那么，"叙事伦理"这一概念的出场就是必要的。所谓"叙事伦理"，就是专门支配人类叙事活动的伦理价值体系，它包括引导人类叙事活动的伦理价值理念、伦理价值原则等内容。

伦理叙事既可以在价值中立的层面展开，也可以在非价值中立的层面展开。这两种情况都可能存在。我们的一些伦理叙事活动并不涉及人的伦理价值认识、伦理价值判断和伦理价值选择。在这种叙事中，我们只是实事求是地叙述了某个或某些道德生活经历，但我们并没有对它或它们作出主观的伦理价值引导。或许我们的叙事可能对叙事的对象起到一定的伦理价值引导作用，但这并不是叙事主体的主观愿望。在很多时候，我们所进行的伦理叙事活动内含明确的伦理价值取向，叙事主体具有将叙事的对象引向某个伦理价值目标的强烈动机。例如，有些人叙述雷锋故事的目的是非常明确的，就是为了引导叙事的对象以雷锋作为道德模范、自觉学习雷锋的高尚道德情操、做雷锋式的好人。

伦理叙事是人类叙事活动的基本表现形式。人类是存在世界的一个特殊群体。我们在存在世界生存着，知道自己作为人类生存着，将自己的生存经历刻写成记忆，并且有能力将自己的生存经历叙述出来。我们是自在自为的存在者。能够叙述自己的生存经历是我们的存在具有自为性的重要表现。我们对自身的生存经历的叙述不可避免地会涵盖我们的道德生活经历。我们按照伦理的要求过着道德生活，刻写日益丰富的道德记忆。当我们将自己的道德生活经历从道德记忆中翻找出来，并且用叙述的方式将它们重现出来，我们就拥有了伦理叙事。

伦理叙事不同于历史叙事。历史叙事是讲历史的叙述方式，它旨在还原历史、重现历史。司马迁的《史记》就是典型的历史叙事。伦理叙事可以被视为历史叙事的一个种类。它毕竟也是人类叙述历史的

第八章 中国道德话语的伦理叙事模式

一种方式。道德生活经历是人类历史的重要组成部分。道德记忆也是历史记忆的重要组成部分。伦理叙事聚焦于人类道德生活经历所构成的历史，它叙述的是人类历史的部分内容，但它的重要性是不容低估的。伦理叙事的重要性是由道德在人类生活中的重要地位决定的。

伦理叙事不同于政治叙事。从狭义的角度来区分，政治叙事叙述的是政治故事，而伦理叙事叙述的是道德故事。政治故事是关于政治生活经历的故事，而道德故事是关于道德生活经历的故事。政治生活经历主要是人类进行政治制度设计和安排及其被人类贯彻落实状况的历史事实。进行政治叙事就是将这些事实讲出来、说出来。道德生活经历主要是人类制定伦理原则及其被人类践行状况的历史事实。进行伦理叙事就是将这样的历史事实叙述出来。政治叙事侧重于叙述人的政治生活事实，而伦理叙事侧重于叙述人的道德生活事实。

伦理叙事也不同于文学叙事。文学叙事既可以是关于真实的人和事的叙述，也可以是关于虚构的人和事的叙述。文学作品可以完全建立在叙述者的想象力基础之上。只要叙述者的叙述能够达到形象、生动的效果，文学叙事就是成功的。伦理叙事必须建立在真实的人和事基础上。人类发展史上也存在将伦理叙事建立在虚构的人和事基础上的事例。例如，古代神话就是将伦理叙事建立在神话传说基础之上。这种做法固然能够起到一定的伦理教化作用，但这主要对那些有神话情结的人才能奏效。雷锋的故事之所以能够影响众多中华儿女，主要是因为它们反映的是真人真事。真实性是伦理叙事切实有效的重要条件。

伦理叙事往往与历史叙事、政治叙事、文学叙事等其他叙事模式交织在一起。历史叙事中往往内含伦理叙事的内容，伦理叙事也常常会涉及历史事实。政治叙事难免会涉及政治伦理的内容，伦理叙事也不可避免地会涉及人的政治生活内容。文学叙事在很多时候是在进行伦理叙事。真正成功的文学作品必定是能够将文学叙事和伦理叙事有效对接的作品。例如，莎士比亚的悲剧《哈姆雷特》提出的"哈姆雷特问题"本质上是伦理学所说的"道德两难"问题。哈姆雷特想要找杀死其父亲、与其母亲通奸的叔叔复仇，但考虑到这种复仇可能危及国家安定和民众生活的后果时，他变得犹豫不决。哈姆雷特绝对不是一个优柔寡断的人，而是一个能够明辨是非、能够顾全大局的人。他不希望他自己生活于其中的国家动荡不安，并且用自己的行动维护它，这是大义之举，也是值得人们学习的地方。莎士比亚对哈姆雷特这一人物形象的塑造远远超出了文学想象力的范围。他将文学叙事与伦理叙事很好地结合在一起，这是《哈姆雷特》能够成为其四大悲剧之一的重要原因。

伦理叙事不能被简单地等同于道德教化，但它往往是以道德教化作为自身的目的。虽然不带有任何伦理目的的伦理叙事可能存在，但是带有伦理目的的伦理叙事更加常见。无论对伦理叙事进行狭义的解读，还是对它做出广义的解释，我们会发现：人们往往是在利用伦理叙事进行道德教化。在中国，年长的祖辈给年幼的孙子讲司马光砸缸的故事，大都是希望孙子能够学习司马光的伦理智慧；一个母亲给自己的儿子讲岳母刺字的故事，大都是希望儿子树立精忠报国的道德理想；一个老师给学生讲黄继光堵枪眼、董存瑞炸碉堡、狼牙山五壮士跳崖等故事，大都是希望自己指导的学生能够学习这些英雄的大无畏革命精神。

伦理叙事是一项极其重要的叙事活动，也是人类道德生活的一个重要内容，因此，它从古至今一直受到人们的高度重视。中华民族尤其重视伦理叙事，形成了悠久的伦理叙事传统，这是中国道德文化能够源远流长、不断发展的重要原因。中华民族不仅重视讲述自己的道德故事，而且注重讲述自己的道德生活史和传统美德。伦理叙事是将中华民族道德生活的过去重现出来必不可少的重要方式。

二、中华民族的伦理叙事传统

中华民族具有悠久的伦理叙事传统，这是中国道德话语发展的一条重要线索。中华民族的伦理叙事传统源远流长，并且通过儒家伦理学、道家伦理学、佛家伦理学等传统伦理学理论以及具有中国特色的家训、家教、牌匾、音乐、舞蹈等形式得到很好的呈现。

伦理叙事在中国传统社会具有多种样态。这是由中国传统社会崇尚多元主义道德文化的伦理思想传统决定的。中国伦理思想是以多元的方式发端于先秦时代，后来在汉代出现过"罢黜百家，独尊儒术"

第八章 中国道德话语的伦理叙事模式

的局面，但总体看来，崇尚多元主义道德文化一直是中国社会的主流，或者说，中国从来就没有真正形成过一元的道德文化发展格局。纵然是在汉代，道家、佛家等所代表的道德文化观并没有从中国社会彻底消失。它们在封建专制主义思想的压制下暂时处于蛰伏状态，一旦获得时机就会东山再起。正因为如此，中国传统社会从来没有形成由某种单一的伦理叙事模式主导道德生活的格局。

纵观中国社会发展史，儒家、道家、佛家等都具有自己的伦理叙事模式。儒家伦理叙事模式由孔子开创，经过孟子、荀子、董仲舒、朱熹等人的发展，其间有不少变化，但它的基本品格并没有发生根本改变。道家伦理叙事由老子开创，后得到庄子的推进，其间有一定的变化，但它的基本品格也没有发生根本改变。佛家伦理叙事模式源于印度，传入我国之后与儒家、道家伦理叙事模式相互激荡、相互影响，但它的基本品格也得到了保持。中国传统社会是儒家伦理叙事模式、道家伦理叙事模式、佛家伦理叙事模式等相互争鸣、相互竞争的社会。这些伦理叙事模式此起彼伏，很难说哪一种模式在争鸣、竞争中占据了上风。

儒家伦理叙事自成体系。儒家自孔子开始就非常重视伦理叙事。司马迁曾经在《史记》中说："孔子知言之不用，道之不行也。"① 其意指孔子具有以"言"叙"道"的思想。事实上，儒家伦理学家普遍具有重视伦理叙事的思想倾向。例如，孟子将"知言"视为人达到"不动心"的首要环节。公孙丑要求孟子讲出自己的优点。孟子说："我知言，我善养吾浩然之气。"② 在孟子看来，"知言"就是知道怎么说话，就是知道什么应该说、什么不应该说；它反映人认识事物的能力和水平，即"生于其心"③。

儒家伦理叙事有多种多样的形式。最常见的是对话性伦理叙事。这种伦理叙事模式通常采取一问一答或自问自答的方式，被孔子、孟子、荀子等广泛采用。孔子喜欢通过对话来讲述道德故事或传授道德

---

① 司马迁. 史记 [M]. 陈曦，王珏，王晓东，等译. 北京：中华书局，2019：4044.

② 孟子 [M]. 万丽华，蓝旭，译注. 北京：中华书局，2006：57.

③ 孟子 [M]. 万丽华，蓝旭，译注. 北京：中华书局，2006：57.

真理。例如,据《论语》记载,鲁国大夫孟懿子曾经向孔子请教什么是孝,孔子回答说,"孝"就是"无违"①。这是说,"孝"意指"不违背礼"。通过这种对话,孔子将他自己对"孝"的认识传授给了孟懿子。孟子的伦理思想也都是通过对话传达给梁惠王、公孙丑、滕文公等人的。荀子有时甚至采取自问自答的对话方式来进行伦理叙事。例如,他自己问自己:"圣人何以不可欺?"他自己回答:"圣人者,以己度者也。故以人度人,以情度情,以类度类,以说度功,以道观尽,古今一也。"② 圣人是根据自己的经验去衡量古代的东西,因此,他们不会被骗;人应该根据人性来衡量一个人,根据常情来衡量人的情感,根据事物的一般情况来衡量个别事物,根据人的言论来衡量他的实际成绩,根据"道"来观察一切事物,这是古今相通的道理。

比喻性伦理叙事也受到儒家重视。这种伦理叙事模式多采用隐喻、明喻等修辞手法,以一物喻指另一物。荀子曾经说过:"积土成山,风雨兴焉;积水成渊,蛟龙生焉;积善成德,而神明自得,圣心备焉。"③ 这不仅是有名的排比句,而且是著名的比喻。荀子想讲清楚"积善成德"的道理,但他没有直奔主题,而是先讲"积土成山"和"积水成渊"的事实。这段话暗含着这样一种比喻:"积善成德"就好比"积土成山"和"积水成渊"的道理。荀子还说:"天见其明,地见其光,君子贵其全也。"④ 其意指,天贵在其高远,地贵在其广阔,君子贵在其整合。荀子是在将君子之"全"比喻为天之"明"和地之"光"。

儒家还特别重视运用解释性伦理叙事。这种伦理叙事模式注重体现道德推理的作用,通常采取从特殊事实推导出一般道理的方式。孟子第一次见梁惠王的时候有一段精彩的道德推理。梁惠王首先说:"叟!不远千里而来,亦将有以利吾国乎?"孟子回答说:"王!何必曰利?亦有仁义而已矣。……王亦曰仁义而已矣,何必曰利?"⑤ 在这段对话中,梁惠王以谈论"利"作为开头,这与孟子强调"仁义"的立

---

① 论语 大学 中庸 [M]. 陈晓芬,徐儒宗,译注. 北京:中华书局,2015:17.
② 荀子 [M]. 安小兰,译注. 北京:中华书局,2016:47.
③ 荀子 [M]. 安小兰,译注. 北京:中华书局,2016:8.
④ 荀子 [M]. 安小兰,译注. 北京:中华书局,2016:17.
⑤ 孟子 [M]. 万丽华,蓝旭,译注. 北京:中华书局,2006:2.

第八章 中国道德话语的伦理叙事模式

场有巨大差异。为了说服梁惠王追求仁义，孟子列举了"上下交征利"的危害性，以推动梁惠王深刻认识到"仁义"的重要性。孟子重视道德推理，总是试图通过合乎逻辑的道德推理达到以理服人的目的。

《论语》《大学》《中庸》《孟子》等儒家伦理学经典中有子游问孝、泰伯三让王位、孺子入井、齐宣王救牛等经典道德故事流传于世。这些道德故事也是儒家伦理叙事的经典事例。它们不仅传播了儒家伦理思想，而且展现了儒家伦理叙事策略和方法。儒家伦理叙事注重讲述道德故事，重视运用比喻、排比等修辞手法来增强叙事的生动性和感染力，能够灵活运用对话、解释等方法，因而能够达到很好的叙事效果。

总体来看，儒家伦理叙事是人本主义伦理叙事模式。它论述人性问题，讲述人修身、养性、齐家、治国、平天下的道德责任，强调人与人之间和谐相处、家与家之间和睦相处、国与国之间和平相处的伦理价值，主张德治优先于法治，处处体现关心人、关怀人的道德情怀。集中体现儒家伦理叙事特色的意象是"山"。它象征立足现实土壤、不脱离现实生活、重视道德修养、稳健自强、厚德载物、高瞻远瞩的道德思想和道德精神境界。

道家伦理叙事不同于儒家。儒家伦理叙事在很多时候是建立在归纳推理基础之上，而道家伦理叙事更多地注重凸显哲学思辨性。道家反对儒家处处强调仁义道德的做法，但这并不意味着它没有道德观、伦理观。儒家伦理叙事具有鲜明的人本主义特征。"人事"是儒家伦理叙事的核心主题。相比较而言，道家伦理叙事从根本上来说是自然主义的。它总是从自然的角度来论述人事。

儒家伦理叙事总是聚焦于人事。《论语》以谈论学习问题作为开篇，强调为学者（学生）"学而时习之"[1]的重要性；《孟子》以描述孟子与梁惠王探讨仁义与利的关系问题作为开篇；《荀子》也以谈论学习问题作为开篇，主题是强调"学不可已"[2]的道理。

老子的《道德经》则以截然不同的方式开篇。老子在该书中说的

---

[1] 论语 大学 中庸［M］. 陈晓芬，徐儒宗，译注. 北京：中华书局，2015：7.
[2] 荀子［M］. 安小兰，译注. 北京：中华书局，2016：2.

第一句话是:"道可道,非常道;名可名,非常名。"① 作为开篇,老子提出了"可道之道"与"常道"、"可名之名"与"常名"以及"无"与"有"的关系问题,并对它们作了简明扼要的论述。道家伦理叙事关注人事,但它没有将人事视为世界的第一要务,而是将"道"放在最重要的位置上。这不仅说明道家伦理叙事具有鲜明的自然主义特征,而且说明它重视发掘和确立伦理叙事的哲学理论基础。

《庄子》的伦理叙事比《道德经》更加注重体现哲学思辨性。收入其中的每一篇文章不仅有思想、有观点,而且有比较精致的推理、论证。例如,《逍遥游》以讲述"鲲"和"鹏"两种鸟名的由来作为开头,指出人存在"小知不及大知,小年不及大年"② 的问题,将人最快乐的事归结为"逍遥"——"乘天地之正,而御六气之辩,以游无穷者"③,并表达"至人无己,神人无功,圣人无名"④ 的思想。庄子通过描述自然之物来表达其自然主义伦理观,其笔调细腻、用词华美、思想深刻,将道家伦理叙事的自然主义特征体现得淋漓尽致。

道家伦理叙事注重体现人对道的遵循和服从。在道家哲学中,人固然是伟大的,但人的伟大不能与地、天、道相提并论。这种哲学思想对人在宇宙中的地位做了明确规定,同时为道家伦理叙事确定了自然主义基调。道家伦理叙事不是从人自身的视角来谈论人事,而是从自然或道的角度来谈论人事。

与儒家的人本主义伦理叙事模式不同,道家的伦理叙事是以自然主义作为根本特征的。道家伦理叙事不仅重视体现道德思想的思辨性,而且注重运用玄妙道德语言。它既留下了诸如无中生有、知雄守雌、上善如水、道法自然、自知之明、不言之教等在中国几乎家喻户晓的伦理术语,也留下了朝三暮四、相濡以沫、东施效颦、邯郸学步、井底之蛙等富有道德教育意义的道德故事。总体来看,道家伦理叙事是自然主义伦理叙事模式,集中体现其伦理叙事特色的意象是"水",象征追求运动变化、自由精神、深邃思想、高端智慧、洒脱生活、超然

---

① 老子[M]. 饶尚宽,译注. 北京:中华书局,2006:2.
② 庄子[M]. 方勇,译注. 北京:中华书局,2015:3.
③ 庄子[M]. 方勇,译注. 北京:中华书局,2015:3.
④ 庄子[M]. 方勇,译注. 北京:中华书局,2015:3.

第八章 中国道德话语的伦理叙事模式

于世、自然而然的道德思想和道德精神境界。

佛家伦理叙事既强调入世的重要性，也强调出世的必要性，试图在儒家伦理思想和道家伦理思想之间取得一种平衡，因此，它在伦理叙事上兼有人本主义和自然主义特征。一方面，它通过宣扬众生平等、共享共荣、无我利他等伦理思想而具有人本主义伦理叙事特色；另一方面，它又通过宣扬大彻大悟、舍生忘死、极乐升天等伦理思想而具有自然主义特征。佛家伦理学的伦理叙事主要通过约定教义、讲经、诵经、传经等方式进行。总体来看，它具有综合性特征，集中体现其伦理叙事特色的意象是"菩提树"，象征既立足现实又超然出世、既不摆脱世俗又追求大彻大悟、既重视生命又舍生忘死、既强调教规教义又重视顺势而为的道德思想和道德精神境界。

除了儒释道伦理叙事模式以外，中华民族的伦理叙事还通过家训、家教、牌匾、音乐、舞蹈等形式展开。在中国，家训是叙述家庭道德生活史的重要方式；家教的一个重要内容是讲述家族祖先的道德故事；书写牌匾是表达家庭道德价值观念的一种重要言语行为；音乐、舞蹈等艺术形式也都具有"通伦理"的特性。

借助音乐、舞蹈等方式来进行伦理叙事是中国道德文化的一个重要内容。孔子在谈论音乐评价标准问题时，提出了尽美尽善的观点。在他看来，《韶》乐达到了他所说的标准，即"子谓《韶》，'尽美矣，又尽善也'"①。《礼记》更是明确地强调音乐的伦理叙事功能。它指出："凡音者，生于人心者也；乐者，通伦理者也。是故知声而不知音者，禽兽是也；知音而不知乐者，众庶是也。唯君子为能知乐。"② 其意指，一切音都是源自内心，乐与伦理是相通的；禽兽只听得懂声，而不懂得音；老百姓只懂得音，而不懂得乐；只有君子才能够懂得什么是乐。《礼记》还强调："礼乐皆得，谓之有德。德者，得也。"③ 这是指，好的音乐既应该有"乐"，也应该有"礼"，兼有"乐"和"礼"的音乐才称得上好音乐；"德"就是"得"，是指同时获得"乐"

---

① 论语 大学 中庸 [M]. 陈晓芬，徐儒宗，译注. 北京：中华书局，2015：38.
② 礼记·孝经 [M]. 胡平生，陈美兰，译注. 北京：中华书局，2020：153.
③ 礼记·孝经 [M]. 胡平生，陈美兰，译注. 北京：中华书局，2020：154.

和"礼"。

中华民族的伦理叙事传统源远流长。它可以追溯道中华民族道德生活史的源头。中华民族道德生活史的发端之处，即是中华民族进行伦理叙事的出发点。中华民族的伦理叙事传统见诸儒家、道家、佛家等所代表的伦理学理论中，并通过具有中国特色的家训、家教、牌匾、音乐、舞蹈等形式得到体现。中华民族历来重视伦理叙事，并且建构了具有中国特色的伦理叙事模式。深入系统地研究中华民族的伦理叙事传统，既能够为当今中国推进伦理叙事学发展提供理论启示，也能够为人们了解和研究中国传统道德文化提供思想资源。

三、中华民族对伦理叙事用途的定位

伦理叙事是人类道德生活必不可少的重要内容。人类道德生活具有连续性，是代代相传的生活方式。它不可能终止于某一代人。在保持人类道德生活的连续性方面，伦理叙事发挥着重要作用。通过口头或书面的方式，人类可以将自己的道德习俗一代又一代地传承下来。同代人在道德生活方面也需要借助伦理叙事来进行交流。可见，伦理叙事对于人类来说是有用的。

伦理叙事的有用性主要在于它能够满足人类的生存目的。亚里士多德曾经说过："一切技术，一切研究以及一切实践和选择，都以某种善为目标。"[①] 这至少说明人类是目的性动物，我们所进行的所有理论研究和实践活动都具有一定的目的。我们之所以培养伦理叙事能力，主要是因为它能够满足我们的道德生活需要。

地球上的每一个民族都有自己的伦理叙事模式。这一方面说明伦理叙事对所有民族来说都是有用的，另一方面也说明伦理叙事不可避免地具有民族差异性，但这并不意味着不同民族所采用的伦理叙事模式不存在任何相似性和相通性。

不同民族对伦理叙事用途的定位可能存在这样或那样的差别，但他们对伦理叙事的基本用途的认识具有一定的一致性。一般来说，所

---

① 苗力田编．亚里士多德选集：伦理学卷［M］．北京：中国人民大学出版社，1999：3.

第八章 中国道德话语的伦理叙事模式

有民族都会承认伦理叙事的四个基本用途:

一是进行道德生活交流。人类的本质属性是社会性。我们群集在一起,结成各种各样的集体,过着相互联系、相互影响的生活方式。社会性或群集性生活方式不仅将我们紧密地联结在一起,而且要求我们接受道德规范的约束。道德规范是我们能够在社会共同体中共同生活、和谐相处的重要条件。在社会中生活,我们不仅应该以德待人,而且需要进行道德生活交流。伦理叙事是我们进行道德生活交流的基本手段。它使我们能够进行代内道德生活交流和代际道德生活交流。

二是刻写道德记忆。人类不仅是道德动物,而且是道德记忆动物。我们具有道德生活能力,能够不断地向善、求善和行善,并且希望将这样的生活一代一代地传承下去。为了达到这一目的,我们需要建构道德记忆。所谓道德记忆,就是人类对自身的道德生活经历的记忆。要建构道德记忆,人类需要借助口口相传、书面表达等方式,这既导致了道德语言的产生,又使得伦理叙事的出场成为必要。伦理叙事是人类建构道德记忆的必要手段。

三是道德教育。人类进行伦理叙事的一个重要目的是道德教育。道德教育的常见表现形式是一个人对另外一个人的道德劝诫。例如,一个教师要让一个学生懂得和培养助人为乐的美德,他就必须向他讲述"助人为乐"意指什么、它何以被视为美德等问题,而要完成这样的"讲述"任务,他必须诉诸伦理叙事的手段。他必须循循善诱、以理服人,才能引导学生接受他关于助人为乐美德的讲解。

四是传承传播人类道德文化传统。被刻写成道德记忆的东西不一定是人类道德文化传统。能够被称为人类道德文化传统的东西往往是人类道德文化遗产中的精华。它经过了时间的洗礼,被认为是最珍贵的人类道德文化遗产。它具有跨越时空的价值,因而能够被人类代代相传。人类何以能够将优秀的道德文化传统代代相传?我们必须借助伦理叙事的手段。诚如司马光砸缸的故事之所以能够被中华民族代代相传,这在很大程度上得归功于我们自己的伦理叙事。

每一个民族的伦理叙事都旨在体现上述四个基本用途。中华民族的伦理叙事也不例外。需要指出的是,中华民族的伦理叙事所承载的道德生活交流内容、道德记忆内容、道德教育内容和道德文化传统内容与其他民族的伦理叙事模式一定存在巨大差异性。

中华民族道德生活史在形式和内容上均有别于其他民族的道德生活史，因此，我们借助伦理叙事进行的道德生活交流不可能雷同。中华民族的道德生活经历不可能与美利坚民族、大和民族等其他民族的道德生活经历相同，我们借助伦理叙事所刻写的道德记忆必然有很大差异。中华民族对道德教育的认知具有民族性特征，我们借助伦理叙事所进行的道德教育活动必定具有中国特色。中华民族在长期共同生活中形成的道德文化传统也不可能与其他民族的道德文化传统一模一样，我们借助伦理叙事传承传播的道德文化传统必然具有其他民族的道德文化传统无法替代的内容。

中华民族的伦理叙事是具有中国特色的伦理叙事模式。它产生于中国历史变迁的特殊社会背景之中，受到中国道德文化传统的不断浸染，必然会深深地打上中国社会的社会性印记和中华民族的民族性印记。它也是中国道德文化传统的一个重要组成部分。中华民族的伦理叙事在传统社会通过儒家、道家、墨家、法家、佛家等众多伦理思想流派得到体现，在当今时代通过当代中国伦理学家的共同努力得到创新发展，从而形成具有中国特色的伦理叙事传统。中华民族历来高度重视伦理叙事，历来高度重视建构具有中国特色的伦理叙事模式，这是中国道德文化传统能够源远流长的一个重要原因。

四、中华民族的伦理叙事策略和方法

人们容易对"叙事"产生误解。有些人将叙事的本质归结为叙述事件，但这种观点是值得商榷的。有些叙事是关于事件的，但并非所有的叙事都是关于事件的。很多叙事是关于思想的。伦理叙事大都属于这种类型。一部《论语》或《道德经》就是一部以叙述伦理思想为主题的哲学著作。

伦理叙事可以涵盖很多内容。它既可以讲述道德故事，也可以陈述伦理思想；既可以是关于人类道德生活经历的回忆，也可以是关于人类道德文化传统的回顾；既可以是对某个民族的道德生活史的叙述，也可以是对不同民族的道德生活史的比较；既可以是关于道德现象的经验主义考察，也可以是关于道德规律的理性主义反思。伦理叙事可

第八章 中国道德话语的伦理叙事模式

以涵盖人类道德生活的方方面面。所有道德生活经历都可以成为伦理叙事的内容。

伦理叙事的难度大于其他叙事模式。以叙述事件为主的叙事模式多见于文学作品。文学作品对事件的叙述主要依赖叙述者的语言表达能力，语言优美的文学叙述很容易吸引读者和感染读者，语言拙劣的文学叙事让读者避而远之。文学叙事侧重于激发读者的情感反应，将叙事的思想性放在次要位置。伦理叙事则不同。它不仅要求叙述者有很强的语言表达能力，而且要求叙述者有丰富、深刻的伦理思想。一个优秀的伦理叙事者必须同时是文学家和伦理学家。

现实中的伦理叙事常常遭遇两个问题。有些叙述者有文学家的语言表达能力，但缺乏伦理思想，而有些叙述者有伦理思想，但缺乏文学家的语言表达能力。这两种人都不能承担伦理叙事的重任。第一种人能够用优美文学语言来进行伦理叙事，往往能够达到吸引眼球、扣人心弦的效果，但如果缺乏丰富而深刻的伦理思想，它通常沦为哗众取宠的语言游戏，难以对听众产生真正有益的影响。第二种人也存在不足。他们可能是特别有伦理思想的人，但由于缺乏生动活泼的语言表达能力，他们的伦理叙事完全可能沦为枯燥乏味的道德说教，难以汇聚听众。伦理叙事是一种哲学叙事。它对叙述者的素质有很高的要求。并非所有人都适合于从事伦理叙事工作。

伦理叙事常见于人类生活中，其中既有成功的例子，也有失败的例子。司马光砸缸的故事在中国非常著名，很多父母将它用作小孩道德教育的题材，但不同的父母讲述该道德故事的方式有很大差异，效果也可能迥然不同。有些父母只是简单地描述司马光砸缸的故事情节，他们所做的只是用故事情节吸引小孩。有些父母则不同。他们不仅生动地讲述司马光砸缸的故事情节，而且分析隐藏于故事情节背后的道德真理。司马光砸缸的故事之所以能够在中国社会不断流传，主要是因为它内含着这样一个道德真理：做人既要勇敢，又要有智慧，应该智勇双全；勇敢是一种美德，但没有智慧的勇敢只不过是鲁莽；智慧也是一种美德，但没有勇敢的智慧不可能让人做到知行合一。显而易见，司马光砸缸的故事被中国父母讲了几千年，但并不是所有中国父母都能够很好地讲述这个故事。伦理叙事考验叙述者的智慧和能力，也需要讲究策略和方法。

任何一种叙事都需要讲究策略。这就是叙事策略。叙事策略是对叙事活动的战略设计和整体规划。例如，历史叙事要求叙述者遵循客观性原则、历史合理性原则，既不能以主观性凌驾于历史事实的客观性之上，又不能以现时代的标准去衡量、评价历史事实的合理性；文学叙事要求叙述者遵循想象力原则、生动性原则，用想象力激活文学作品的生命活力，用生动性作为文学作品的灵魂。叙事策略都是在人类的叙事实践活动中逐步形成的，反映人类叙事实践活动的规律性。

叙事策略是可以研究的。从事某种叙事活动的人都应该深入研究它对叙事策略的内在要求。不懂叙事策略的人不适合从事具体的叙事实践活动。具体地说，不懂历史叙事策略的人不适合从事历史叙事工作，不懂文学叙事策略的人不适合从事文学叙事工作，不懂伦理叙事策略的人不适合从事伦理叙事工作。叙事工作必须在叙事策略的引导下才能有效进行。研究叙事策略是每一个从事叙事实践活动的人不可推卸的职责。

伦理叙事策略是指伦理叙事主体为了实现一定的伦理叙事目标而采取的叙事方略。它是关于伦理叙事的总体规划、顶层设计、原则规定和总纲领。它可以是一个关于伦理叙事的理念，可以是一个关于伦理叙事的信念，可以是一系列关于伦理叙事的原则要求，可以是一种关于伦理叙事的实践方案，也可以是关于伦理叙事的实践路径设计。与其他的叙事策略一样，伦理叙事策略必须具有宏观性、总体性、统筹性等特征。一种伦理叙事策略一旦形成，它就会对具体的伦理叙事模式发挥支配作用。

伦理叙事策略往往具有民族性特征。不同民族具有不同的伦理叙事策略。属于同一个民族的哲学家所采用的伦理叙事策略通常具有某种程度的相似性。孔子和老子分别属于儒家和道家，但由于他们进行伦理叙事所采用的语言都是汉语，加上他们都是在中华文化语境下发展起来的哲学家，他们的伦理叙事策略不可避免地存在一定的相似性和相通性。例如，他们都喜欢运用隐喻的修辞手法来展开伦理叙事。孔子喜欢用"山"来暗喻儒家伦理思想，而老子则喜欢用"水"来隐喻道家伦理思想。

第八章　中国道德话语的伦理叙事模式

不同民族对伦理叙事策略的不同选择，既说明他们具有不同伦理叙事理念，也说明他们具有不同道德思维方式和伦理智慧。中华民族历来特别重视伦理叙事，将它置于高于历史叙事、政治叙事、文学叙事的高度。在中国，流传最广泛的是伦理学著作，伦理叙事广泛渗透于历史叙事、政治叙事和文学叙事著作中，伦理叙事是中华民族最钟爱的叙事模式。这应该与中华民族重视德治的思想传统有着直接关系，也体现了中华民族重视用伦理引领生活的伦理智慧。

在伦理叙事策略上，中华民族与信奉基督教的民族形成鲜明对照。作为一个长期生活在"伦理型文化"中的民族，中华民族的伦理叙事策略主要是伦理性策略，其要义是强调道德信念培养在伦理叙事中的核心地位。相比较而言，由于长期生活在"宗教型文化"中，基督教民族的伦理叙事策略主要是宗教性策略，其要义是注重凸显基督教信仰在伦理叙事中的核心地位。

不同民族或国家所采取的伦理叙事策略之所以不同，主要是由他们在道德生活传统上的差异及其对"伦理"的不同认知决定的；伦理叙事策略只不过是各个民族表达其不同道德生活传统和伦理认知的手段或工具而已；中华民族的伦理叙事策略能否对基督教民族的伦理叙事策略具有比较优势，这需要进行深入系统的理论分析。

伦理叙事是一种目的性很强的言语行为。人类不可能漫无目的地进行伦理叙事。伦理叙事的目的性集中体现为它的伦理价值导向。也就是说，当人们进行伦理叙事的时候，他们往往试图将受众引向某个或某些伦理价值目标，并意在推动受众实现他们设定的伦理价值目标。

伦理叙事价值导向反映中华民族对伦理叙事的目的性设置。由于中华民族的伦理价值诉求是以群体主义为主导的，我们进行伦理叙事的价值导向更多地指向仁爱、亲善、团结、和谐等伦理价值目标。相比较而言，由于基督教民族的伦理价值诉求是以个人主义为主导的，他们的伦理叙事在价值导向上更多地指向自由、平等、权利等伦理价值目标。

不同的伦理叙事模式具有不同的伦理价值导向，它们试图将受众引向不同的伦理价值目标；伦理价值导向上的差异使不同的伦理叙事模式在伦理性质上具有显著区别。

171

伦理叙事方法是贯彻落实伦理叙事策略的具体方式和途径。它是关于伦理叙事的实践操作，其根本特征是实践性。伦理叙事方法是伦理叙事策略的实现途径。一般来说，有什么样的伦理叙事策略，就有什么样的伦理叙事方法；或者说，伦理叙事方法是人们为了实施一定的伦理叙事策略而采取的具体做法。

为了有效凸显伦理叙事策略的合伦理性，中华民族在伦理叙事方法上往往更多地重视伦理劝导方法的运用，而基督教民族的伦理叙事方法则往往更多地注重宗教引导方法的运用。具体地说，中华民族的伦理叙事方法更多地表现为人与人之间的道德对话，而基督教民族的伦理叙事方法则更多地表现为人与上帝之间的道德对话。我们的伦理叙事方法更多地具有人本主义特征，而基督教民族的伦理叙事方法更多地体现超自然主义特征。

另外，中华民族在伦理叙事方法运用方面更加注重伦理思想灌输，而基督教民族在伦理叙事方法运用中更加重视凸显道德实践的重要性。换言之，中华民族将伦理思想培养置于伦理叙事方法之目的设计的首要位置，而基督教民族将道德实践精神培养置于伦理叙事方法之目的设计的首要位置。在中华民族的道德思维中，伦理思想的确立是道德实践的前提和关键，没有伦理思想的人就没有道德信念，没有道德信念的人是难以进行道德实践的，而在基督教民族的道德思维中，人类道德生活的关键是道德实践，人们应该在道德实践中获得道德知识。中华民族的伦理叙事方法更多地侧重于讲关于道德生活的道理，以为人们的道德生活提供指南，而基督教民族的伦理叙事方法更多地侧重于通过道德实践来引导人们认识道德生活的道理。

五、中华民族的伦理叙事特色

所有民族都有伦理叙事。中华民族的伦理叙事具有所有民族的伦理叙事模式共有的一般性特征。

它必须以道德语言作为主要载体。中华民族的伦理叙事是以中国道德话语作为主要载体。中国道德话语的发展状况决定着中华民族的伦理叙事状况。研究中华民族的伦理叙事，必须研究中国道德话语。

它具有时空穿越性。与其他民族的伦理叙事一样，中华民族的伦

第八章 中国道德话语的伦理叙事模式

理叙事不会将自身限制在此时此地的时空中,而是能够跨越时空。它既能够对异地的伦理事件进行叙述,又能够对中华民族乃至整个人类在过去、现在和未来三个时间维度的道德生活经历进行叙述。

它具有主体移位性特征。无论叙事的主体置身于中华大地上,还是置身于异国他乡,他都可以借助汉语进行伦理叙事。他可以在中国叙述司马光砸缸的道德故事,也可以在美国、英国、德国、埃及等其他国家叙述这一故事。他可以在中国讲述孔子的伦理思想,也可以在海外的孔子学院讲述孔子的伦理思想。

它在表现形式上具有多样性。与其他民族的伦理叙事一样,中华民族的伦理叙事不仅可以采取口头形式,而且可以借助著作、音乐、舞蹈、建筑等形式。它具有多种多样的表现形式。

除了上述一般性特征以外,伦理叙事还具有特殊性特征。每一个民族的伦理叙事都是在自己的发展历史中逐步形成的,因而必然具有民族性特征和民族特色。中华民族的伦理叙事也具有自身的特色。这至少体现在以下几个方面:

一是叙事思维的经验性。

中华民族对经验的看重远远多于理性。有经验的人在中国社会的地位高于擅长理性思维的人。中国哲学家很多时候是在发表"经验之谈"。他们往往将一些结论提出来,但不展开系统论证。孔子在《论语》的开篇谈论学习问题,但他的论述似乎都是在提供一些归纳推理的结论。他说:"学而时习之,不亦说乎?有朋自远方来,不亦说乎?人不知而不愠,不亦君子乎?"其意指,学习并时常加以践行,这难道不是一件让人愉悦的事情?有朋友从远方到访,这难道不是让人快乐的事情?别人不了解我,但我不会怨恨,这难道不是君子的风范吗?这段话包含三个问题,看上去好像是孔子在感叹学习、待客、处理人际关系等人生问题,并且试图从中总结出一些经验。

在伦理叙事方面,中华民族在很多时候也表现出经验思维的特点。老子说:"天下皆知美之为美,斯恶已;皆知善之为善,斯不善已。"[①]其意指,天下人都知道美之所以为美,就显露出丑了;天下人都知道

---

① 老子［M］. 饶尚宽, 译注. 北京: 中华书局, 2006: 5.

善之所以为善，就显露出不善了。这种论述显然只是体现了老子本人对美丑、善恶的经验性认识。或许他是通过深入系统的理性反思才得出这一结论的，但我们无法从他的论述中发现这一事实。荀子说："物类之起，必有所始。荣辱之来，必象其德。"① 其意为，任何事物的出现，必定有它的根源；一个人得到荣耀或遭受屈辱，必定与他的思想品德有关。为了论证这一观点，荀子并没有进行深入系统的理性思辨，而是摆出了"肉腐出虫""鱼枯生蠹""怠慢忘身，灾祸乃作""言有招祸""行有招辱"等经验性事实。

二是叙述意义的含蓄性。

中华民族是一个含蓄的民族。我们深深懂得言由心生、言多必失的道理，也不喜欢将话说得明明白白的做法，而是主张慎言、察言、言必行。这不仅反映了中华民族谨小慎微的道德思维方式，而且反映了中华民族谦虚谨慎的道德生活态度。中华民族在道德思维上历来强调主体对道德生活的自主体悟和参悟，但反对将这种体悟和参悟直白地表达出来，尤其反对武断的灌输和直白的训导。

中华民族对事物的伦理意义有自身的认知。我们坚信伦理意义存在的实在性，但在如何叙述它的问题上往往显得小心翼翼。伦理意义是深藏于事物背后的东西，非肉眼所能把握，因此，掌握它并非易事，表达它更是有难度。正因为如此，中国哲学家大都要求人们在道德生活特别是伦理叙事中保持谦虚谨慎、虚心学习的态度。孔子说："知之为知之，不知为不知，是知也。"② 其意指，做人应该谦虚，知道就说知道，不知道就说不知道，这才是有智慧的表现。他还说："三人行，必有我师焉。"③ 孔子反对花言巧语、哗众取宠的伦理叙事模式，主张真诚而谦虚的伦理叙事。

三是强调和谐的伦理价值取向。

伦理叙事以叙述叙事主体的伦理认知为主要内容。中华民族对"伦理"的认知不同于其他民族。例如，我们历来把"和谐"作为最高

---

① 荀子[M].安小兰，译注.北京：中华书局，2016：6.
② 论语 大学 中庸[M].陈晓芬，徐儒宗，译注.北京：中华书局，2015：21.
③ 论语 大学 中庸[M].陈晓芬，徐儒宗，译注.北京：中华书局，2015：82.

伦理原则，强调个人与他人的和谐、个人与社会的和谐以及人与自然之间的和谐，而西方国家则历来将"对立"作为最高伦理原则，强调人际对立以及人与自然之间的对立。这种区别在伦理叙事上的反映是："和谐"是中华民族在伦理叙事领域旨在表达的最高伦理原则，而西方国家的伦理叙事则以宣扬"对立"作为最高伦理原则。

由于强调和谐的伦理价值取向，中华民族形成了尚和的伦理思想传统，并且将它融入伦理叙事之中。中华民族喜欢用"和"字作为修饰词构造词语。我们将两个国家之间的友好谈判称为"和谈"，将两个敌人之间的相互妥协称为"言和"，将强调天地人合一的伦理思想称为"和合"伦理思想，将调解人际矛盾的人称为"和事佬"。在伦理叙事的时候，中华民族更是常常将"和为贵""和和气气""和天下""和气生财""和谐共生""和谐共处"等挂在嘴上。我们是一个贵和、尚和的民族，我们的伦理叙事具有强调和谐伦理价值取向的鲜明特征。

四是伦理思想的辩证性。

中华民族崇尚辩证思维。我们讲"高"，就会联想到"低"；讲"上"，就会联想到"下"；讲"左"，就会联想到"右"；讲"前"，就会联想到"后"；讲"进"，就会联想到"退"；讲"正面"，就会联想到"反面"；讲"有为"就会联想到"无为"。我们普遍懂得事物存在两面的道理，更懂得事物正反两个方面相互转化的道理，因而从来不偏执于事物的一个方面。也就是说，我们总是将事物置于对立统一的关系之中，并且坚持从对立统一的辩证视角来看待和处理事物的对立性和统一性。

在伦理叙事方面，中华民族强调伦理思想的辩证性。我们的伦理叙事很多时候是在叙述伦理思想。在叙述伦理思想的时候，我们既会讲述人们向善、求善和行善的事实，也会讲述人们向恶、求恶和作恶的事实；既会讲述道德昌隆的景象，也会讲述道德败坏的景象；既会讲述好人做出道德榜样的故事，也会讲述坏人败坏道德的故事；既会讲述道德理想的崇高性，也会讲述道德现象的复杂性。我们往往能够从正反两个方面来看待人类道德生活，在此基础上建构具有辩证性的伦理思想，并且通过辩证的伦理叙事模式将它们表达出来。

四是对中华民族道德记忆的严重依赖性。

中华民族是一个特别强调道德记忆的民族。我们不仅是人类古文明的重要开创者，而且一直是人类文明的重要建构者。中华文明之所以能够绵延不绝，其重要原因之一是中华民族具有强调道德记忆刻写、传承的优良传统。我们拥有源远流长的道德生活史，刻写了丰富多彩的道德记忆，并且将它作为本民族的珍贵精神财富代代相传。

重视道德记忆刻写、传承的优良传统在中华民族的伦理叙事中得到了集中体现。早在先秦时代，孔子、老子等哲学家就已经具有强烈的道德记忆意识，并且懂得以史为鉴、以古鉴今的道理。孔子要求他那个时代的人学习"古人"。这至少体现在两个方面。一方面，他要求人们学习"古人"的学习美德。他说："古之学者为己，今之学者为人。"[1] 在孔子看来，他那个时代之前的"古人"是为了增进自己的修养而学习，而他那个时代的人是为了向别人显示的目的而学习。另一方面，他要求人们学习"古人"以敬为孝的"孝道"。他说："今之孝者，是谓能养。至于犬马，皆能有养。不敬，何以别乎？"[2] 其意指，他那个时代的人对"孝"的理解存在误区，认为"孝"是从物质上供养父母，狗和马也可以做到这一点；"孝"应该体现"敬"意，否则，人与狗、马没有什么区别。老子更是明确指出："执古之道，以御今之有。"[3] 主张以古鉴今是老子的重要立场。"以古鉴今"的一个重要内容是向古人留下的道德记忆学习。

五是叙述形式的独特性。

与其他民族一样，中华民族的伦理叙事具有多样性特征。不过，中华民族除了像其他民族一样借助小说、戏剧、音乐、舞蹈等方式来进行伦理叙事之外，还发明了说书、挂牌匾、写对联、唱京剧、演小品等具有独特性的伦理叙事形式，因而在伦理叙事方法上显得更加具有多元性和多样性。

说书在中国是伦理叙事的重要方式。它是一种非常古老的曲艺，据说起源于宋代。作为一种曲艺，说书有说有唱，内容涵盖历史、评

---

[1] 论语 大学 中庸[M].陈晓芬，徐儒宗，译注.北京：中华书局，2015：174.
[2] 论语 大学 中庸[M].陈晓芬，徐儒宗，译注.北京：中华书局，2015：18.
[3] 老子[M].饶尚宽，译注.北京：中华书局，2006：34.

书、伦理思想等方面，在古代中国民间尤其盛行。当代说书者大都采取评书形式。著名评书家单田芳评说过《封神演义》《三国演义》《隋唐演义》《三侠五义》等经典名著，也评说过《红色将帅传奇》《红岩》《贺龙传奇》《新儿女英雄卷》等红色文艺作品。在评书中，单田芳先生不仅讲述这些文艺作品的内容，而且会重点讲解其中内含的中华传统美德、革命精神等内容，因此，评书大都能够对听众起到很好的道德教育作用。

挂牌匾也是中华民族进行伦理叙事的独特方式。在古代中国，官员喜欢在自己任职的衙门悬挂刻有"明镜高悬""清正廉明""天下为公"等术语的牌匾；普通百姓喜欢在家里悬挂刻有"勤俭持家""宁静致远""家和万事兴"等术语的牌匾。这些牌匾不仅仅具有装饰的用途，更重要的是具有伦理叙事的用途。中华民族悬挂牌匾，大都是为了用牌匾上的文字警示自己和相关的人。牌匾在中国承载着道德教育的重要功能。

中华民族重视伦理叙事，更注重建构具有中国特色的伦理叙事模式。作为一个特别崇尚道德文化的民族，中华民族从古至今一直将伦理叙事作为推进中国道德文化发展的重要手段。我们的伦理叙事模式具有自身的特色。这是中国道德文化能够不断发展、不断焕发生命活力的重要原因。

六、中华民族创新伦理叙事需要解决的主要问题

时间的脚步总是在向前移动。中华民族从远古走来，铸就了伟大辉煌和光荣，也遭遇过困难和挫折，但一直表现出自强不息、昂扬向上、砥砺前行的道德态度。时至今日，中华民族伟大复兴的大局与世界百年未有之大变局相互交织，我们应该如何创新伦理叙事？这是一个新时代重大课题。

进行伦理叙事创新是新时代所需，但这并不意味着我们可以抛弃传统。传统是在历史中积淀而成的。它不仅会作为记忆流传给我们，而且会对我们当前和未来的生存产生深刻影响。从伦理叙事来说，中华民族所进行的一切创新都不可能脱离自己的伦理叙事传统。我们必须依托传统展开伦理叙事创新。

要创新伦理叙事，需要解决的问题很多。以下几个问题应该受到重视。

一是伦理叙事应该妥善处理传统性和现代性的关系问题。中华人民共和国建立之后，建设社会主义道德成为我国社会各界共同承担的重任，如何进行社会主义伦理叙事的问题也变得十分重要。社会主义伦理叙事是推进社会主义道德建设至关重要的内容和环节，它需要体现传统性和时代性的融合和贯通。一方面，它应该紧紧依托中国道德文化传统，将其作为自己的历史合法性和合理性资源，以展现中国道德文化传统的连续性和持续性；另一方面，它又必须充分彰显现代性特征，即增加符合社会主义发展需要的新时代形式和内容。我国的社会主义伦理叙事既不能是历史复古主义的，也不应该是纯粹现代主义的，而是应该体现传统性和现代性的有机统一。

二是如何在伦理叙事中遵循普遍性原理的问题。"伦理叙事"不能停留在追求语境性的哗众取宠层面，而是应该体现一定的普遍性原理；或者说，它不是要叙述一些受语境支配的临时性伦理原则，而是应该叙述普遍有效的伦理原则，以真正体现叙事的合伦理性特征。"伦理叙事"即"伦理的叙事"，其关键是必须以反映"伦理"的普遍性和必然性为根本原则。研究伦理叙事的普遍性原理，对我们认识、理解和把握中华民族伦理叙事的内容、策略和方法十分必要。只有深刻认知中华民族在伦理叙事中所遵循的普遍性原理，我们才能知道自己在伦理叙事中的伦理价值认识、伦理价值判断和伦理价值选择状况，也才能知道自己在伦理叙事策略和方法运用上的独特性。

三是在大数据时代推进伦理叙事的问题。大数据时代的到来已经成为不争的事实。在大数据时代，人们不再主要依靠笔、纸、书本等传统手段，而是主要依靠网络收录、储存、处理、输出大数据的强大功能刻写道德记忆、传播道德文化和进行道德评价，这不仅使人类道德生活状况发生了巨大变化，而且使网络伦理叙事和网络道德监督的力量得到空前加强。网络伦理叙事是人类伦理叙事的最新形式。在中国融入大数据时代的过程中，我们不能固守传统的伦理叙事模式，应该不断加强网络伦理叙事模式的研究，以提升中华民族在大数据时代进行伦理叙事创新的能力。

第八章 中国道德话语的伦理叙事模式

四是中华民族伦理叙事的国际化问题。中华民族的伦理叙事很早就国际化了，并且产生了不容忽视的国际影响。历史地看，中华民族的伦理叙事不仅影响了周边国家，而且影响了很多西方国家。从周边来看，日本、朝鲜、韩国、新加坡、越南等亚洲国家都有深受中华民族伦理叙事影响的痕迹。孔子、老子、庄子等中国哲学家的伦理思想和伦理学理论对西方国家的影响也很大。例如，雅思贝尔斯在《大哲学家》一书中称孔子为"思想范式的创造者"，称老子为"原创性形而上学家"，称庄子为"智慧中的文学家"。在美国，爱默生、梭罗等哲学家对中国传统儒家伦理思想和道家伦理思想都非常推崇。梭罗在《瓦尔登湖》一书中就多次引用孔子、老子等人的思想观点。

在当今时代，经济全球化进程极大地加强了我国与其他国家的联系、交流和交往，加上我国的国际地位、国际话语权和国际影响力近些年得到显著提高，中华民族的伦理叙事国际化问题再次变得极其重要。40多年改革开放使当代中华民族看到了民族伟大复兴和大国崛起的光明前景，而要最终实现民族复兴和大国崛起的目标，我国需要有一个和平友好的国际舆论环境，因此，习近平总书记2013年8月在全国宣传工作会议上指出，对外宣传工作的一项重要任务是必须阐释中国特色、讲好中国故事和传播好中国声音；要实现这些目标，必须创新对外宣传方式，即必须采用能够融通中外的新概念、新范畴和新表述来开展我国对外宣传工作。在我国坚定不移地朝着民族复兴和大国崛起的方向前进的历史节点，研究中华民族的伦理叙事国际化问题，即研究如何对外传播中国优秀传统道德文化和中国特色社会主义道德文化的问题，即研究如何对外传播中华民族历来强调亲仁善邻、讲信修睦、睦邻友好等传统道德价值观念的问题，即如何对外传播党中央倡导构建人类命运共同体、建立共商共建共享全球治理体系、推进"一带一路"建设等中国发展理念、中国方案、中国价值和中国伦理智慧的问题。

总而言之，"伦理叙事"是中国道德话语的重要语用功能。中国道德话语的伦理叙事肇始于中华民族的神话时代，在后神话时代不断传承发展，在我国传统社会形成了以儒释道三种伦理叙事模式为主导的格局，继而进一步演进，直到形成社会主义伦理叙事模式。中华民族具有自己的伦理叙事策略、方法和伦理价值导向，对伦理叙事用途的定位也与其他民族有所不同，并且遵循一定的普遍性原理，因而能够在伦理叙事方面形成民族特色。伦理叙事是中国道德话语应用于语用领域的重要途径，反映中华民族对伦理的独特认知、理解和把握。中华民族当前在伦理叙事领域应该重点解决的问题主要是社会主义伦理叙事的传统性和现代性问题、大数据时代的伦理叙事创新问题和伦理叙事的国际化问题。

第九章

中国道德话语的理论化发展

　　将中国道德话语的发展路径归结为民间、官方和学术界，这主要是从它发展的场域来说的。这种划分当然涉及中国道德话语的表现形式，我们可以由这种划分推导出三种中国道德话语，即民间道德语言、官方道德语言和学术界道德语言。学术界道德语言的存在，不仅意味着中国学术界在创造和使用中国道德话语，而且意味着中国道德话语具有宽广的理论化发展空间。本章拟解决四个主要问题：（1）中国道德话语理论化发展的内涵是什么？理论化发展是中国道德话语发展格局的重要维度。要探究该问题，应该首先追问和解析"中国道德话语理论化发展的内涵"。（2）中国道德话语的理论化发展与中国伦理学话语体系的关系是怎样的？中国道德话语的理论化发展导致中国伦理学话语体系的产生和发展；或者说，中国伦理学话语体系是中国道德话语理论化发展的产物。（3）我们应该如何对中国道德话语当前的理论化发展进行价值定位？我国当前推进中国道德话语理论化发展的核心任务是实现中国特色伦理学话语体系的当代建构，其核心要义和正确价值定位是"中国特色"。（4）我们应该如何实现中国特色伦理学话语体系的当代建构？要实现中国特色伦理学话语体系的当代建构，我们需要找到切实可行的现实路径。

一、中国道德话语理论化发展的内涵

　　人类语言总是朝着日常化和理论化两个方向发展。中国道德话语也不例外。日常化的中国道德话语与理论化的中国道德话语同时并存、相互联系、相互影响、相互贯通、相辅相成。探究中国道德话语的理论化发展问题，实质上是要探究理论化的中国道德话语能够在多大的空间内彰显其存在价值。

语言朝着日常化方向发展导致日常语言的产生。日常语言是指人们在日常生活和工作中使用的语言。这种语言的根本特征就是它的"日常性"。所谓"日常性",既指常用性、稳定性,又指随机性、偶然性。一方面,人们几乎在生活和工作的所有语境下都必须使用语言,这是一种永久的稳定性,但正是因为"说话"根深蒂固地融入了所有人的生存方式和内容,人们对语言的使用达到"日用而不知"的程度;另一方面,人们对语言的使用又会因为语境的不断变化而充满变化性和不确定性,因为人们不可能总是按照既定的模式(文稿)说话,而是必须因时而变、因地制宜,在适当的地方、适当的时间说适当的话。

语言朝着理论化方向发展导致学术语言的产生。学术语言是指学术界使用的语言,它的根本特征是学术性。学术性主要体现为理论性。日常语言往往是通过"说"得到体现的,而学术语言主要是通过"写"得到体现的。无论是通过"说"还是"写"体现出来,学术语言都应该是规范的、合乎逻辑的话语体系。这并不意味着学术语言是刻板的、僵化的、缺乏生机的话语体系,而是仅仅指它应该更加严格地遵守语法规范和逻辑规则。学术语言完全可以是非常灵活、生动、鲜活的话语体系,但它绝对不能象日常话语体系那样随意、随机、随性。可以说,学术语言总体上是比日常语言更严肃的话语体系。

我们无意得出这样的结论:日常语言可以不讲语法规范和逻辑规则,学术语言必须总是摆出一副严肃、死板的面相。人们使用日常语言的最重要目的自然是"理解",即一个人说的话应该能够被听众"懂"。要做到这一点,一个人在日常生活和工作中说的话必须合乎起码的语法规范和逻辑规则。在现实中,一些人说的话之所以不能被人们理解,并不一定是因为他们口齿不清,而是因为他们说的话不合乎最基本语法规范和逻辑规则。学术语言也完全可以日常化。如果学术语言总是文绉绉的样子,它不仅难以被普通人接受和理解,而且会因为缺乏灵活性、生动性和鲜活性而受到学术界的排斥。使用学术语言的学者完全可以将学术语言讲得深入浅出、通俗易懂。

每一个民族的道德语言也都可以区分为"日常化的道德语言"和"理论化的道德语言"。前者主要用于满足人们进行日常道德对话和交流的需要;后者主要用于满足人们建构伦理思想和伦理学理论的需要。

第九章 中国道德话语的理论化发展

这两种道德语言在人类社会并存,构成人类道德语言的两个基本维度,彼此之间形成相互联系、相互影响、相互作用、相互贯通、相互支持的辩证关系。在人类社会,日常化的道德语言与理论化的道德语言都具有自己的发展空间,但它们需要通过相互转化、相互促进的方式来保养和增强各自的生命力。

所谓"中国道德话语的理论化发展",是指中国道德话语向系统化、理论化、知识化的中国伦理学话语体系转化和升华所获得的发展空间。与其他民族的道德语言一样,中国道德话语不可能停留于充当人们日常道德对话和交流工具的功能,而是必定会朝着理论化的方向突进。这是中国道德话语的内在本性,也是所有道德语言形态共有的内在本性。

理论化的中国道德话语与日常化的中国道德话语相比较而言。日常化的中国道德话语具有语境性、动态性、琐碎性、零散性、特殊性、偶然性等特征,而理论化的中国道德话语具有稳定性、静态性、系统性、整体性、普遍性、必然性等特征。

日常化的中国道德话语与理论化的中国道德话语是两种不同性质的道德语言。它们各有所长,又各有所短。一般来说,日常化的中国道德话语贴近中华民族的道德生活现实,能够满足中华民族进行日常道德对话、交流的实际需要,但它不仅很容易受到各种主观性因素的影响,而且无法说明自身的合理性价值,因此,它必须向理论化的中国道德话语转化,以提高自身的理论品质;理论化的中国道德话语体现中华民族的最强道德认知能力和最高道德理想追求,反映中华民族建构伦理思想和伦理学理论的集体意向性,但它不仅容易流于抽象,而且难以得到人们的普遍认知和理解,因此,它必须向日常化的中国道德话语转化,以增强自己的现实性。也就是说,日常化的中国道德话语与理论化的中国道德话语相区别而存在,但它们必须相向而行,才能构成相辅相成、相得益彰的良性关系。这是中国道德话语内含的辩证法。

区分日常化的中国道德话语和理论化的中国道德话语并不意味着两者之间存在一条无法逾越的鸿沟。人们在日常生活和工作中完全可能使用学术性中国道德话语,将"上善如水""厚德载物""仁者爱人""尽善尽美""大智若愚"等原本出自哲学家的道德话语随时挂在嘴巴上;学者也完全可能使用日常性中国道德话语,将"缺德""你的良心让狗给吃了""善有善报,恶有恶报"等"脱口而出"。

日常化的中国道德话语与理论化的中国道德话语是相互联系、相互影响的关系。普通人通过自己的悟性,或者通过学习,完全可能掌握丰富而深刻的学术性中国道德话语。学者通过自己的悟性,或者通过深入道德生活现实,也完全可能掌握丰富而鲜活的日常性中国道德话语。显而易见,普通人的道德生活能够在一定程度上学术化,学者的道德生活也可以在一定程度上日常化。普通人和学者不是两个井水不犯河水的群体,更不是水火不相容的两个群体。

二、中国道德话语理论化发展的历史记忆

中国道德话语的日常化发展和理论化发展并不是同步的。日常化的中国道德话语肯定先出现,尔后才有理论化的中国道德话语。中华文明早在夏朝（约公元前2070-前1600年）就已经出现,中国道德话语和中华伦理文化也大体上诞生于那个时候,但我国直到东周时期（约公元前770-前256年）才出现了老子、孔子、孟子、庄子、墨子等哲学家。西方文明发展史也是如此。古希腊文明的出现稍微晚于中华文明,但直到公元前6世纪前后才诞生西方第一位哲学家——泰勒斯,公元前5世纪才产生苏格拉底这样的伦理学家。

另外,研究中国道德话语理论化发展问题,并不意味着中国道德话语从来没有取得任何理论化发展成就。事实上,早在雅思贝尔斯所说的"轴心时代",老子、孔子、庄子等中国伦理学家就凭借其具有中国特色的伦理思想和伦理学话语体系在世界伦理学领域占据一席之地。这应该是中国道德话语实现理论化发展所取得的重大成就。"轴心时代"之后,中国伦理学历经秦朝、汉朝、唐朝、宋朝等朝代的发展。此间,中国道德话语的理论化发展历经各种变革,在形式和内容上均在不断变化,但总体上是沿着强调中国特色的道路推进,这是中国伦理学能够在世界伦理学中自成一家、别具一格、独具特色的重要原因。

中国道德话语的理论化发展给世人留下了丰富而生动的历史记忆。雅思贝尔斯曾经指出:"在中国,哲学家的名字很早便产生了影响,大

≪ 第九章 中国道德话语的理论化发展

人物扮演着重要的角色,但这不能以西方的标准和强烈的意识来衡量。"① 雅思贝尔斯的观点至少暗示我们,中国哲学源远流长,对中国社会发展影响深刻,并且具有中国特色。他并不知道,中国最著名的哲学家大都为伦理学家。他们往往对伦理问题给予更多的关注和研究,并在此过程中建构了自成体系、具有中国特色的伦理学话语体系。

研究中国道德话语理论化发展留给我们的历史记忆,有助于推动当代中国伦理学理论工作者更多地了解中国道德话语理论化发展的历史和中国传统伦理学的话语体系特色,有助于推动当代中华民族增强对中国道德话语和中国传统伦理学话语体系的自信,有助于推动我国社会各界在对中国道德话语和中国传统伦理学话语体系进行创造性转化和创新性发展方面做出更多、更大的努力。

新中国成立之后,在一大批伦理学理论工作者的共同努力下,我国伦理学学科体系逐步得到恢复和重建,在改革开放时代更是呈现出蓬勃发展的态势,中国道德话语的理论化发展也不断取得进展,但总体来看,当代中国伦理学缺乏话语体系特色的问题至今还没有得到很好解决,其主要表现至少有三个方面:其一,当代中国伦理学话语体系的外来性依然很强。一些人依然在不加批判地沿用苏联伦理学话语体系,更多的人(特别是正在成长的很多青年学者)对西方伦理学话语体系采取过分推崇和过多接受的态度。其二,当代中国伦理学理论工作者提出的创新性伦理概念有限。其三,绝大多数当代中国伦理学理论工作者建构中国特色伦理学话语体系的意识和自觉性还不够强烈。

三、改革开放对中国道德话语理论化发展的创新驱动

我国过去 40 多年的发展成就是在改革开放的创新驱动下完成的。在过去 40 多年,我们对改革开放的认识、理解和实践推进实现了从"将信将疑"到"坚信不疑"或从"摸着石头过河"到"坚定不移"的根本性转变,这不仅意味着改革开放推动我国人民逐步树立了中国特色社会主义理论自信、道路自信、制度自信和文化自信,而且意味

---

① 〔德〕卡尔·雅思贝尔斯. 大哲学家(修订版(上))[M]. 李雪涛,李秋零,王桐,姚彤,译. 北京:社会科学文献出版社,2010:33.

着改革开放推动我们将社会主义经济建设、政治建设、社会建设、文化建设、生态文明建设等提高到新水平、新高度和新境界。改革开放对当今中国的创新驱动作用是全方位的，他在我国伦理学领域的表现是：不断推进、不断拓展、不断深化的改革开放为我国伦理学的创新发展提供了强大动力；与我国改革开放从不成熟走向成熟的总体格局相融合，我国伦理学在过去40多年经历了从摸索性发展到稳健性发展的转型升级，目前已经迎来即将强起来的光明前景。对此，我们可以从以下三个方面予以解析。

第一，改革开放极大地增强了我国伦理学界的中国特色伦理学意识。

我国改革开放是以党中央领导我国人民坚定不移地推进中国特色社会主义建设作为主旋律的，它的冲锋号是党中央1978年对"实践是检验真理的唯一标准"这一马克思主义思想的重申，它的第一场攻坚战是以市场经济体制取代计划经济体制。新中国成立之后，我国照搬苏联计划经济体制，将国民经济的发展规划、管理模式、运行机制等完全纳入行政化轨道，从而形成了以中央行政指令为主导的计划经济体制。这种经济体制有利于凸显政府的经济管理职能，但不利于调动个人、企业、社会组织等市场经济主体的经济活动积极性和创造性，因而难以发掘和凸显社会主义国民经济应有的效率和活力。当它最终几乎将我国经济拖到崩溃边沿的时候，党中央决定实行改革开放政策，其首要举措是以市场经济体制取代僵死的计划经济体制。

改革开放的成功推进用事实证明了党中央决策的正确性。以市场经济体制取代计划经济体制再次彰显了马克思主义中国化道路的合理性。在探寻社会主义革命道路的过程中，中国共产党付出了惨痛代价才最终找到马克思主义与中国革命相结合的正确道路，也才具备拯救中国的资格、能力和智慧。新中国成立之后，中国共产党又在如何借助马克思主义推进社会主义建设问题上陷入困惑和争论。照搬苏联发展模式的失败再次给我们提供了历史教训，同时将我们又一次推上了坚持马克思主义中国化的正确道路。改革开放的巨大成功实质上是马克思主义中国化的巨大成功。

改革开放是我国人民过去40多年的生存语境。它不仅客观地存在

第九章 中国道德话语的理论化发展

着,而且决定着我们的所思所想和所作所为。40多年改革开放给中国带来了天翻地覆的变化,也给我们的生存打上了深深的烙印。要认知当今中国状况,必须深入了解当代中华民族对改革开放的正确选择和成功推进。只有这样,我们才能深刻认识、理解和把握党中央对改革开放的正确评价:"事实证明,改革开放是决定当代中国命运的关键选择,是党和人民事业大踏步赶上时代的重要法宝。"[1]

"改革开放最主要的成果是开创和发展了中国特色社会主义,为社会主义现代化建设提供了强大动力和有力保障。"[2] 开创中国特色社会主义,并赋予它勃勃生机,这是我国人民在改革开放的强大动力驱动下创造的伟大奇迹,它不仅极大地增强了当代中华民族的中国特色社会主义道路自信、理论自信、制度自信和文化自信,而且使中华民族伟大复兴中国梦的实现变得空前迫近。

人类普遍具有依赖传统的心理特征和思维习惯,因此,每一次重大社会变革都必须以思想解放为开端。思想解放的成败直接决定社会变革的成败。我国改革开放之所以能够开创和发展中国特色社会主义,是因为它的本质精神是"创新"。中国特色社会主义不彻底否定传统,但它要求对传统进行"扬弃",同时要求人们培养开放包容的美德和审时度势、高瞻远瞩的国际视野。从这种意义上来说,我国的改革开放首先是一场意义深远的思想解放运动。它的推进之所以艰难曲折,主要是因为很多人的思想观念始终难以跟上改革开放的快速步伐和我国社会现实日新月异的节拍。令人欣慰的是,在改革开放持续不断的创新驱动下,中华民族的创新精神和创造能力被越来越多地激发了出来,中国特色社会主义的伟大事业才因此而具有了越来越坚实的思想基础。

改革开放给我国人民带来的思想解放是全方位的。从我国伦理学界的情况来看,它不仅意味着我们对苏联伦理学研究范式的抛弃,而且意味着我们对中国特色伦理学的探索。进入改革开放时代之后,李奇、罗国杰等老一辈学者在沿用苏联伦理学研究范式的基础上逐步建

---

[1] 中共中央关于全面深化改革若干重大问题的决定[M]. 北京:人民出版社,2013:2.
[2] 中共中央关于全面深化改革若干重大问题的决定[M]. 北京:人民出版社,2013:2.

立了中国伦理学学科，并称之为"马克思主义伦理学"。这种伦理学理论体系坚持用历史唯物论和辩证唯物论来解释伦理学的基本问题以及道德的起源、含义、功能、本质、特征等伦理学理论问题，对我们认识伦理学的学科性质、研究对象、主要任务、方法论等具有启示价值，但它缺乏中国特色的局限性也显而易见。由于被深深地打上了苏联伦理学理论模式的烙印，我国改革开放之初的伦理学在形式和内容上均有较大的变革空间。

我国改革开放一直是在摸索中推进的。党中央在20世纪70年代末提出改革开放的宏伟蓝图之后，有关真理标准问题的讨论主要围绕改革开放"姓社"和"姓资"的论题展开，其实质是要对改革开放进行正确定位和定性，它说明我国社会各界在20世纪70、80年代对改革开放的认知和理解不完全统一。

伦理学在我国改革开放时代的发展也具有摸索性或探索性特征。在20世纪90年代之前，由于在形式上几乎完全照搬苏联伦理学模式，加上对中国传统伦理学的传承发展重视不够，我国伦理学缺乏中国特色的问题十分明显。进入90年代之后，随着建设中国特色社会主义、实行社会主义市场经济体制等内容进入我国宪法修正案，中国特色社会主义理论达到比较成熟的水平。与这种时代背景相一致，我国伦理学理论工作者的中国特色伦理学意识开始觉醒和逐步增强，并借助这种意识将我国伦理学研究逐步推入了繁荣发展阶段。进入繁荣发展阶段之后，特别是在党的十八大以后，我国伦理学界始终与党中央高举中国特色社会主义伟大旗帜的指示精神保持高度一致，立足中国特色社会主义经济、政治和文化蓬勃发展的现实，注重满足我国推进生态文明、建设文化强国、提升文化软实力等国家重大战略需求，密切关注经济全球化、人工智能技术等对当代人类道德生活的深刻影响，大胆地进行伦理学理论创新，从而将我国伦理学研究提高到新平台、新高度、新水平和新境界。

改革开放时代是我国伦理学界的中国特色伦理学意识逐步觉醒并得到不断增强的时代。与我国从计划经济体制转向市场经济体制的大时代背景相一致，我国伦理学界逐步实现了从模仿苏联伦理学的阶段转向了建构中国特色伦理学的阶段。历史地看，我国以市场经济体制

第九章 中国道德话语的理论化发展

取代计划经济体制的过程是逐步推进的，我国伦理学界以中国特色伦理学对苏联伦理学的取代也是逐渐完成的。这不仅仅用事实再次证明了每一次社会变革的复杂性和艰难性，更重要的是凸显了人类意识或思想观念转变的规律性。从历史唯物论的角度看，人类意识或思想观念总体上是不断向前发展的，但它不仅会受到社会存在的支配性影响，而且只能循序渐进地进化。

我国伦理学界旗帜鲜明地倡导中国特色伦理学意识仅仅是近些年的事情。中共中央2017年印发的《关于加快构建中国特色哲学社会科学的意见》具有象征意义，标志着我国哲学社会科学界推进学术研究的中国特色意识得到了质的提升，对中国特色哲学社会科学的发展具有不容忽视的助推作用。《意见》强调，要坚持和发展中国特色社会主义，必须加快构建中国特色哲学社会科学，要求中国哲学社会科学充分体现继承性、民族性、原创性、时代性、系统性、专业性，为"两个一百年"奋斗目标和中华民族伟大复兴的中国梦提供强有力的思想和理论支撑。作为哲学的一个重要分支学科，中国伦理学目前正在融入中国特色哲学社会科学发展的潮流。我们坚信，随着中国特色社会主义建设事业的不断推进，我国伦理学理论工作者的中国特色伦理学意识必将进一步增强，并在建构中国特色伦理学理论体系、话语体系、实践体系和传承传播体系方面做出更加卓越的贡献。

第二，改革开放极大地优化了中国伦理学的发展格局。

改革开放不仅仅将中国特色社会主义逐渐推入了新时代，更重要的是它极大地改变了社会主义中国在当今世界的存在和发展格局。总体来说，它将我国从世界的边缘地带推进到中心地带，使中国的国际地位、国际影响力和国际话语权得到大幅度提升，为当代中华民族以中国价值、中国智慧、中国方案和中国能力影响世界发展进程和参与全球治理创造了有利条件。具体地说，改革开放让中国的视野变得越来越开阔、胸襟变得越来越大气、境界变得越来越高远、形象变得越来越高大。由于存在和发展格局得到空前拓展，我国的发展状况在国际社会变得特别引人瞩目。

国家格局得到空前拓展的事实必然要求我国哲学社会科学具有与之相匹配的气象、气质、气势和气派。经过40多年发展，虽然我国伦理学在气象、气质、气势和气派上仍然有很大的提升空间，但是它已经展现出繁荣昌盛的气象、欣欣向荣的气质、磅礴强劲的气势和引领潮流的气派。

经过40多年发展，我国伦理学的学科格局基本定型，这为我国伦理学走向更加辉煌的前景奠定了必要的基础。一个学科在一个国家的发展状况首先取决于它的学科平台的好坏。伦理学在我国哲学学科中占据重要地位。在教育部设置的100个人文社会科学重点研究基地中，哲学学科共有9个基地，涵盖中国哲学、外国哲学、美学、逻辑学等8个分支学科，其中只有伦理学拥有2个基地，它们分别是中国人民大学的伦理学与道德建设研究中心和湖南师范大学的道德文化研究中心。我国目前从事伦理学教学和理论研究的人员数量众多。据不完全统计，仅中国伦理学会的正式注册会员就达到2000人之多。另外，中国伦理学会拥有2个会刊，即由天津社会科学院主办的《道德与文明》和由湖南师范大学道德文化研究中心主办的《伦理学研究》，这两个刊物均为中文社会科学引文索引（CSSCI）来源期刊、全国中文核心期刊、中国人文社会科学核心期刊和国家社科基金资助期刊，在我国哲学界具有广泛影响。这些事实说明，伦理学在我国哲学学科中具有重要地位，是一个发展比较成熟的哲学二级学科，具有庞大而稳定的研究队伍，拥有高大而优良的学科平台，呈现出蓬勃发展、繁荣昌盛的气象。

20世纪80年代，我国伦理学基本上是在模仿苏联伦理学理论范式基础上形成的理论研究格局，在形式和内容上均显得比较单一。自90年代开始，我国伦理学界逐步打破了这种格局，致力于在伦理学研究领域全面发力、用功，从而形成了中国伦理思想史、西方伦理思想史、伦理学基础理论和应用伦理学四个主要研究方向。这四个主要方向的逐步形成，不仅说明我国伦理学的规模在不断扩大，而且说明我国伦理学界对伦理学的学科性质、研究内容、研究方法等的认知达到新水平、新境界和新高度。我国伦理学界对伦理学研究方向的划分显得比较笼统、抽象，不像西方伦理学界那么强调精细、具体，但确立四个主要研究方向的意义不容低估。一方面，它明确了我国伦理学研究的范围，使我国伦理学的学科边界和研究路径变得清晰化；另一方面，它说明改革开放时代的中国伦理学具有贯通古今中外的气象、气质、气势和气派，表明我国伦理学在经过短短40年发展历程之后就开始凸显比较鲜明的中国特色和中国特征。

改革开放时代的中国伦理学大体上是沿着上述四个主要方向发展的。从宏观层面来看，我国伦理学界在上述四个主要方向上不仅都形成了比较强大的研究队伍，而且都取得了非常丰硕的理论成果。例如，在中国伦理思想史领域，我国学者或者对中国伦理思想史展开整体研究，或者侧重于研究儒家伦理思想史、道家伦理思想史和佛教伦理思想史，或者重点研究中国经济伦理思想史、中国政治伦理思想史等具体领域，或者着重研究中华民族道德生活史，或者聚焦于研究某个中国哲学家的伦理思想，从而形成了多种多样的研究范式。

格局决定视野。由于追求贯通古今中外的宏大格局，我国伦理学在最近10年开始焕发出勃勃生机，并彰显融合历史性与时代性、本土性与国际性的鲜明特征。在推动我国伦理学发展过程中，我国伦理学界既反对历史虚无主义，也反对全盘西化主义。一方面，我们主张对中国传统伦理思想和伦理学理论进行创造性转化和创新性发展，并在此基础上努力建构具有现代性特征的中国伦理思想体系和伦理学理论体系；另一方面，我们主张对西方伦理思想和伦理学理论内含的合理因子进行批判性借鉴，使之为建构中国特色伦理学的伟大工程提供合法性思想和理论资源。

从当前情况来看，我国伦理学已经开始呈现贯通古今中外的大格局、大气象、大气势和大气派。要使这种大格局变得更加稳固和更加有意义，我国伦理学界不能安于现状，而是应该保持应有的忧患意识。将中国伦理思想史、西方伦理思想史、伦理学基础理论和应用伦理学确立为我国伦理学发展的四个主要方向，这有助于增强我国伦理学研究的理论指向性和实践针对性，但它绝不意味着我国伦理学已经发展到完善的程度。无论在自然科学领域还是哲学社会科学领域，所有学科的发展只有进行时，没有完成时。我国伦理学也不例外。这不仅是因为我国伦理学领域还有很多问题域有待于我们去探索，而且是因为我国伦理学研究在理论创新、精细化等方面还与当代西方伦理学存在一定差距。

改革开放40多年是中华民族发奋图强的40多年。在这40多年里，我们完成了西方发达国家用上百年、甚至几百年才完成的很多事情。时至今日，虽然我国已经在经济建设、政治建设、社会建设、文化建设、生态文明建设等领域取得奇迹般的成就，但是我们与西方发达国家之间依然有差距。只有深刻认识这种差距，我们才能在不断增强道路自信、理论自信、制度自信和文化自信的同时保持必要的自我批评意识和自我革新意识，从而为我国伦理学的持续发展不断注入强大动力和创新活力。我国伦理学已经发展到在中国伦理思想史、西方伦理思想史、伦理学基础理论和应用伦理学四个主要方向全面推进的新时代，但这正如我们在中国特色社会主义推进到新时代的背景下将面临更多新问题、新任务、新使命的新状况，我国伦理学界必须为中国特色伦理学的进一步繁荣昌盛久久用心、久久用力、久久用功。

第三，改革开放极大地激发了中国伦理学的发展潜力。

改革开放创造的最大价值是我国人民的精神品质得到极大提高。置身于改革开放的时代潮流中，我国人民积极参与并大力推进中国特色社会主义建设事业，同时使自己的精神不断得到升华。具体地说，改革开放将我国人民从计划经济时代不强调能动性、创新性的精神状态中解放了出来，使之能够以自由的意志、精神参与市场经济活动，从而使当代中华民族推进国家建设、社会进步和文明发展的潜力得到最大限度的释放。人的潜力释放是我国改革开放能够取得巨大成就的深层原因。

潜力本质上是潜能。所谓潜能，就是处于潜伏状态的能量或能力；或者说，它是没有现实化的能量或能力。计划经济体制的最大弊端就是抑制了人的潜能或潜力，使之没有机会释放出来，从而将整个社会变得死气沉沉、缺乏活力。作为中国共产党治国理政的重要理念和方针政策，改革开放将当代中华民族潜藏的聪明才智和实践能力最大限度地激发了出来，使整个中国社会变得生机勃勃、充满活力。正是在这种有利的社会大环境中，我国各行各业在改革开放时代都迸发出前所未有的奋斗精神、开拓精神和创新精神。当代中国伦理学的发展生机和活力只不过是中华民族的潜能或潜力在改革开放时代得到释放的一种重要表现形式而已。

我国伦理学发展的潜力聚集在中国伦理学理论工作者身上。要实

第九章 中国道德话语的理论化发展

现中国特色伦理学的繁荣昌盛，我国需要有一支数量达到相当规模的伦理学研究队伍，更需要培养一大批伦理学大师。从总体数量来看，我国目前拥有的伦理学研究队伍已经非常庞大，其规模之大可能在世界各国中首屈一指。近20年的情况是，越来越多的人从不同领域进入伦理学研究领域，这不仅使我国伦理学研究队伍日益壮大，而且使伦理学在我国哲学学科中变成了"显学"。不过，从伦理学大师的数量来看，我国伦理学目前还处于积聚潜能和呼唤大师的阶段。

何为伦理学大师？就是对人类道德生活形成了深刻认知并拥有系统化伦理思想的哲学家。他们没有仅仅基于自身的个体意向性来认识、理解和把握人类道德生活的内涵和本质，而是从人类的集体意向性来审视和认知人类向往道德、尊重道德、追求道德和践行道德的必然性。

作为哲学的一个分支学科，伦理学发展的潜能或潜力取决于三个要素：一是伦理学理论工作者所能达到的道德形而上学思维高度；二是伦理学理论工作者对人类道德实践的了解深度；三是伦理学理论工作者对道德形而上学思维与人类道德实践的辩证关系的认知程度。具体地说，我国伦理学的发展状况取决于我国伦理学理论工作者在培养道德形而上学思维、了解人类道德实践以及认知它们之间的辩证关系方面所积聚的潜能状况。我国伦理学理论工作者只有在道德形而上学思维领域无限攀越的潜能，或者对人类道德实践的现实有深入了解的潜能，或者对道德形而上学思维与人类道德实践之间的关系有深刻把握的潜能，我国伦理学就会出现理论上上得去、实践上深入得了的问题，实现理论和实践的有机结合。

我国伦理学的繁荣昌盛需要建立在伦理学理论工作者的潜能积累上，但这绝非一日之功可以完成。另外，伦理学大师的培养是一个社会系统问题。一方面，它要求有一大批真正忠诚于伦理学事业的学者；另一方面，它也要求社会能够为伦理学大师的诞生创造有利条件。只有真正忠诚于伦理学事业的学者，伦理学才不会因为研究者缺乏沉思的美德而流于肤浅，也不会因为研究者缺乏创新精神而沦为僵化死板的文字游戏。从我国伦理学的发展状况来看，培养伦理学大师的主观和客观条件目前均处于酝酿、形成的过程中。随着改革开放的全面推进，我国社会各界对哲学特别是伦理学的需要必将变得越来越紧迫。

越来越多的人会认识到，一个强大的国家必须具有强大的民族精神，而真正强大的民族精神必须主要依靠强有力的伦理学来塑造。只有具备应有的主客观条件，伦理学大师才会在我国涌现出来。

在积聚伦理学发展潜能的过程中，我国伦理学界当前应该警惕伦理学被泛化的问题，因为它很容易制造这样一种假象：伦理学没有学科边界。泛化伦理学有两种主要表现形式：一是不加分析地将人类社会的所有问题都归结为伦理问题；二是不分青红皂白地从四面八方对伦理问题展开似是而非的研究。

泛化伦理学是对伦理学的矮化。伦理学从古至今是一门关于人事的科学，但这绝不意味着所有人类事务都可以归于伦理学的研究范围，更不意味着伦理学研究可以缺乏理论思辨性。伦理学的研究范围很宽广，特别重视研究现实道德问题，具有强烈的实践性特征，但它必须以理论理性作为支撑，否则，它既不具有知性基础，也不能解释道德实践的本质内涵。正因为如此，康德不仅反对人们从普通理性知识层面来认识、理解和把握道德现象，而且反对人们满足于从经验主义伦理学（如快乐主义伦理学）的层面来审视和认知道德现象，而是主张从道德形而上学的高度来研究道德现象。他试图建构一种以强调道德原则的普遍性和道德行为的必然性为主题的道德形而上学理论，其要旨是要引导人们摆脱普通道德理性知识和经验主义道德知识的局限性，推动人们形成理性主义道德思维，将人类的任性意志纳入理性的有效支配之中，使之提升为真正自由的善良意志，其根本目的是要证明人类不仅有能力对自身的行为发布道德律令或责任律令，并且有能力严格要求自身切实承担人之为人的道德责任。康德的道德形而上学理论至少告诉我们，伦理学是一门严肃的科学，它具有严格的学科边界。如果我们将伦理学当成一门没有边界的科学，表面的后果是我们会将它的科学性淹没在普通理性知识和经验主义知识的洪流之中，其实质则是我们会将伦理学严重矮化。被矮化的伦理学不可能揭示人类道德生活的普遍规律，更不可能对人类道德生活实践发挥应有的价值引导作用。

伦理学不是"清凉油"，更不是"万能药"。作为哲学的一个分支学科，它必须兼有理论思辨性和实践引导性。仅仅重视体现理论思辨性的伦理学可能流于抽象、空洞，而仅仅注重凸显实践引导性的伦理学又可能缺乏理论说服力。在泛化或矮化伦理学的时候，人们通常打着强调伦理学实践引导性的旗号，其实质是要将伦理学简单地等同于医学之类的应用性科学，并且将伦理学家对实践的价值引导简单地等同于医生开处方的技术性行为。

马克思主义哲学认为，任何事物的发展都遵循量变质变规律。中国传统哲学也强调，一个事物的发展是一个厚积薄发的过程。改革开放40多年不是一段很长的时间，但它为社会主义中国汇聚的潜能或潜力是巨大的。将潜能转化为现实需要时间，但只要我们能够看到潜能的存在，并且能够切实做好转化工作，它向现实性转化的时间就不会很长。我们坚信，与中华民族伟大复兴的中国梦日益迫近现实的事实相吻合，我国伦理学的发展也必将在不久的将来迎来繁花似锦的盛况。我们应该对改革开放和中国特色社会主义的发展前景满怀信心。同样，我国伦理学界应该对中国伦理学的大繁荣大发展抱持积极乐观的自信态度。

四、中国道德话语理论化发展亟须解决的问题

理论化发展是中国道德话语发展的一个重要维度。它自古就存在，但它在当今时代显得更加重要。当今时代，中国特色社会主义建设事业突飞猛进、日新月异，中华民族空前接近伟大复兴的宏伟目标，这极大地提振了当代中华民族的"四个自信"，但同时也将当代中华民族推到了很多新的挑战和问题面前。要更进一步推进中国道德话语的理论化发展，我们需要解决下列主要问题。

第一，深入把握中国道德话语理论化发展对中国伦理学的意义。

任何一种伦理学理论体系的诞生和发展都是以道德语言的理论化发展作为基础的。更进一步说，如果一个国家要建构具有自身特色的伦理学理论体系，它必须首先推进本国道德语言形成具有民族特色的理论化发展模式。建国之后，美国曾经经历过100多年没有本国特色的伦理学发展时期，因为它的道德语言几乎全部是从欧洲哲学家那里借来的。爱默生提出了"意识自立性"概念，表达了美利坚民族试图发展美国特色道德语言的愿望，但他并没有将这种愿望很好地落实。直到实用主义伦理学在19世纪末20世纪初兴起之后，美国才发明了真正具有美国特色的道德语言体系,也才拥有了真正意义上的本土伦理学话语体系。实用主义伦理学之所以被国内外学术界公认为美国本土伦理学的开端,是因为它对道德生活经验、道德信念、道德真理、道德实践等做出了几乎完全不同于欧洲伦理学家的诠释,并在此基础上形成了美国特有的理论化的道德语言体系,即实用主义伦理学话语体系。

促进中国道德话语的理论化发展是中华民族建构中国特色伦理学话语体系的必经之地。没有中国道德话语理论化发展的快速推进,就没有中国特色伦理学话语体系,也就没有中国特色伦理学。只有深刻认知和把握中国道德话语的理论化发展对中国伦理学的重要意义,我们才能懂得推进中国道德话语理论化发展的必要性和重要性,也才能增强推进这种发展的主体自觉性。

第二,明确我国当前推进中国道德话语理论化发展的理念。

要在当前促进中国道德话语的理论化发展,或者说,要实现中国特色伦理学话语体系的当代建构,我们应该首先树立正确理念。只有首先树立正确理念,我们对中国道德话语的理论化发展问题或中国特色伦理学话语体系的当代建构问题的认知才能达到哲学的高度,即达到从普遍性、必然性和规律性的高度来审视、考察和解析该问题的程度。一方面,我们不能有拔苗助长的心态,因为"哲学社会科学的特色、风格、气派,是发展到一定阶段的产物,是成熟的标志,是实力的象征,也是自信的体现";另一方面,我们也要有忧患意识、使命意识和担当意识,因为我国学术界目前"在学术命题、学术思想、学术观点、学术标准、学术话语上的能力和水平同我国综合国力和国际地位还不太相称"[1]。我国伦理学界目前需要树立的正确认识是:正确理念能够对中国道德话语的理论化发展或中国特色伦理学话语体系的当代建构发挥极其重要的先导和引导作用;一旦形成正确理念,我们就能够以当今中国社会的重大现实需要、中国道德话语的内在本质、中国伦理学的历史变迁规律等作为历史、现实和理论依据,深刻认识和切实推进中国道德话语的理论化发展或中国特色伦理学话语体系的当代建构工作。

---

[1] 习近平. 习近平谈治国理政:第二卷 [M]. 北京:外文出版社,2017:338.

第九章 中国道德话语的理论化发展

第三，创造推进中国道德话语理论化发展所需要的条件。

要在当前促进中国道德话语的理论化发展，或者说，要实现中国特色伦理学话语体系的当代建构，我们需要创造主客观条件。这些主客观条件是什么？它们实际上就是我国哲学繁荣发展所需要的条件。最重要的主观条件是：要更多地培养从内心深处热爱伦理学研究的人才队伍；他们能够以从事伦理学研究为事业，而不是仅仅视之为谋生的职业；他们还必须具有哲学家的精神气质，不脱离现实，擅长反思和沉思，具有理论创新的勇气和能力。最重要的客观条件是：要为我国伦理学理论工作者进行伦理学理论研究和道德实践探索提供良好的制度保障。在当今中国，越来越多的伦理学理论工作者已经深刻认识到促进中国道德话语理论化发展或建构中国特色伦理学话语体系的必要性和重要性，但受到僵化职称评定机制、科研成果评价机制等因素的限制，他们进行伦理学话语体系创新的积极性、能动性和创造性没有完全被激发出来。从这种意义上来说，促进中国道德话语的理论化发展或推进中国特色伦理学话语体系的当代建构，不仅仅是我国伦理学理论工作者的使命，而是整个中国社会的一个系统工程。

第四，建立推进中国道德话语理论化发展的价值评价指标体系。

要在当前促进中国道德话语的理论化发展，或者说，要实现中国特色伦理学话语体系的当代建构，我们需要有明确的价值目标指向。所谓"价值目标指向"，就是对中国道德话语的理论化发展进行正确价值定位；或者说，就是为中国道德话语的理论化发展确立价值评价指标体系。历史经验告诉我们，中国道德话语理论化发展的核心价值在于它的中国特色；"中国特色"是中国传统伦理学话语体系的核心价值所在，也是当代中国伦理学话语体系的核心价值所在。那么，什么是中国道德话语理论化发展或中国伦理学话语体系的中国特色呢？我们认为，它就是习近平总书记2016年5月17日在哲学社会科学工作座谈会上讲话中所强调的三个"体现"：一是体现继承性、民族性；二是体现原创性、时代性；三是体现系统性、专业性。也就是说，中国道德话语的理论化发展或中国特色伦理学话语体系的当代建构，应该以继承中国传统伦理学话语体系作为历史合法性和合理性依据和资源，应该以建构具有原创性和时代性的伦理学话语体系作为主旋律，应该以实现伦理学话语体系的系统性和专业性作为根本目的。更进一步说，当代中国伦理学界应该以建构中国特色的道德概念体系、道德意义表达体系、道德价值判断体系、道德推理逻辑体系等作为促进中国道德话语理论化发展或建构中国特色伦理学话语体系的具体价值目标。

第五，探寻我国当前推进中国道德话语理论化发展的具体路径。

要在当前促进中国道德话语的理论化发展，或者说，要实现中国特色伦理学话语体系的当代建构，我们需要有具体的路径。促进中国道德话语理论化发展的路径，即推进中国特色伦理学话语体系当代建构的路径，主要有三条：其一，对中国传统伦理学话语体系进行创新性转化和创造性发展的路径。中国传统伦理学包含大量可以为当代中国伦理学理论工作者传承、利用的话语资源，如尽善尽美、当仁不让、上善若水、相濡以沫等伦理术语，只要我们好好加以利用，它们就能够为我们所用。其二，对西方伦理学话语体系进行批判性借鉴的路径。西方伦理学发端于古希腊，近代在意大利、英国、德国、法国等欧洲国家得到蓬勃发展，二战之后又将发展重心转移到美国，拥有苏格拉底、柏拉图、亚里士多德、霍布斯、洛克、康德、黑格尔、尼采、罗尔斯等在伦理学话语体系建构上颇有造诣的伦理学家。在推进中国特色伦理学话语体系的当代建构过程中，对西方伦理学话语体系进行适当借鉴是必要的，但所有借鉴必须从中国国情出发，而不是不加批判地盲目引进。其三，原创性路径。要形成中国特色伦理学话语体系，我国伦理学理论工作者还要有提出新概念、新见解、新论断、新思想、新理论的勇气、能力和智慧，因为只有这样，我们才能抢占世界伦理学发展的前沿和高峰。

总而言之，"理论化发展"是中国道德话语存在状态的一个重要维度，其表现形态是中国伦理学话语体系。要深刻认识、理解和把握中国特色伦理学话语体系的当代建构问题，我们应该深入到中国道德话语的内在本性，即从它向理论化方向发展的必然性和规律性高度来思考问题，否则，我们对该问题的理论探索就会流于肤浅。中国道德话语的理论化发展模式是相对于它的日常化发展模式而言的，它具体表现为中国伦理学话语体系的建构和发展；中国道德话语理论化发展的核心价值在于它的中国特色,即实现中国特色伦理学话语体系的成功建构;当代中国伦理学缺乏话语体系特色的问题必须解决,否则,它就不能适应我国经济社会快速发展的现实需要,更不用说对中国特色社会主义建设事业发挥价值引领和价值护航的作用;我国当前促进中国道德话语理论化发展的核心任务是实现中国特色伦理学话语体系的当代建构,其核心要义和正确价值定位是"中国特色"。

第十章

中华民族的道德评价体系

建构中国特色社会主义道德评价体系是中国特色社会主义进入新时代的必然要求，既应基于中国特色社会主义建设的生动实践和实际需要思考问题，也应基于传统社会建构道德评价体系的历史经验。传统社会建构了具有中国特征、中国特色、中国特质的多元性道德评价体系。在建构中国特色社会主义道德评价体系成为紧迫需要的时代背景下，深入系统地研究中国传统道德评价的多元格局和当代价值具有重要理论意义和现实价值。

一、道德评价的内涵和民族差异性

道德评价是人类道德生活的重要内容。它是人类借助一定的道德价值标准或准则对其自身的道德生活进行评价的活动，反映一个事物对于人和社会的伦理意义和价值。

道德评价的前提是必须承认道德价值的实在性和客观性。道德价值是人类基于自身的道德需要确立的一种价值形态。在人类所追求的价值体系中，它居于基础地位，但它具有最稳固的特性。人类价值体系包括经济价值、政治价值、道德价值等多种形态。经济价值是指一个事物对于人和社会的经济意义，它具有动态变化性。例如，一块原生木头可能只有微不足道的经济价值，但它一旦被木匠精心加工，它的经济价值可能变得极高。政治价值是指一个事物对于人和社会的政治意义，它也具有动态变化性。"人在本性上是政治的"[1]，但人的政治信念和政治身份是可以改变的。因此，政治价值往往是不稳定的。

---

[1] 苗力田编. 亚里士多德选集：伦理学卷[M]. 北京：中国人民大学出版社，1999：14.

第十章 中华民族的道德评价体系

与经济价值和政治价值不同,道德价值是一种相对比较稳定的价值形态。它依附于人的道德身份。道德身份是人类最稳固的身份。无论一个人置身何处,他都必须讲道德。人的道德信念也可能发生变化,但他的道德身份必须是稳固的。正因为如此,在人类所能拥有的价值形态中,道德价值是最持久、最稳固的。

不同哲学家对"道德价值"有不同的认知和解释。康德认为:"一个行为要具有道德价值,必然是出于责任。"①意思是:(1)道德价值主要体现在人的道德行为上;(2)人类行为的道德价值是人类承担道德责任的结果。康德所说的"责任"是指"道德责任",康德视之为人类行为的道德价值根源。"一个出自责任的行为,其道德价值并不来自通过此行为而要实现的意图,而是来自行为被规定的准则。"②这显然是一种规范伦理学立场,其核心思想是将人类行为的道德价值最终完全归因于普遍有效的道德原则。

不同伦理学理论对道德价值的来源问题提供不同的答案。德性伦理学家则将人类行为的道德价值归因于行为与德性的吻合度,其核心思想是要求外在的德行与内在的德性相一致。德性伦理学家还将道德行为视为人类道德生活的落脚点,同时将人的内在德性视为人的外在道德行为的根源,强调"正确原则"对人类道德行为的引导作用,但他们往往更多地关注德性与德行的关系。在亚里士多德看来,道德行为本质上是"合乎德性的行为"③,它的道德价值则只能由人的内在德性决定。规范伦理学将道德原则视为道德价值的最终来源,其核心思想是强调人类应该以敬重甚至敬畏的态度对待普遍有效的道德原则,因此,它往往以动机论伦理学的形态呈现出来。德性伦理学也通常以动机论伦理学的形式表现出来,但它的核心思想与规范伦理学有着根本性区别。

---

① 〔德〕伊曼努尔·康德. 道德形而上学基础 [M]. 孙少伟,译. 北京:九州出版社,2006:17.
② 〔德〕伊曼努尔·康德. 道德形而上学基础 [M]. 孙少伟,译. 北京:九州出版社,2006:17.
③ 苗力田编. 亚里士多德选集:伦理学卷 [M]. 北京:中国人民大学出版社,1999:3.

道德评价的关键是必须确立道德价值标准。一切道德评价都是基于一定的道德价值标准展开的。道德价值标准是道德评价的依据。它不能由某个人确定，也不能由少数人确定，必须由社会约定俗成。能够充当道德评价标准的东西必须具有普遍有效性。它必须能够得到社会的普遍价值认同，并且对所有人都是有效的。

道德价值标准的普遍有效性只是相对于特定社会而言的，因为人类迄今为止所能拥有的道德主要是民族性道德。虽然不同民族所信奉和坚守的道德具有某种程度的相似性和共同性，但是它们更多彰显出民族差异性特征。例如，中华民族与美国人所信奉的道德就有显著差异。我们信奉的道德兼有儒家、道家、佛家等多种伦理思想流派的特征，其主要内容是追求天德、地德和人德合一的道德境界，而美国人信奉的道德主要是实用主义的，其主要内容是推崇实用价值、强调眼前利益的道德感。由于不同民族所信奉的道德并不相同，人类就难以拥有在全球范围内普遍有效的道德价值标准。

道德评价是每一个民族都会做的事情，但它具有民族差异性。不同民族对"道德评价"的认知和定义往往是不同的。不同的民族会依据不同的道德价值标准来进行道德评价，并形成具有民族差异性的道德评价模式。道德评价模式主要是民族性的。这是世界各国在道德评价领域容易产生争议的根源所在。

人类进行道德评价，直接目的是要检验其自身对一定的道德价值标准的遵循情况，间接目的是要将其自身的行为纳入一定的道德价值标准的规约之中。人类总是首先设置一定的道德价值标准，再用它们来进行道德评价。通过反反复复的道德评价，人类的行为自然而然就被纳入了其自身设定的道德价值标准的规约之中。

中华民族是世界民族之林中的一个重要成员，具有独特文化传统和民族精神。在绵延不绝的中华文明中，中国道德文化传统占据着核心位置。中华民族坚持尊德、崇德、守德，从而形成了源远流长、丰富多彩、博大精深的中国道德文化传统。

中国社会从古至今一直是一个伦理型社会。在传统社会，道德被人们视为不可须臾缺乏的东西。中华民族将道德视为人类安身立命的根本，将道德生活视为人类最基本的社会生活方式，形成了高度重视道德评价的优良传统。在当今中国社会，道德仍然居于特别重要的基础性地位。有调查数据显示，"中国文化依然偏向于伦理型文化，而不是法理型文化"①。当代中华民族并没有从根本上改变自身以道德评价为主导的文化传统。

中华民族将道德评价应用于生活的方方面面。中国社会是一个弥漫着浓烈的道德评价氛围的社会。人们工作、劳动、学习的时候，会受到道德评价；人们取得工作业绩、劳动业绩和学习业绩的时候，会受到道德评价；人们面对自己所犯的过错时，也会受到道德评价。世界上的其他民族也重视道德评价，但他们对道德评价的重视程度很难与中华民族相提并论。最重要的在于，中华民族所采用的道德评价体系是具有中国特征、中国特色、中国特质的体系。

二、儒道佛交相辉映的道德评价传统

在长期共处的道德生活中，中华民族建构了具有自身特色的道德评价传统或传统道德评价体系。

中国从古至今一直是一个多元文化社会。这集中体现在道德文化领域。中国道德文化发端于先秦时代。在先秦时代，战乱不断的社会现实给人们带来了诸多苦难，但同时为伦理思想的自由表达提供了机会。儒家、道家、墨家、法家等伦理思想流派登上中国历史舞台，创造了百花齐放、百家争鸣的盛况。时至汉代，佛家伦理思想随着佛教从印度传入中国，被很多中国民众接受，成为中国道德文化的一个重要脉流，中国道德文化的多元性特征得到进一步增强。在后来的历史变迁中，儒家伦理思想、道家伦理思想和佛家伦理思想脱颖而出，逐渐发展成为对中华民族影响最大的三种道德价值观形态和伦理思想形态。它们为中华民族提供了最有代表性和最有权威性的道德评价标准，对中华民族的道德生活发挥着强有力的价值指引作用。崇尚多元主义道德价值观是中华民族的悠久传统。中华民族道德生活史源远流长，但从来没有形成由某种单一的道德价值观主导道德生活的历史格局。

---

① 樊浩，王珏等.中国伦理道德状况报告［R］.北京：中国社会科学出版社，2012：21.

儒家道德价值观的主要内容可以概括为三个方面，即讲仁爱、守诚信、崇正义和勇于担当。儒家以天德、地德作为人德的来源和根本，并且要求人们以天地为师。孟子说："诚者，天之道也。思诚者，人之道也。"[①] 诚实是天道，思慕诚实是做人的道理。根据儒家伦理思想，人应该积极投身于现实生活，以自身的优良道德修养承担齐家、治国、平天下的道德责任。换言之，儒家道德价值观要求人们做人如山，自信、自立、自强，能够顶天立地、一身正气、大义凛然、正直可靠。

道家道德价值观以倡导低调、利他和不争为主要内容。在老子看来，人在宇宙中是渺小的，必须效法天地之道才能很好地生存。不过，道家对天德、地德的认知不同于儒家。它认为天德、地德是不张扬、大公无私、为而不争，因而要求人们做人如水，低调而不张扬，利他而不求回报，不争而知足。

佛家道德价值观也可以概括为三个方面，即悟空、无我和普度众生。"悟空"，就是悟透天理、物理和人理，做到"四大皆空"。"无我"，就是要忘记自我，一心向佛。"普度众生"，就是要慈悲为怀、心系天下苍生、愿意为天下苍生奉献自己的一切。佛家伦理思想追求大彻大悟的道德生活境界，反对为物所役、为世俗所累、为凡事所苦的生活方式。在佛家伦理思想中，做人当如菩提树，既扎根于现实土壤之中又超越于现实，既表现出积极入世的人生态度又表现出消极出世的超然境界。

中华民族在传统社会允许儒家、道家、佛家道德价值观并存，并且将它们都视为道德价值评价应该遵循的标准。这一方面说明中华民族在传统社会所崇尚的道德价值观具有多元主义特征，另一方面也说明中国传统道德评价体系本质上是多元化、多样化的格局。

儒家、道家和佛家道德价值观确实对传统社会的中华民族都有深刻影响。中华民族对儒家、道家和佛家道德价值观都采取接受的态度，但这并不意味着我们对它们的认知和定位是完全相同的。在接受和应用儒家、道家和佛家道德价值观的时候，中华民族往往赋予它们不同的功用和价值定位。

---

① 孟子［M］. 万丽华，蓝旭，译注. 北京：中华书局，2006：157.

第十章 中华民族的道德评价体系

一个人以何种人生态度生活,这不仅事关他自己的福祉,而且事关他人乃至整个社会的福祉。人生态度因人而异,但归纳起来无非有三种,即积极入世的人生态度、消极避世的人生态度和超然达观的人生态度。第一种人生态度主要为儒家所推崇,第二种人生态度主要为道家所推崇,第三种人生态度主要为佛家所推崇。儒家、道家和佛家是三种截然不同的道德价值观,也是三种有着根本区别的人生哲学观。

哲学对中华民族有着广泛而深刻的影响。中华民族热爱哲学,以拥有哲学智慧为荣,但我们对哲学的认识、理解和把握具有其他民族难以相提并论的灵活性。这主要是指,中华民族不会将哲学家的思想和理论当成教条来对待,而是总是能够从不同哲学家或不同哲学流派的哲学思想和理论中汲取对自己有用的内容。在中华民族眼里,只有有用的哲学思想和理论才是有价值的。我们从来不会盲目地推崇一种哲学思想和理论,但一旦认定某种哲学思想和理论是真理,就会长期信奉它、坚持它、践行它。

儒家道德价值观之所以能够长期受到中华民族的青睐,主要是因为它有助于培养人的乐观主义人生态度。中华民族总是要求自己以积极乐观的态度投身于工作、劳动、学习等具有积极价值的社会实践活动,并且将其视为人生价值的重要源泉。"人生百年,不可虚度","天地有万古,此身不再得;人生只百年,此日最易过。幸生其间,不可不知有生之乐,亦不可不怀虚生之忧"[①]。

中华民族往往用儒家道德价值观来鞭策自己和他人。在日常工作和生活中,中华民族喜欢用儒家创造的自强不息、君子务本、厚德载物、公而忘私、义无反顾、从善如流、勿以善小而不为等道德话语来勉励自己和他人,会用儒家喜欢讲述的盘古开天地、女娲补天、精卫填海、孟母三迁、岳母刺字、司马光砸缸等经典道德故事来激励自己和他人。这些道德话语和道德故事或者源自中国古代神话,或者源自《周易》《论语》《孟子》等儒家经典。它们体现儒家道德价值观的精髓,能够为中华民族培养积极向上的人生态度起到强有力的道德价值引领作用。

---

① 洪应明. 菜根谭 [M]. 穆易,译注. 长沙:岳麓书社,2011:48.

儒家道德评价体系的重点是要求人们具有自强不息、积极向上的道德态度。孔子说："君子之于天下也，无适也，无莫也，义之与比。"① 君子对于天下之事所持的态度是，既不是一定要做什么，也不是一定不做什么，他真正在乎的是如何合乎义的问题。儒家讲仁崇义，要求人们义薄云天。"见贤思齐焉，见不贤而内自省也。"② 一个人看见贤者，就应该想着如何向他看齐；看见不贤的人，就应该反省自己把事情做得怎么样的问题。儒家要求人们在任何时候都应该以积极的态度尊德、崇德和守德。儒家经典《礼记》更是用"礼"来规范人们的道德态度。它在开篇就说："毋不敬，俨若思，安定辞，安民哉。"③ 一个人遇事待人的时候应该恭敬、严谨，神态端庄持重，若有所思，说话谨慎、和气、得体，这样才能安定民心。儒家要求人们在任何时候都应该摆出严肃、端正、积极的道德态度。

中华民族在传统社会对儒家道德价值观的严格遵循，实际上是将其当作一种极其重要的道德评价标准来看待。它主要被用于评价人们对待工作、劳动、学习等实践活动的道德态度，要求人们积极投身于现实生活、勇于承担道德责任。在这一点上，中华民族普遍是儒家道德价值观的坚定信奉者、严格坚持者。这是一个严格的儒家道德评价体系，其总体要求是：在工作、劳动和学习的时候，每一个人都应该做"拼命三郎"式的人，不懒惰、不推卸责任、不得过且过，而是始终保持自强不息、积极进取、勇于担当、义无反顾的态度，否则，他就应该受到道德谴责。

中华民族也常常用道家道德价值观来评价人的人生态度。从道家哲学家的初衷来看，道家道德价值观是用于评价人的整体人生态度的，但中国民众在应用它的时候往往将其局限于评价自身对待业绩的态度。人们按照儒家道德价值观"拼命"工作、劳动和学习之后，必然会产生一定的"业绩"。在进行业绩评价的时候，中国民众往往不以儒家道德价值观作为道德评价标准，而是转而采取道家道德价值观，其要旨

---

① 论语 大学 中庸［M］．陈晓芬，徐儒宗，译注．北京：中华书局，2015：42.
② 论语 大学 中庸［M］．陈晓芬，徐儒宗，译注．北京：中华书局，2015：45.
③ 礼记·孝经［M］．胡平生，陈美兰，译注．北京：中华书局，2020：17.

是要求人们在业绩面前保持谦虚、低调、不张扬的态度。

中华民族历来具有要求人们在业绩面前戒骄戒躁的优良传统。在工作、劳动和学习的时候，一个人应该表现得越积极越好、越敢于担当越好、越有作为越好，而工作、劳动和学习一旦产生业绩，特别是产生了卓越的业绩，他就应该越谦虚越好、越低调越好、越不张扬越好。在中国社会，如果一个人在取得工作、劳动和学习业绩之后骄傲、高调、张扬，他往往会遭到道德谴责。这种道德评价方式主要是受到道家道德价值观影响的结果。

老子说："大成若缺，其用不弊。大盈若冲，其用不穷。大直若屈，大巧若拙，大辩若讷，大赢若绌。"① 最美好的东西看上去是有残缺的，但它的作用不会停止；最充盈的东西看上去是空虚的，但它的作用是不会穷尽的；最直的东西看上去是弯曲的，最灵巧的东西看上去是笨拙的，最有雄辩能力的人看上去有点木讷，最大的赢利看上去像亏损。道家认为，在取得大成就、大圆满、大顺利、大雄辩、大赢利的时候，人不应该沾沾自喜、骄傲自满、洋洋得意、不可一世，而是应该谦虚谨慎、戒骄戒躁、不张不扬。

道家道德评价体系的重点是要求人们具有谦虚、低调、不争的道德态度。老子说："天地所以能长且久者，以其不自生，故能长生。"② 天和地之所以能够长久存在，是因为它们不是为自己而生，所以能够长久。道家认为，天和地是伟大的，但它们并不以此为傲，这是能够天长地久的根本原因。老子又说："是以圣人后其身而身先，外其身而身存。以其无私，故能成其私。"③ 圣人将自己置于众人之后，但能够得到大家的推崇而突出自己；将自己置之度外，但能够保全自己；他是无私的，因而能够成就自己。道家反对人们以张扬、争夺的态度生活，主张人们以"无为"求得"有为"。

人做了某事之后，一切便不可改变。对于不可改变的事态，中华民族也会进行道德评价。儒家的道德评价是"既往不咎"。孔子说：

---

① 老子 [M]. 饶尚宽, 译注. 北京：中华书局, 2006: 111.
② 老子 [M]. 饶尚宽, 译注. 北京：中华书局, 2006: 18.
③ 老子 [M]. 饶尚宽, 译注. 北京：中华书局, 2006: 18.

"成事不说，遂事不谏，既往不咎。"① 已经做了的事情，不必再解释；已经完成的事情，不必再规劝；已经成为过去的事情，不必再追究。已经不可改变的事情，多说无益，主要得依靠当事人的自我反思才能体现其意义和价值。在面对已经发生的事态时，儒家往往主张采取包容的道德态度。

佛家对已经发生的事态进行道德评价时也往往主张采取包容的态度。儒家和佛家都深知，对于已经发生的事情，既然已经无法改变，最好的态度就是包容。包容并不意味着纵容。它只是对意欲反对和否定的事情进行容忍。包容从古至今都被视为一种美德。在很多时候，人与人之间的意见、看法、思想和理论是尖锐对立的，一方根本不可能说服另外一方接受自己的意见、看法、思想和理论，人们在此情况下只能对彼此之间的分歧采取容忍的态度。容忍自身意欲反对和否定的东西是包容的核心要义。

佛家道德评价体系的重点是要求人们具有悟空、忘我和普度众生的道德态度。"悟空"是对待宇宙万物的道德态度，"忘我"是对待自我的道德态度，"普度众生"是对待天下苍生的道德态度。在佛家伦理思想中，个人是渺小的，也是有智慧的；人能够通过悟空物理、看破红尘、忘我无私和普度众生成就自己的伟大。南怀瑾指出："功名富贵是过眼云烟，成佛成魔也是过眼云烟。真正成佛解脱者，是连佛也不成。无所谓佛，也无所谓魔，当下成就，一切解脱。"② 佛家伦理思想强调的是，一个人对人、对物、对佛都应该秉持珍视而又无所谓的道德态度。

中华民族是一个自信、自立、自强的民族，也是一个谦虚、低调、不张扬的民族，更是一个崇尚包容美德的民族。我们同时信奉儒家、道家、佛家等多种道德价值观，并且将它们都应用于具体的道德评价实践。在中国传统道德评价体系中，很难说哪一个是主流，哪一个是支流，因为它们是适用于不同语境而得到确立的道德评价体系。运用不同的道德价值观对人们在不同道德语境中的所作所为进行道德评价，

---

① 论语 大学 中庸［M］．陈晓芬，徐儒宗，译注．北京：中华书局，2015：35.
② 南怀瑾．学佛者的基本信念［M］．上海：复旦大学出版社，2016：3.

≪ 第十章 中华民族的道德评价体系

这不仅使得中华民族的传统道德评价具有强烈的语境性和多元性特征，而且使得中华民族的道德评价传统具有灵活变通的总体特征。

三、多元性传统道德评价体系的当代影响与价值指引

现在我们需要思考的问题是，中国传统社会的多元性道德评价体系能否对当代中华民族产生影响并发挥价值指引作用？答案是肯定的。

改革开放40多年，中国社会发生了深刻变化，但这并不意味着中国社会出现了断裂式的发展格局。一方面，受到"改革"和"开放"这两个引擎的强有力驱动，当代中华民族的思维方式、思想观念、价值观念、精神状态，不仅与传统社会的中华民族有着显著区别，而且与计划经济时代的中华民族有着巨大差异。尤其是进入中国特色社会主义新时代之后，由于中国经济实力表现出超越超级大国美国的良好态势、"强起来"的光明前景变得日益清晰、民族伟大复兴的步伐日益加快，中华民族的中国特色社会主义道路自信、理论自信、制度自信和文化自信空前高涨。另一方面，当代中华民族的思维方式、思想观念、价值观念、精神状态又保持着强烈的传承性和传统性。尤其是在党的十八大以后，以习近平同志为核心的党中央号召大力弘扬中华优秀传统文化，当代中华民族表现出回归传统思维、传统思想、传统价值观念和传统精神的强烈愿望。

当今中国社会状况只不过是整个人类社会发展状况的缩影。历史地看，人类社会总是在继承中发展，在发展中继承。任何一个社会的发展都不可能是断崖式的或隔断式的模式，而只能是"藕断丝连"式的或"扬弃"式的模式；或者说，每一个社会的发展总是会保持一定的传承性和连续性。在文化领域，人类社会的传承性和连续性表现得最为明显。

毛泽东早在1940年就曾经指出："中国现时的新政治新经济是从古代的旧政治旧经济发展而来的，中国现时的新文化也是从古代的旧文化发展而来，因此，我们必须尊重自己的历史，决不能割断历史。"[①]

[①] 中共中央宣传部编. 毛泽东邓小平江泽民论社会主义道德建设[M]. 北京：学习出版社，2001：56.

反对割断历史和传统是毛泽东的一贯立场。他甚至强调："我们信奉马克思主义是正确的思想方法，这并不意味着我们忽视中国文化遗产和非马克思主义的外国思想的价值。"① 因此，中华民族在传统社会长期坚持的多元性道德评价体系不可能因为时间的推移而在当今中国社会彻底消失。

多元性道德评价体系已经在中国传统社会模型化，它不可能被轻易改变。这是当代中华民族应该深刻认识的一个客观事实。它不仅根深蒂固地存在于中华民族的集体记忆和道德文化传统中，而且对中华民族的精神独立性发挥着极其重要的塑造作用。习近平总书记说："如果我们的人民不能坚持在我国大地上形成和发展起来的道德价值，而不加区分、盲目地成为西方道德价值的应声虫，那就真正要提出我们的国家和民族会不会失去自己的精神独立性的问题了。"② 显然在习近平总书记看来，能否用本民族长期坚持的道德价值标准来进行道德评价事关中华民族的精神独立性问题，应该受到中华民族的高度重视。

中华民族在传统社会长期坚持的多元性道德评价体系在当今中国社会仍然具有不容忽视的应用价值。这至少体现在五个方面：

第一，当代中华民族仍然在广泛地运用多元性道德评价体系进行道德评价。

中国共产党是一个有智慧的政党。中国共产党在十九届六中全会公报中对自身的百年奋斗史进行道德评价时就使用了中华民族的多元性道德评价体系和传统道德评价方式。一方面，它高度肯定自己在百年奋斗过程中建立的丰功伟绩，认为"过去一百年，党向人民、向历史交出了一份优异的答卷"③；另一方面，它同时要求全党必须"始终谦虚谨慎、不骄不躁、艰苦奋斗，不为任何风险所惧，不为任何干扰所惑，决不在根本性问题上出现颠覆性错误，以咬定青山不放松的执

---

① 中共中央宣传部编. 毛泽东邓小平江泽民论社会主义道德建设 [M]. 北京：学习出版社，2001：57.

② 中共中央文献研究室编. 习近平关于社会主义文化建设论述摘编 [M]. 北京：中央文献出版社，2017：139.

③ 党的十九届六中全会〈决议〉学习辅导百问 [M]. 北京：党建读物出版社，学习出版社，2021：10.

着奋力实现既定目标,以行百里者半九十的清醒不懈推进中华民族伟大复兴。"① 显而易见,中国共产党是在运用儒家道德评价方式来评价自己对待奋斗的道德态度,同时又运用道家道德评价方式来评价自己对待成绩的道德态度。只有深刻了解中华民族长久坚持的多元性道德评价体系和道德评价方式,我们才能读懂中国共产党进行自我道德评价的方式。

习近平总书记的自我要求、自我评价也体现了中国传统伦理智慧和中国传统道德评价的综合性特征。2019年,他在会见意大利众议长菲科时说:"这么大一个国家,责任非常重、工作非常艰巨。我将无我,不负人民。我愿意做到一个'无我'的状态,为中国的发展奉献自己。"② 这种自我要求、自我评价说明总书记身上既有胸怀天下、天下为公、心系人民的高尚道德情怀和勇于承担责任、敢于开拓进取的道德自信,又有"无我"的道德境界和乐于自我奉献的道德精神。与此同时,总书记总是要求自己和全党保持谦虚谨慎、戒骄戒躁的态度,并且总是将党和国家的发展成就归因于"人民"。他说:"人民是我们党执政的最大底气,是我们共和国的坚实根基,是我们强党兴国的根本所在。"③ 在此处,总书记显然是在告诫他自己和全党,并且要求他自己和全党同志在看到党和国家发展成就时一定要保持谦虚、低调、不张扬的道德态度,一定要看到广大人民群众创造历史的伟大功绩。

习近平总书记高度重视道德评价,将它作为新时代党建工作的一个重要内容。他指出:"为政之道,修身为本。干部的党性修养、道德水平,不会随着党龄工龄的增长而自然提高,也不会随着职务的升迁而自然提高,必须强化自我修炼、自我约束、自我改造。"④ 其意指,国家治理者的道德修养是治国理政的根本,因此,中国共产党党建工作的一个重点是必须培养党员干部的道德操守。他进一步强调:"干部

---

① 党的十九届六中全会〈决议〉学习辅导百问[M].北京:党建读物出版社,学习出版社,2021:11.
② 习近平.习近平谈治国理政:第三卷[M].北京:外文出版社,2020:144.
③ 习近平.习近平谈治国理政:第三卷[M].北京:外文出版社,2020:137.
④ 习近平.习近平谈治国理政:第三卷[M].北京:外文出版社,2020:521.

要想行得端、走得正，就必须涵养道德操守，明礼诚信，怀德自重，保持严肃的生活作风、培养健康的生活情趣，特别是要增强自制力，做到慎独慎微。"①显而易见，习近平总书记把道德操守的好坏作为我党衡量、判断和评价党员干部好坏的一个重要标准。

第二，多元性道德评价体系在当今中国社会仍然是塑造中华民族道德人格的强大力量。

道德评价是人类道德人格的重要建构者，对人类道德人格的塑造和发展起到不容忽视的塑造作用。人类总是生活在一定的道德评价体系之中。道德评价体系的运行会对人类产生潜移默化的影响，使之在接受道德评价的过程中塑造和发展自己的道德人格。

当代中华民族的道德人格在很大程度上仍然是由其自身在传统社会建构的多元性道德评价体系塑造的。当今中国社会仍然在用儒家、道家、佛家等道德价值观形态对人们进行多角度、多元化、多样态的道德价值评价，这使得我们的道德人格不可避免地具有多重性特征。在工作、劳动、学习的时候，我们往往尽力彰显出自信、自立、自强的道德人格。在接受业绩评价的时候，我们通常尽力展现出谦虚、低调、不张扬的道德人格。在面对犯错的人的时候，我们则常常表现出佛家倡导的道德人格，对他抱持包容的道德态度。

第三，多元性道德评价体系仍然是当代中华民族弘扬道德正能量的重要手段。

道德评价是人类道德生活的风向标，对人类道德生活发挥着极其重要的道德价值导向作用。它告诉人们应该追求什么样的道德价值、应该反对什么样的道德价值。

当今中国道德正能量的一个重要来源是中华传统美德。习近平总书记指出，"要理直气壮继承和弘扬中华民族传统美德"②，因为它们"是中华文化精髓，也受到国际社会推崇和称赞"③。中华民族的传统

---

① 习近平．习近平谈治国理政：第三卷［M］．北京：外文出版社，2020：521．
② 中共中央文献研究室编．习近平关于社会主义文化建设论述摘编［M］．北京：中央文献出版社，2017：139．
③ 中共中央文献研究室编．习近平关于社会主义文化建设论述摘编［M］．北京：中央文献出版社，2017：140．

第十章 中华民族的道德评价体系

美德是什么？它们在哪里？它们存在于儒家、道家、佛家等倡导的伦理思想、道德价值观和道德规范之中。中国传统伦理思想是历史的，又是超越历史的。它们中的很多思想观念和道德规范具有永不褪色的价值，应该被中华民族代代相传。

中华传统美德是由儒家、道家、佛家等传统伦理思想流派共同塑造的，更是由中华民族在传统社会的道德生活实践中共同塑造的，因此，它们在内容和形式上均具有复合性、综合性特征。例如，中华民族讲"自强不息"的同时会要求人们"戒骄戒躁"，因为自卑不是中华民族传统美德，自负也不是中华民族传统美德，只有"自强不息而又戒骄戒躁"才是中华民族倡导的传统美德。中华民族历来强调自信、自立、自强，反对自傲、自负、自狂，尤其反对得意忘形、不可一世的张狂，主张以自信、自立和自强立身，同时要求人们戒骄戒躁、低调做人。"自强不息而又戒骄戒躁"这一中华传统美德是由儒家道德价值观、道家道德价值观和佛家道德价值观复合而成的，它同时打上了儒家伦理思想、道家伦理思想和佛家伦理思想的烙印。在弘扬中华传统美德的时候，我们绝对不能满足于仅仅从儒家、道家或佛家伦理思想中挑取单一内容的做法，而是应该用复合的、综合的视角来审视、把握和选择它们。

"记忆需要来自集体源泉的养料持续不断地滋养，并且是由社会和道德的支柱来维持的。"① 当代中华民族的道德生活仍然受到其自身在传统社会建构的多元性道德评价体系的价值引领。与所有民族的道德生活一样，中华民族的道德生活不是盲目的。我们会对自身的道德生活进行道德价值导向，并使之沿着我们期望的价值指向展开；或者说，我们的道德生活总是指向特定的道德价值目标。儒家、道家、佛家等传统道德价值观形态都有能力对当代中华民族的道德生活提供有益的价值指引，我们应该将它们都视为自己应该采纳的道德评价标准，自觉接受它们的评价。

第四，中国传统道德评价体系是我国在中国特色社会主义新时代

---

① 〔法〕莫里斯·哈布瓦赫. 论集体记忆[M]. 毕然，郭金华，译. 上海：上海人民出版社，2002：60.

推进德法兼治国家治理方略的重要依据。

中国传统社会高度重视道德评价，并且长期采用多元性道德评价体系，这一方面充分凸显了道德评价在中国传统社会的重要性以及德治方略在我国传统国家治理中的重要作用，另一方面又导致了德治主义问题，即过分强调道德评价在国家治理中的作用的问题。受到德治主义观念的支配，中国传统社会长期采取以德治为主、法治为辅的国家治理模式，并且形成了以道德评价为主导的文化传统。

历史是一面能够映照真理的镜子。中国特色社会主义进入新时代以后，中华民族应该对中国传统道德评价体系的价值进行理性的认识和判断。一方面，我们应该看到多元性传统道德评价体系的历史合理性及其作为我国建构中国特色社会主义道德评价体系的历史合法性资源的重要价值；另一方面，我们也应该看到它的历史局限性，避免重蹈德治主义的覆辙。

当今中国已经超越以德治为主、法治为辅的发展阶段，坚持德治和法治相结合的国家治理方略已经成为时代趋势。习近平总书记的治国理政思想就充分体现了德治和法治的统一。他说："治理国家、治理社会必须一手抓法治、一手抓德治，既重视发挥法律的规范作用，又重视发挥道德的教化作用，实现法律和道德相辅相成、法治和德治相得益彰。"① 总书记深刻地洞察了法律和道德之间的辩证关系。他指出："法律是成文的道德，道德是内心的法律，法律和道德都具有规范社会行为、维护社会秩序的作用。"② 在德治和法治相结合的国家治理方略成为时代大势的背景下，当代中华民族应该借鉴先辈的智慧，继续重视道德评价的作用，同时又为它设置明确的价值边界。中国特色社会主义进入新时代的一个重要标志是：道德评价被严格限制在"适当"的范围内发挥作用，法律制度评价受到空前重视，它至少被提升到了与道德评价同等重要的地位。

第五，多元性道德评价体系在中国传统社会长期存在的历史事实

---

① 中共中央文献研究室编．习近平关于社会主义文化建设论述摘编[M]．北京：中央文献出版社，2017：144-145．

② 中共中央文献研究室编．习近平关于社会主义文化建设论述摘编[M]．北京：中央文献出版社，2017：144．

对当今中国建构中国特色社会主义道德评价体系具有一定的启示价值。

中国传统社会长期采用多元性道德价值评价体系进行道德评价,这至少说明由儒家、道家、佛家等传统道德价值观形态共同构成的综合性道德评价体系具有历史合理性。它在中国传统社会发挥了引导中华民族向善、求善和行善的积极作用,也能够给当代中华民族建构中国特色社会主义道德评价体系提供有益的启示。

中国特色社会主义新时代,是中华民族伟大复兴与世界百年未有之大变局相互激荡、相互交织的时代,是经济全球化进程不断深化、网络空间不断拓展、人工智能技术发展日新月异、人口流动性日益增强的时代,是人与物、人与人、人与自然之间的关系需要重构的时代。这种时代背景必然要求有新的道德评价体系与之相匹配。紧密对接中国特色社会主义进入新时代的内在要求,当今中国应该建构中国特色社会主义道德评价体系。它应该是一个能够集统一性与多元性于一体的庞大体系,它所依据的道德价值标准应该涵盖中国特色社会主义建设事业所需要的各种道德价值观形态。具体地说,当今中国既应该用社会主义核心价值观、社会主义公民道德规范等来整合、统一和评价我国社会各界的道德思维、道德认知、道德情感、道德意志、道德信念、道德语言、道德行为、道德记忆,也应该给人们运用中华传统美德以及环境道德、网络道德、人工智能道德、国际道德等新的道德价值观、道德规范进行道德评价留下充分的空间。

"不忘本来才能开辟未来,善于继承才能更好创新。"[①] 道德评价的根本目的是要引导人们尊德、崇德和守德。建构中国特色社会主义道德评价体系是新时代的当务之急,其根本目的是"要持续深化社会主义思想道德建设,弘扬中华传统美德,弘扬时代新风,用社会主义核心价值观凝魂聚力,更好构筑中国精神、中国价值、中国力量,为中国特色社会主义事业提供源源不断的精神动力和道德滋养"[②]。为了实施好、完成好建构中国特色社会主义道德评价体系这一巨大工程,

---

① 中共中央文献研究室编. 习近平关于社会主义文化建设论述摘编[M]. 北京:中央文献出版社,2017:140.

② 中共中央文献研究室编. 习近平关于社会主义文化建设论述摘编[M]. 北京:中央文献出版社,2017:146.

我们应该从中华民族的道德评价传统中汲取思想资源和智慧启迪。中华民族在传统社会长期坚持多元性道德评价体系的伦理智慧启示我们，中国特色社会主义道德评价体系应该保持一定程度的多元性和多样性。

第十一章

中国道德话语的道德记忆承载功能

中华民族具有自己的道德语言，也具有自己的道德记忆。"中华民族的道德语言"可以被称为"中国道德话语"。本章拟从道德语言学和道德记忆理论的复合视角探究中国道德话语对中华民族道德记忆的承载功能。

一、道德记忆：中华民族的道德之本

中华民族从远古走来，一路上坎坎坷坷，经历了错综复杂的生存经历，也建构了错综复杂的生存记忆。与所有民族一样，中华民族在过去拥有的生存经历不会随着时间的推移而消失，而是会被刻写成记忆。中华民族的生存记忆实质上就是中华民族的历史记忆。我们的生存经历属于过去，并且总是以"历史"的形式存在。中华民族的生存活动在很大程度上依赖自己的记忆思维活动。

道德记忆是历史记忆的重要表现形式。它是连接人类道德生活的过去和现在的桥梁或纽带。人类道德生活不可能完全以现在为起点。"现在"意味着"当下"或"目前"，但它是"过去"得以延伸的结果。人类在过去经历的道德生活是我们在现在过道德生活的本、源，它们所形成的道德记忆是我们在现在向善、求善和行善的历史依据。人类在漫长道德生活中留下的道德记忆为我们在当下向往道德、追求道德和践行道德提供了历史合理性和合法性资源。

道德记忆可以从主体的角度区分为个体道德记忆和集体道德记忆。个体道德记忆主要是人类个体对个人道德生活经历的记忆，它主要发生在个人身上。作为道德记忆的现实主体，个人对个体道德记忆有着最直接、最深刻的体会，对它存在的实在性、主要功能、价值维度等也有着最全面、最系统的认识。集体道德记忆主要是人类对集体道德生活经历的记忆,它主要发生在人类集体身上。人类集体具有一定的抽象性,但它可以通过家庭、民族、团队、党派、军队、国家等形式显示其存在。集体道德记忆是人类以家庭、民族、团队、党派、军队、国家等集体形式为载体展现出来的一种道德记忆形式。

集体道德记忆的发生机制不同于个体道德记忆。个体道德记忆是通过个人头脑所具有的记忆功能来发挥作用的,因此,具有正常记忆思维能力的人都可能具有个体道德记忆。个体道德记忆发生和运作的一个必要条件是个人必须具备正常的记忆思维能力,但它还会受到个人道德记忆思维的意向性和目的性的深刻影响。一个人愿意记忆什么和不愿意记忆什么,这深刻地影响着个体道德记忆的内容和方式,并使个体道德记忆具有选择性特征。集体道德记忆需要通过人类集体的"头脑"来发挥作用,但这种"头脑"是一种抽象物。它是由从属于人类集体的所有个人的"头脑"整合、统一而成的,因此,它是基于集体性记忆思维能力而形成的一种道德记忆。集体道德记忆也是选择性的,因为一个集体愿意记忆什么和不愿意记忆什么,这是由集体道德记忆思维的意向性和目的性决定的。在个体道德记忆的框架内,个人是道德记忆思维活动的主导力量。在集体道德记忆的框架内,集体是道德记忆思维活动的主导力量。个体道德记忆发生的时候,个人是主动的,他的道德记忆思维能力、意向性和目的性支配着人类的道德记忆思维活动。集体道德记忆发生的时候,集体是主动的,它的道德记忆思维能力、意向性和目的性支配着人类的道德思维活动。个人是集体道德记忆的参与者,但他的参与是被动的,因为在集体道德记忆的框架内,个人不是在独立自主地展开道德记忆思维活动,而是和集体的所有人一起在展开道德记忆活动。

民族是常见的一种人类集体。世界上的每一个民族在其发展过程中都会拥有集体性道德生活经历,都会形成具有民族特色的伦理思想传统,并且会通过它的集体道德记忆不断传承和传播。然而,不同民族所拥有的集体道德记忆是不同的。有些民族历来主张民族与民族之间相互包容、和平相处和互利共赢,因此,它们的民族性集体道德记忆充满着它们促进世界各民族和睦相处、和谐发展和同生共荣的内容。有些民族历来崇尚民族与民族之间的征战和侵略,因此,它们的民族

第十一章 中国道德话语的道德记忆承载功能

性集体道德记忆充满着它们试图用武力征服、控制和统治其他民族的内容。

一个民族的集体道德记忆是该民族的所有成员在长期共同生活的过程中逐渐积淀起来的。由于长期在同一个社会共同体中生存和发展，同属于一个民族的成员在道德生活方式和道德生活内容上容易相互影响、相互贯通和相互融合，他们的许多道德生活经历是共同的，他们也会因此而形成大量共同的民族性集体道德记忆。他们可能为了建立一个独立自主的国家而齐心协力发动了一场惊心动魄的社会革命，并在革命中展现了不畏艰难、不怕牺牲、团结一致的伦理精神；他们可能为了民族的独立而共同抵抗过外来侵略，并在抵抗侵略的过程中展现了同仇敌忾、英勇杀敌、不屈不挠的伦理气节；他们可能为了推进社会和国家的发展而同心同德地完成了一次大规模的社会变革运动，并在运动中展现了与时俱进、敢于创新、破旧立新的伦理勇气。一个民族的集体道德记忆主要记录该民族的光荣过去，它是该民族建构其道德生活史的主要史料来源。

集体道德记忆的形成有利于推动人类集体对其过去的所思所想和所作所为承担集体道德责任。与所有民族的道德记忆一样，中华民族的道德记忆既有集体性的一面，又有个体性的一面。前者是指中华民族能够作为一个集体存在，能够拥有集体性道德生活经历，并且能够建构自己的集体性道德记忆。后者指中华民族的每一个成员能够作为个人存在，能够拥有个体性道德生活经历，并且能够建构自己的个体性道德记忆。

道德记忆是中华民族的道德之本。中华民族是一个尊德、崇德、守德的伟大民族，高度重视道德在个人生活、民族生存和国家发展中的根本作用。习近平总书记历来将道德视为国之根本、人之根本。他说："国无德不兴，人无德不立。"① 在总书记看来，道德是国家文化软实力的重要衡量指标。他强调："提高国家文化软实力，一个很重要

---

① 中共中央文献研究室编．习近平关于社会主义文化建设论述摘编［M］．北京：中央文献出版社，2017：137．

的工作就是从思想道德抓起,从社会风气抓起,从每一个人抓起。"①另外,中华民族特别重视建构和传承传播自己的道德记忆。我们将自己在过去经历的道德生活经历记录下来,代代相传,从而形成了源远流长的道德记忆。中华民族的道德记忆不仅记录了中华儿女在过去经过的道德生活经历,而且为中华儿女在当下和未来推进道德生活提供了道德基础。

中华民族的后面拖着一长串道德记忆。它是中华民族行稳致远的道德根基。中华民族尊德、崇德、守德的优良传统实质上是通过自身的道德记忆得到体现的。无论它是集体性的还是个体性的,它都是中华民族安身立命的根本。历史地看,中华民族之所以坚持不懈地尊德、崇德和守德,从根本上来说是因为我们的先辈一直在尊德、崇德和守德,并且给我们留下了根深蒂固、内容丰富的道德记忆。中华民族的道德生活具有传承性。我们继承着先辈通过道德记忆传承下来的道德文化传统,并且一如既往地过着道德生活,从而将自己的道德文化传统不断发扬光大。

道德记忆对中华民族的生存和发展具有根本意义。中国社会从古至今一直是一个伦理型社会。中华民族可以没有宗教信仰,但不能没有道德信念。对于中华民族来说,不信奉神不是什么大问题,但如果一个人没有道德修养和道德信念,他生存的意义和价值就会遭到质疑甚至否定。甚至可以说,中华民族什么都可以缺,但就是不能缺德,因为道德是中华民族的根。中华民族具有根深蒂固的道德情结。我们一直坚守着自己的道德根本,这是中华文化和中华文明能够绵延不绝、长久不衰的根本原因。

"一个国家的文化创新和建设,都不可能是超脱传统文化的无历史的,就是说,都必然要以传统为其文化资源。"② 中国传统文化是一个非常庞大的体系,它的精髓是存在于中华民族道德记忆之中的中华传统美德。中华传统美德之所以能够得到不断传承传播和不断彰显出时

---

① 中共中央文献研究室编. 习近平关于社会主义文化建设论述摘编[M]. 北京:中央文献出版社,2017:137.

② 朱贻庭. 中国传统伦理思想史:第四版[M]. 上海:华东师范大学出版社,2009:381.

第十一章 中国道德话语的道德记忆承载功能

代价值，这从根本上来说得归因于中华民族的道德记忆。中华民族的道德记忆是中华传统美德的载体，是中国道德文化传统的载体，是当代中华民族建设中国特色社会主义道德文化的资源。

中华民族必须依靠自身的道德记忆才能在道德生活道路上不断前进。中华民族的道德记忆让我们与自己的过去紧密相连，推动着我们从道德上反思过去的所思所想和所作所为的道德价值，驱动着我们对过去的一切承担应有的道德责任。与此同时，它又让我们能够不断看到未来的道德生活希望。只要中华民族的道德记忆在不断建构，中华民族的道德生活就会不断延续下去，中华民族尊德、崇德和守德的优良传统就会不断发扬光大。中华民族应该珍惜自己的道德记忆、守护自己的道德记忆、依托自己的道德记忆。

二、中国道德话语：中华民族道德记忆的直接现实

马克思对语言有深入研究。首先，他将它视为一种与"精神"不同的"物质"。他说："'精神'从一开始就很倒霉，受到物质的'纠缠'，物质在这里表现为震动着的空气层、声音，简言之，即语言。"[1] 其意指，语言是震动着的物质性的空气层、声音。其次，他将语言界定为一种"意识"。他说："语言和意识具有同样长久的历史；语言是一种实践的、既为别人存在因而也为我自身而存在的、现实的意识。语言也和意识一样，只是由于需要，由于和他人交往的迫切需要才产生的。"[2] 其意指，语言是人类为了相互交往的需要而建构的一种实践的、现实的意识。再次，他进一步将作为意识存在的语言定义为思想的直接现实。他说："思想、观念、意识的生产最初是直接与人们的物质活动，与人们的物质交往，与现实生活的语言交织在一起的。"[3] 这一论断意指，语言直接反映人的思想、观念、意识等方面的状况。显

---

[1] 中共中央马克思恩格斯列宁斯大林著作编译局编译．马克思恩格斯文集：第1卷 [M]．北京：人民出版社，2009：533.
[2] 中共中央马克思恩格斯列宁斯大林著作编译局编译．马克思恩格斯文集：第1卷 [M]．北京：人民出版社，2009：533.
[3] 中共中央马克思恩格斯列宁斯大林著作编译局编译．马克思恩格斯文集：第1卷 [M]．北京：人民出版社，2009：524.

然在马克思看来，语言既是物质的，也是精神的。

道德语言是人类语言体系的一个子系统。从属于"语言"这一母系统，它必然兼有物质性和精神性特征。首先，它是一种物质性的震动着的空气层、声音，能够被人听见。其次，它是人类为了道德生活交际、交往、交流需要而展开的一种意识活动，是一种能够被人自身意识到的意识。再次，它直接反映人的道德思想、道德观念和道德意识状况。作为物质和精神存在的道德语言是人类道德生活的语言表达系统。它是由具体的道德概念、道德术语、道德判断、道德命题等构成的一个语言体系。

中国道德话语是中华民族共同拥有的道德语言体系。它是中华民族为了满足道德生活交际、交往和交流需要而建构的一个道德语言体系，内含着中华民族主要用汉语建构的道德概念、道德术语、道德判断、道德命题等要素，反映中华民族在长期、共同的道德生活中形成的道德思想、道德观念、道德意识等方面的状况。中国道德话语是中华民族的道德生活表达系统。

道德记忆既是中华民族道德生活的一个重要内容，又是中华民族道德生活的记录者。所谓"道德记忆"，它是"人类运用其记忆能力对自身特有的道德生活经历的记忆"[①]。中华民族将自己的道德生活经历记录下来，并且代代相传，从而建构了自身的道德记忆。一方面，中华民族在推进道德生活的过程中必然有"道德记忆"这一环节和内容；另一方面，道德记忆又承担着记录中华民族道德生活经历的任务。由于道德记忆本身是中华民族道德生活的一个重要内容，中华民族的道德记忆也以自身作为记忆对象和内容。

作为中华民族道德生活的表达系统，中国道德话语的一个重要职能是表达中华民族的道德记忆。在中华民族的道德记忆中，收藏着我们在过去经历的道德思维、道德认知、道德情感、道德意志、道德信念、道德语言、道德行为、道德记忆等内容。我们经历过这些道德生活内容，并且将它们刻写成道德记忆，以使自己的道德生活经历不会因为时间的推移而消失，而为了达到这一目的，我们在绝大多数时候

---

① 向玉乔. 道德记忆［M］. 北京：中国人民大学出版社，2020：10.

第十一章　中国道德话语的道德记忆承载功能

必须借助中国道德话语的力量。

中国道德话语是中华民族建构道德记忆必须依靠的主要手段。只有通过中国道德话语的不断表达，中华民族的道德记忆才能得以建构。也就是说，中国道德话语对中华民族的道德记忆的表达不是一次性的，而是反复的、不断的。进一步说，中华民族借助自己的道德语言将自己的道德生活经历一次又一次地表达出来，使之在同代人之间和代际之间不断得到传承传播，这是中华民族的道德记忆得以建构的主要途径。

中国道德话语可以听、可以说、可以读、可以写。它们既是中国道德话语存在的主要方式，也是中华民族的道德记忆得以建构的主要方式。我们不仅拥有自己的道德生活经历，而且能够凭借自己的听力、口头表达能力、阅读能力和书写能力将它们记录下来、传达给自己的同代人和后代人，从来建构出源远流长、丰富多彩、博大精深的道德记忆。

中华民族的道德记忆之所以能够不断呈现为一种现实性，这在很大程度上得归功于中国道德话语。中国道德话语使中华民族的道德记忆能够在每一代中华儿女的现实生活中一次又一次地呈现出来，使之不断重复、不断翻新，这就好比人们每隔一段时间就将一栋古老的房子进行翻新、维修的事态，它可以使那栋房子永久存在。中华民族的道德记忆是历史的，也是现实的。它是从历史中传承下来的，但它同时又延伸到了实实在在的现实之中，甚至会延伸到未来的时空。

孔子是先秦时代的一位伟大哲学家。他之所以能够被一代又一代中华民族知晓，不仅仅是因为他著有举世闻名的《论语》，更重要的是因为他的《论语》是一代代中华民族的必读书籍。孔子将他对人类道德生活的认识、理解和把握变成文字，用通俗易懂的语言将他倡导的"君子务本""见利思义""德不孤，必有邻""己所不欲，勿施于人""己欲立而立人，己欲达而达人"等伦理思想表达了出来。作为儒家伦理学的创始人和最重要的代表人物，孔子的伦理思想被一代又一代中华民族传承传播。它们既是中国道德话语的重要内容，也是中华民族道德记忆的重要内容。

在中华儿女的眼里，孔子始终是一个鲜活的哲学家。他是一个历史人物，也是一个现实人物，因为他一直存在于中华儿女的生活中。一代又一代的中华儿女都在说着他在先秦时代就已经说出来的道德语言，一代又一代的中华儿女都在用他的伦理思想引领自己的道德生活。他言说过的儒家道德语言被视为中国道德话语的经典道德语言，他表达过的儒家伦理思想则被视为中华民族道德记忆的经典内容。

中华民族的道德记忆必须借助一定的条件才能得以建构。首先，它必须以中华儿女的记忆能力作为必要条件。没有记忆能力，中华民族建构道德记忆的事态是无法想象的。其次，它也必须以中国道德话语作为必要条件。如果中国道德话语不出场，中华民族的道德记忆也是无法建构的。中华民族的道德记忆往往是通过语言符号的表达得到确立的，否则，它只能处于被遮蔽的状态。记忆能力和道德语言能力都是中华民族建构道德记忆的必要条件。

马克思说："人们是自己的观念、思想等等的生产者，但这里所说的人们是现实的、从事活动的人们，他们受自己的生产力和与之相适应的交往的一定发展——直到交往的最遥远的形态——所制约。"① 中华民族建构道德记忆的活动既是一种与古人、先辈之间的交际、交往和交流活动，也是一种现实的、实践的活动。在这一活动得以展开的过程中，中国道德话语发挥着极其重要的建构作用。

马克思还说："不是意识决定生活，而是生活决定意识。"② 道德记忆是中华民族的重要道德生活方式，也是中华民族的重要道德生活内容。它有能力决定中国道德话语的存在状况。有什么样的中华民族道德记忆，就有什么样的中国道德话语。中国道德话语不仅将中华民族的道德记忆表达出来，而且使它获得强烈的现实性。只有通过中国道德话语表达的中华民族道德记忆才能作为直接的现实性呈现在人们面前。中国道德话语可以被视为中华民族道德记忆的镜子。在它的映照下，中华民族的道德记忆才能变成可以被人们感知的东西，也才能对人们的现实生活产生实际的影响。

---

① 中共中央马克思恩格斯列宁斯大林著作编译局编译. 马克思恩格斯文集：第1卷 [M]. 北京：人民出版社，2009：524-525.

② 中共中央马克思恩格斯列宁斯大林著作编译局编译. 马克思恩格斯文集：第1卷 [M]. 北京：人民出版社，2009：525.

要探知中华民族道德记忆世界的奥秘，必须深入系统地研究中国道德话语。中华民族的道德记忆是隐藏于中国道德话语背后的东西。它是现实的，但不是赤裸裸的现实。它必须借助中国道德话语的表达功能来解蔽自身。中华民族之所以发明中国道德话语，部分目的是为了解蔽中华民族的道德记忆。在中国道德话语对中华民族道德生活的表达内容中，中华民族的道德记忆历来占据不容忽视的重要地位。中国道德话语与中华民族道德记忆之间的关系本质上是形式和内容的关系，因而也是相互联系、相互作用、相互影响、相辅相成的关系。

三、中华民族道德记忆史与中国道德话语史交相辉映的图景

中华民族具有源远流长的道德生活史。它是中华民族借助自身的道德记忆能力和道德语言能力建构的。中华民族是一个命运共同体，更是一个伦理共同体。在长期共同的生活模式中，中华民族不仅筑牢了命运与共的民族共同体意识，而且形成了同心同德的伦理共同体精神。中华民族道德生活史是一副内容复杂、内涵丰富的历史画卷，它必须经过中华民族的道德记忆刻写和道德语言表达才能完成。它是由中华民族道德记忆史和中国道德话语史交相辉映而成的一副美图。

在中华民族道德生活史的画卷中，一页是中华民族道德记忆史，另一页是中国道德话语史，前者是内容，后者是形式，两者相辅相成、相得益彰，共同谱写出中华民族道德生活史的绚丽华章。

中华民族的道德记忆兼有个体性和集体性。一方面，它是关于每一个中华儿女的个体性道德生活经历的记录。马克思说："全部人类历史的第一个前提无疑是有生命的个人的存在。"① 中华民族是由现实的个人组成的，他们具有个体性的道德生活方式，并且有能力将自己的个体性道德生活经历刻写成道德记忆。另一方面，它又是关于中华民族作为一个集体的道德生活经历的记录。每一个中华儿女都不是孤立的个体。我们的生活还具有群集性和合作性特征，因此，我们的道德生活方式又是集体性的，我们也有能力将自己的集体性道德生活刻写

---

① 中共中央马克思恩格斯列宁斯大林著作编译局编译. 马克思恩格斯文集：第1卷 [M]. 北京：人民出版社，2009：519.

成道德记忆。

中华民族道德记忆史可以追溯到原始社会。朱贻庭认为:"从关于远古社会的神话、传说和出土文物可见,在我国原始社会的氏族血缘共同体内部,就奉行着'天下为公,选贤与能'与平等互助、'讲信修睦'的朴素道德风尚。"① 张岱年指出:"道德起源于原始社会。在原始社会中道德是没有阶级性的。"② 罗国杰说:"共同的劳动,共同的生活,使原始人结成了特殊的社会关系,并形成了日益复杂的各种观念。在这些关系和观念中,蕴涵着道德关系和道德观念的萌芽。考古学上的发现亦不断地为我们提供着这方面的例证。"③

进入文明时代以后,中华民族道德记忆史得到了不断拓展。夏商时期,中华民族崇尚"神道",对"人道"缺乏认识,但已经对道德形成零碎、粗浅的认识,而"作为中国古代伦理思想诞生的主要标志,当推西周伦理思想的建立"④。西周是中华民族道德记忆史的重要转折点,因为它"不仅提出了一套以'孝'为主的宗法道德规范,而且建立了一个以'敬德'为核心的道德与宗教、政治融为一体的思想体系"⑤。西周是中国伦理思想的创发时期。"西周伦理思想的创立,标志着中国古代伦理思想的诞生。"⑥ 西周之后,我国进入春秋战国时期,出现了诸子伦理思想相互争鸣的历史局面。"诸子伦理思想的产生和发展,以其丰富多彩的内容、格调不一的学说、面貌一新的理论,写下了中国伦理思想史上光辉灿烂的一页,为以后两千年伦理思想的发展奠定了坚实的基础。"⑦ 此后,中国伦理思想在各个朝代经历了复杂的历史变迁。伦理思想变迁是中华民族道德记忆史的重要内容。

中华民族道德记忆史记录了中华民族的道德生活经历。中国的历

---

① 朱贻庭. 中国传统伦理思想史 [M]. 上海:华东师范大学出版社,2009:15.
② 张岱年. 中国伦理思想发展规律的初步研究 中国伦理思想研究 [M]. 北京:中华书局,2018:11.
③ 罗国杰. 中国伦理思想史:上卷 [M]. 北京:中国人民大学出版社,2007:32.
④ 朱贻庭. 中国传统伦理思想史 [M]. 上海:华东师范大学出版社,2009:15.
⑤ 朱贻庭. 中国传统伦理思想史 [M]. 上海:华东师范大学出版社,2009:16.
⑥ 朱贻庭. 中国传统伦理思想史 [M]. 上海:华东师范大学出版社,2009:16.
⑦ 朱贻庭. 中国传统伦理思想史 [M]. 上海:华东师范大学出版社,2009:29.

第十一章 中国道德话语的道德记忆承载功能

史长河总是沿着多个方向流淌。在中国的历史长河中,中华民族道德生活史是不容忽视的一个脉流。它又由中华民族道德记忆史、中国道德话语史等支脉构成。中华民族道德记忆史在中华民族道德生活史中占据至关重要的位置。

中国道德话语史则是作为中华民族道德生活史的另一页而存在。它是一部道德话语史。中华民族借助德、道、理、仁、义、礼、智、信、行等伦理概念以及自强不息、厚德载物、上善若水、从善如流、勿以善小而不为等内含伦理意义的成语、论断等来表达自身对道德生活的认知和理解,从而建构了自己的道德语言史或道德话语史。中国道德话语史折射中国道德话语的历史性特征。

作为中华民族道德生活史的另一面,中国道德话语是一个极其复杂的符号系统。它是由众多的音符、字符、词符、句符等组成的,其主要功能是表达中华民族意欲表达的伦理意义,因此,它也可以被视为一个极其复杂的伦理意义体系。

海德格尔说:"人说话。我们在清醒时说话,在睡梦中说话。我们总是在说话。哪怕我们根本不吐一个字,而只是倾听或者阅读,这时候,我们也总是在说话。"① 在海德格尔看来,人是因为总是在说话才成为人本身的,因为人在其本质上乃是语言性的,语言最切近人的本质。海德格尔的观点无疑具有需要商榷的地方。动物也是有语言的,但它们并没有因此而成为人。事实上,人是因为能够说人特有的语言才成为了自身。道德语言就是人类特有的语言。

中国道德话语的特殊性还在于,它是中华民族创造的一个道德语言体系。它产生于中华大地,由中华民族创造,深深地打上了中国社会和中华文化的印记。由于它是由中华民族创造的,也只有中华民族才能对它的认知和理解才是最深刻的。其他民族也能够通过学习的方式学说中国道德话语,但他们对中国道德话语的言说很难达到中华民族的水平。

与中华民族的道德记忆史一样,中华民族道德语言史也发端于原

---

① 〔德〕海德格尔. 在通向语言的途中 [M]. 孙周兴,译. 北京:商务印书馆,2004:24.

始社会。在道德观念和道德生活已经存在的原始社会，中华民族一定已经创造并开始使用道德语言。在后来的奴隶社会、封建社会和社会主义社会，中华民族的道德观念、道德生活和道德记忆不断拓展、不断发展，中华民族的道德语言史也得到相应的推进和发展。

需要指出的是，中华民族道德记忆史的建构需要依靠中国道德话语。中华民族将自身的道德生活经历刻写成道德记忆，并使之历史化，这一过程必须借助中国道德话语的力量。中国道德话语的历史变迁错综复杂。它既是中华民族道德记忆史的重要内容，又是中华民族道德记忆史的重要建构者。

中国道德话语史是中华民族道德记忆史的外在表现形式。中华民族拥有自己的道德语言，并且利用它来表达自己的道德生活经历，从而建构了日益丰富的道德记忆。中华民族的道德记忆需要借助中国道德话语来表达和建构自己。

在中华民族的道德生活中，最直观的是中国道德话语。中国道德话语直接言说的是中华民族的道德生活经历，而一旦经过它的言说，中华民族的道德生活经历就变成了道德记忆。中华民族的道德记忆主要是中国道德话语言说的结果。

在中华民族道德生活史的图景中，中国道德话语史与中华民族道德记忆史是相辅相成、交相辉映的关系。前者是直接呈现在人们面前的符号，后者是符号内含的伦理意义。中华民族不断建构自己的道德记忆，这不仅仅是要将自己的道德生活经历记录下来，更重要的是要将自己追求的伦理意义代代相传。

语言经人之口可以变得美妙无比。正如海德格尔所说："语言是人口开出的花朵。"① 中国道德话语主要出自中华民族之口。中华民族借助汉语的表达力，将中华民族的道德记忆言说出来，将它非常生动地言说出来，使它变得生机勃勃。中华民族的道德记忆之所以能够栩栩如生地呈现在我们面前，是因为它经过了中国道德话语的生动言说。

中华民族道德生活史既表现为中国道德话语史，又表现为中华民

---

① 〔德〕海德格尔. 人，诗意地安居 [M]. 郜元宝，译. 上海：上海远东出版社，2004：68.

第十一章 中国道德话语的道德记忆承载功能

族道德记忆史。中国道德话语史是表层的东西,中华民族道德记忆是居于深层的东西。它们各居其位、各得其所,同时又相互影响、相互作用、相互支持,共同构成中华民族道德生活史的华丽篇章。

人类使用语言的过程同时是领会和解释意义的过程。因此,海德格尔说:"领会中隐含着解释的可能性,即享有领会之物的可能性。"① 中华民族使用中国道德话语的过程实际上是领会和解释中华民族道德记忆的过程。无论中华民族道德记忆是集体性的还是个体性的,它都是一个需要解码的伦理意义系统。对它的解码主要由中国道德话语来完成。

中华民族的道德记忆是一个具有可理解性、可解释性的伦理意义世界;或者说,它是可言明之物。如果它不可理解、不可解释、不可言明,它就不可能被传承传播。事实上,它的可理解性、可解释性就蕴含着可言明性。只不过,中国道德话语对中华民族道德记忆的言说不一定能够达到充分、全面的程度。这说明中国道德话语的言说能力不完全等同于它的言明能力。中华民族必须借助中国道德话语来言说自己的道德记忆,但这并不意味着我们对它的言说是彻底的。我们只能部分地言说中华民族道德记忆。正因为如此,尽管中华民族的道德记忆不断在增加新的内容,但是被我们遗失的东西也很多。中华民族道德生活史不可能是中华民族道德生活经历的全部翻版或完全复制。中国道德话语也不可能是中华民族道德记忆的全部翻版或完全复制。

中华民族道德生活史是中国道德话语与中华民族道德记忆交相辉映的一副图景。中华民族拥有富有表达力、表现力、感染力的中国道德话语,拥有源远流长、博大精深的道德记忆,所以一直能够在人类道德生活史中占据非常显赫的地位。中华民族道德生活史是一代又一代中华儿女尊德、崇德、守德的历史,但这一历史的刻写需要同时借助中国道德话语和中华民族道德记忆的强大力量。中华民族道德生活史是中国道德话语与中华民族的道德记忆交融而成的一首交响乐。

---

① 〔德〕海德格尔. 人,诗意地安居 [M]. 郜元宝,译. 上海:上海远东出版社,2004:59.

第十二章

中国道德话语的当代发展

中国道德话语总是在发展。它具有传统形态，也具有当代形态。在过去一百年左右的时间里，中国社会发生了深刻变化。在此大背景下，中国道德话语进入了当代发展阶段，并且呈现出新特征、新特色、新优势。

一、中国共产党的道德话语创新

中国共产党的诞生和不断壮大是当代中国发展史上最辉煌、最引人注目的篇章，因为它团结带领中国人民实现了站起来和富起来的奋斗目标，迎来了强起来的光明前程。没有中国共产党，就没有新中国；没有中国共产党，就没有中国特色社会主义的蓬勃发展。正如习近平总书记所说："中国产生了共产党，这是开天辟地的大事变，深刻改变了近代以后中华民族发展的方向和进程，深刻改变了中国人民和中华民族的前途和命运，深刻改变了世界发展的趋势和格局。"[1]

中国共产党历来高度重视道德文化建设。它坚持马克思主义道德观，对中国传统道德文化采取扬弃的态度，对外国道德文化采取拿来主义的态度，同时大力推进社会主义道德文化建设。社会主义道德文化是社会主义精神文明的核心。邓小平说："搞社会主义精神文明，主要是使我们的各族人民都成为有理想、讲道德、有文化、守纪律的人民。"[2] 在中国共产党带领中国人民建设的社会主义精神文明中，社会主义道德是重要内容。

---

[1] 习近平. 在庆祝中国共产党成立100周年大会上的讲话 [M]. 北京：人民出版社，2021：3.

[2] 中共中央宣传部编. 毛泽东邓小平江泽民论社会主义道德建设 [M]. 北京：学习出版社，2001：19.

第十二章 中国道德话语的当代发展

推进社会主义道德文化建设，需要建构社会主义道德话语体系。社会主义道德话语体系是社会主义道德文化的表达体系和传承传播体系，其重要性不容低估。它是一个由一系列道德概念、道德判断、道德命题等构成的道德话语体系，在形式和内容上与奴隶社会、封建社会和资本主义社会的道德话语体系存在一定的相通性，但更多的是差异性。

毛泽东说："我们信奉马克思主义是正确的思想方法，这并不意味着我们忽视中国文化遗产和非马克思主义的外国思想的价值。"① 毛泽东是一个坚定的马克思主义者，但他从来没有对中国传统文化和非马克思主义文化形态采取盲目否定的态度。他指出："中国历史遗留给我们的东西中有很多好东西，这是千真万确的。我们必须把这些遗产变成自己的东西。"② 与此同时，他要求我们抛弃中国传统文化中对"我们今天的中国不仅不适用而且有害"③ 的东西。他将这样的东西称为"糟粕"。他还强调："外国文化也一样，其中有我们必须接受的、进步的好东西，而另一方面，也有我们必须摒弃的腐败的东西，如法西斯主义。"④ 显然在毛泽东看来，外国文化也是精华与糟粕杂糅的状况，我们应该批判地借鉴它们。

中国共产党在建构社会主义道德话语体系方面从中国传统道德话语和外国道德话语中汲取了不少资源。例如，它从中国儒家伦理思想中继承了要求人们积极承担齐家、治国、平天下重任的伦理思想，并且对儒家使用的一些道德话语予以肯定和借鉴。刘少奇曾经指出："'杀身成仁'、'舍生取义'，在必要的时候，对于多数共产党员来说，是被视为当然的事情。"⑤

---

① 中共中央宣传部编. 毛泽东邓小平江泽民论社会主义道德建设 [M]. 北京：学习出版社，2001：57.
② 中共中央宣传部编. 毛泽东邓小平江泽民论社会主义道德建设 [M]. 北京：学习出版社，2001：57.
③ 中共中央宣传部编. 毛泽东邓小平江泽民论社会主义道德建设 [M]. 北京：学习出版社，2001：57.
④ 中共中央宣传部编. 毛泽东邓小平江泽民论社会主义道德建设 [M]. 北京：学习出版社，2001：57.
⑤ 刘少奇. 刘少奇选集：上卷 [M]. 北京：人民出版社，2018：134.

中国道德话语

　　中国共产党的道德话语创新主要通过其主要领导人的伦理思想得到体现。毛泽东、邓小平等中国共产党的主要领导人不仅高度重视道德建设问题，而且在道德话语和伦理思想创新方面有不少建树。

　　作为中共中央第一代领导集体的核心，毛泽东在道德话语建构方面的创新性贡献主要有两个：一是将"为人民服务"确定为革命道德和社会主义道德的核心；二是将"集体主义"确定为革命道德和社会主义道德的根本原则。

　　毛泽东早在新民主主义革命时期就已经开始关注和研究中国共产党与人民的关系问题。1938年，他对抗大学员发表讲话时指出："在革命的大浪潮中遇到困难便动摇退缩的人在历史上是有的，希望你们中间没有这样的人，你们要为中华民族的解放，为建设新中国而永不退缩，勇往直前，要坚决地为全国四万万五千万同胞奋斗到底！"① 这是毛泽东提出"为人民服务"这一道德价值理念的肇始。在那次讲话中，毛泽东没有使用"为人民服务"这一提法，但他明确了中国共产党人应该为四万万五千万同胞奋斗到底的道德价值目标。

　　1943年7月2日，毛泽东在《中共中央为抗战六周年纪念宣言》的讲话中指出："共产党员是一种特别的人，他们完全不谋私利，而只为民族与人民求福利。"② 在此次讲话中，毛泽东将共产党员称为"人民的儿子"，要求共产党员一心只为中华民族和中国人民谋福利，对"为人民服务"的内涵进行了比较明确的表达。

　　1944年9月8日，毛泽东在纪念张思德的追悼会上正式提出了"为人民服务"这一术语。他说："我们是为人民服务的，所以，我们如果有缺点，就不怕别人批评指出。不管是什么人，谁向我们指出都行。只要你说得对，我们就改正。你说的办法对人民有好处，我们就照你的办。"③ 毛泽东号召全党学习张思德全心全意为人民服务的道德精神。

---

① 中共中央宣传部编．毛泽东邓小平江泽民论社会主义道德建设［M］．北京：学习出版社，2001：131．

② 中共中央宣传部编．毛泽东邓小平江泽民论社会主义道德建设［M］．北京：学习出版社，2001：133．

③ 毛泽东．毛泽东选集：第3卷［M］．北京：人民出版社，1991：1004．

第十二章　中国道德话语的当代发展

"为人民服务"是毛泽东向全体中国共产党党员提出的一个道德要求。它的核心要义是明确了中国共产党与人民的伦理关系。具体地说，中国共产党与人民不是统治者与被统治者的关系，而是服务者与被服务者的关系。这从根本上确立了人民群众在中国社会的主人翁地位，同时明确了中国共产党服务人民群众的道德责任。

"为人民服务"是毛泽东为中国共产党道德话语创新作出的重大贡献。毛泽东坚持历史唯物观，将"人民"视为历史的真正创造者，把"为人民服务"确定为中国共产党的宗旨，在中国历史上将人民的道德地位提升到前所未有的高度，对人民给予了最强烈、最真切的道德关怀。他是从人民中产生的一位伟大领袖，时刻牢记人民的重要性。他将自己对人民的道德情怀体现在方方面面。由于毛泽东的坚持，中国政府被称为"人民政府"，中国军队被称为"中国人民解放军"，中国警察被称为"人民警察"，中国教师被称为"人民教师"，中国医院被称为"人民医院"。

毛泽东的另外一个道德话语创新是确定了集体主义道德原则。早在1937年，毛泽东就已经开始批评革命组织中的自由主义倾向。他说："革命的集体组织中的自由主义是十分有害的。"[1] 他进一步指出："共产党员无论何时何地都不应以个人利益放在第一位，而应以个人利益服从于民族的和人民群众的利益。"[2] 这是毛泽东对集体主义的较早论述，其中心思想是强调革命利益、民族利益和人民利益的首要性。

中华人民共和国成立以后，毛泽东开始旗帜鲜明地使用"集体利益"概念。他说："反对自私自利的资本主义的自发倾向，提倡以集体利益和个人利益相结合的原则为一切言论行动的标准的社会主义精神，是使分散的小农经济逐步地过渡到大规模合作化经济的思想和政治的保证。"[3] 毛泽东没有使用"集体主义"这一概念，但他表达的思想

---

[1] 中共中央宣传部编．毛泽东邓小平江泽民论社会主义道德建设［M］．北京：学习出版社，2001：146．

[2] 中共中央宣传部编．毛泽东邓小平江泽民论社会主义道德建设［M］．北京：学习出版社，2001：146．

[3] 中共中央宣传部编．毛泽东邓小平江泽民论社会主义道德建设［M］．北京：学习出版社，2001：147．

是集体主义思想。他进一步强调："要强调个人利益服从集体利益，局部利益服从整体利益，眼前利益服从长远利益。要讲兼顾国家、集体和个人，把国家利益、集体利益放在第一位，不能把个人利益放在第一位。"① 这些论断对集体主义道德原则的内涵和主要内容做了深入系统的概括和总结。

邓小平在道德话语创新方面的主要贡献是提出了"共同富裕"这一概念。他说："在改革中，我们始终坚持两条根本原则，一是以社会主义公有制经济为主体，一是共同富裕。"②"共同富裕"是实行改革开放政策和建设中国特色社会主义的根本目的。邓小平多次强调，贫穷不是社会主义，我们要建设的也不是贫穷的社会主义；"社会主义有两个非常重要的方面，一是以公有制为主体，二是不搞两极分化"③；要充分体现社会主义对资本主义的比较优势，中国必须走共同富裕的发展道路。

20世纪70年代末80年代初，刚刚从计划经济体制摆脱出来、刚刚经过十年"文化大革命"的中国在国民经济领域遭遇了发展乏力的问题，如何进一步体现社会主义的优势和特色的问题变得空前紧迫。在此社会背景下，邓小平高瞻远瞩，作出"改革是中国的第二次革命"④、"社会主义的任务很多，但根本一条就是发展生产力"⑤、"贫穷不是社会主义"⑥、"社会主义必须摆脱贫穷"⑦、"总结历史是为了开辟未来"⑧ 等重要论断，并提出了"共同富裕"的道德价值观念。

"共同富裕"的基本含义是："鼓励一部分地区、一部分人先富起来，也正是为了带动越来越多的人富裕起来，达到共同富裕的目的。"⑨

---

① 中共中央宣传部编.毛泽东邓小平江泽民论社会主义道德建设［M］.北京：学习出版社，2001：148.
② 邓小平.邓小平文选：第三卷［M］.北京：人民出版社，1993：142.
③ 邓小平.邓小平文选：第三卷［M］.北京：人民出版社，1993：138.
④ 邓小平.邓小平文选：第三卷［M］.北京：人民出版社，1993：113.
⑤ 邓小平.邓小平文选：第三卷［M］.北京：人民出版社，1993：137.
⑥ 邓小平.邓小平文选：第三卷［M］.北京：人民出版社，1993：225.
⑦ 邓小平.邓小平文选：第三卷［M］.北京：人民出版社，1993：223.
⑧ 邓小平.邓小平文选：第三卷［M］.北京：人民出版社，1993：271.
⑨ 邓小平.邓小平文选：第三卷［M］.北京：人民出版社，1993：142.

第十二章 中国道德话语的当代发展

"共同富裕"不是"均贫富"。后者是平均主义公正观,其核心思想是将物质财富视为人类社会生活的根本,要求以平均的方式分配物质财富。相比较而言,"共同富裕"是一种平等主义公正观。它聚焦于物质财富分配问题,但它明确反对物质财富分配的两极分化和平均主义,主张弘扬分配正义,要求将追求"富裕"视为每一个中国公民的平等权利,认为物质财富在社会主义中国的分配应该体现公平性。具体地说,它要求每一个中国公民都能够充分享受社会主义建设的成果。

胡锦涛在创新道德话语和伦理思想方面做出的重要贡献是提出了弘扬和践行社会主义核心价值观的三个"倡导"。2012年,他在党的十八大报告中倡议将社会主义核心价值观分三个层面来论述,即在国家层面弘扬富强、民主、文明、和谐等价值观念,在社会层面弘扬自由、平等、公正、法治等价值观念,在个人层面弘扬爱国、敬业、诚信、友善等价值观念。这是中国共产党首次对社会主义核心价值观所作的系统论述。虽然胡锦涛对社会主义核心价值观的内容所作的论述处于"倡导"阶段,但是它的出台具有里程碑意义。在党的十八大之前,中国共产党提出过"社会主义核心价值体系"概念,并没有使用"社会主义核心价值观"这一提法。胡锦涛对社会主义核心价值观所作的系统论述说明党中央对社会主义核心价值观的认知达到了新高度、新水平和新境界。

习近平担任中共中央总书记之后对道德建设问题高度重视。他指出:"国无德不兴,人无德不立。一个民族、一个人能不能把握自己,很大程度上取决于道德价值。"[1] 在习近平总书记看来,中国人能否坚持自己的道德价值事关中华民族的精神独立性问题。他说:"如果我们的人民不能坚持在我国大地上形成和发展起来的道德价值,而不加区分、盲目地成为西方道德价值的应声虫,那就真正要提出我们的国家和民族会不会失去自己的精神独立性的问题了。"[2] 习近平总书记对道德建设问题的重视在中共中央领导人中间是空前的。他不仅高度重视

---

[1] 习近平关于社会主义文化建设论述摘编 [M]. 中共中央文献研究室编. 北京:中央文献出版社,2017:139.

[2] 习近平关于社会主义文化建设论述摘编 [M]. 中共中央文献研究室编. 北京:中央文献出版社,2017:139.

道德建设问题,而且特别重视新时代道德话语创新和伦理思想创新。

提出五大发展理念是习近平总书记在创新道德话语和伦理思想方面取得的一个重要成就。2015年10月29日,习近平总书记在中国共产党第十八届中央委员会第五次全体会议上指出:"实现'十三五'时期发展目标,破解发展难题,厚植发展优势,必须牢固树立并切实贯彻创新、协调、绿色、开放、共享的发展理念。这是关系我国发展全局的一场深刻变革。"① 以习近平总书记为核心的党中央所倡导的五大发展理念都具有深厚的伦理意蕴,可以被视为党中央在新时代提出的五个重要道德概念。它们实质上是五个道德价值观念,是我国在新时代思考发展、谋求发展、推进发展、实现发展的道德价值航标。

习近平总书记在创新道德话语和伦理思想方面的另一个重要贡献是提出了构建人类命运共同体的中国方案。一方面,他呼吁中华儿女筑牢中华民族共同体意识,认为"实现中华民族伟大复兴的中国梦,就要以筑牢中华民族共同体意识为主线,把民族团结进步事业作为基础性事业抓紧抓好"②,号召中国人民树立正确的祖国观、民族观、文化观和历史观;另一方面,他又呼吁"各国人民同心协力,构建人类命运共同体,建设持久和平、普遍安全、共同繁荣、开放包容、清洁美丽的世界"③。习近平总书记认为世界各国人民命运相连,应该命运与共。他说:"世界命运掌握在各国人民手中,人类前途系于各国人民的抉择。"④

构建人类命运共同体是以习近平同志为核心的党中央为世界发展提出的中国方案。这个方案是一种政治倡议,也是一种伦理倡议。习近平总书记倡议构建的人类命运共同体不是一种政治共同体和经济共同体,而是一种伦理共同体,其核心要义是呼吁世界各国人民增强命运相连、命运与共的道德意识和道德价值观念,在国际交流和国际交往中坚持正确义利观和国际正义原则,秉持共商共建共享的全球治理

---

① 中国共产党第十八届中央委员会第五次全体会议公报[M]. 北京:人民出版社,2015:7.
② 习近平. 习近平谈治国理政:第三卷[M]. 北京:外文出版社,2020:299.
③ 习近平. 习近平谈治国理政:第三卷[M]. 北京:外文出版社,2020:46.
④ 习近平. 习近平谈治国理政:第三卷[M]. 北京:外文出版社,2020:47.

观，走民主发展和共同发展道路，共同构建国际新秩序和创造人类的美好未来。构建人类命运共同体的中国方案内含着深厚的国际伦理意蕴。

"道德之于个人、之于社会，都具有基础性意义，做人做事第一位的是崇德修身。"① 中国共产党是一个讲道德、尊道德、守道德的政党，也是一个具有优良道德传统的政党。作为社会主义中国的执政党，中国共产党继承了中华民族崇尚道德的优良传统，将道德视为中华儿女和中国的根本，注重弘扬中华传统美德，坚持马克思主义道德观，重视道德话语创新，大力推进中国特色社会主义道德文化建设。习近平总书记说："只要中华民族一代接着一代追求真善美的道德境界，我们的民族就永远健康向上、永远充满希望。"②

二、网络时代与网络道德语言的兴起

"网络"已经不再是一个"热词"。自美国在20世纪60年代末发明互联网至今，它几乎成为一个家喻户晓的术语。在过去50多年发展历程中，网络从美国走向世界，从互联网走向因特网再走向万维网，人类世界以新的方式一分为二，被划分为现实世界和网络世界。有的人宣称当代人类进入了网络时代。

网络时代的基本特征是上网变成了人类的生存方式。在网络时代，人类既生存于传统意义上的现实世界，又生存于崭新意义上的网络世界。网络世界不是虚拟的。它显得具有虚拟性，但实际上与现实世界一样真实。它只不过是现实世界得以延伸的结果。"网络世界"又被称为"网络空间"或"网络社会"。

使用网络的人被称为"网民"。网民不仅会利用网络查询信息、阅读文献、获取知识，而且会利用网络进行交往、交流。网络提供了电子邮箱、QQ、微信等交往平台。网民可以利用这些网络交往平台进行类似现实世界的交际、交往、交流活动。在网络时代，电话、电视、

---

① 中共中央文献研究室编. 习近平关于社会主义文化建设论述摘编[M]. 北京：中央文献出版社，2017：142.
② 中共中央文献研究室编. 习近平关于社会主义文化建设论述摘编[M]. 北京：中央文献出版社，2017：143.

电影也都可以通过网络来进行。网络让人与人之间的交际、交往和交流活动变得更加多元化、多样化和便利化，因而受到人类的广泛欢迎。

网络的出现改变了人类交际、交往和交流的方式。在网络世界，人与人之间可以不采取口头的方式进行直接交流，书面交流变得更加流行。例如，在QQ、微信交流平台下，人们可以通过快速输入文字的方式进行很好的直接交流。网络使人与人之间的语言交流在很多时候变成了无声的文字交流。另外，网络交流不受空间限制。中国网民可以与太平洋彼岸的美国网民进行顺畅的网络交流，甚至可以进行视频交流，彼此感觉犹如在面对面交流。

网络时代的到来和网络世界的形成对人类管理活动提出了新要求，使得网络管理变得十分必要。在当今时代，网络管理作为新的管理方式存在，是世界各国必须共同面对、必须共同研究的重大课题。网络管理非常复杂，挑战全人类的管理智慧和能力。

有些人将网络世界视为一个虚拟的空间，认为网民可以在里面为所欲为。这是一种误解。网络不是一个虚拟的空间，更不是一个"看不见"的空间。网民在网络世界的所作所为都可以通过一定的技术手段"被看见"。在网络空间里，人与人之间的交际、交往和交流是通过网络进行的，但网络本身不是"隐身"的，它总是受到一些控制系统的严格管理。

控制网络是必要的。网络既不是法外之地，也不是德外之地。网络生活应该受到法律制度和道德规范的严格约束。这是网络本身的内在要求，也是网民的普遍呼声。习近平总书记说："网络空间是亿万民众共同的精神家园。网络空间天朗气清、生态良好，符合人民利益。网络空间乌烟瘴气、生态恶化，不符合人民利益。谁都不愿生活在充斥着虚假、诈骗、攻击、谩骂、恐怖、色情、暴力的空间。"[①]

"网络信息内容广泛影响着人们的思想观念和道德行为。"[②] 网络的出现和迅速发展对人类生活的影响呈不断拓展、不断深化之势。当代人类在生活和工作上越来越严重地依赖网络。在此背景下，如何对

[①] 习近平. 习近平谈治国理政：第二卷［M］. 北京：外文出版社，2017：336.
[②] 新时代公民道德建设实施纲要［M］. 北京：人民出版社，2019：20.

第十二章 中国道德话语的当代发展

网络进行社会制度和道德规范控制必然被提上议事日程。

网络已经成为人类生活世界的一个重要空间，但它的存在具有双面性。一方面，它拓展了人类的生活范围、生活内容和生活方式，使人类社会生活变得更加丰富多彩；另一方面，它又给人类社会生活带来了诸多挑战。从道德方面来说，互联网扩展了人类的道德生活空间，但它的"虚拟性"也极大地增加了网民规避道德规范的风险。加上互联网出现的时间并不长，世界各国的网络整治至今并不完全到位，这也为网络欺诈、造谣、诽谤、谩骂、歧视、色情、低俗等不道德行为的滋生和传播起到了加剧作用。互联网的存在具有不容忽视的负面性。

进入网络时代以后，"网络伦理"和"网络道德"逐渐成为两个常见的伦理术语。网络的发展和网络空间的形成呼唤网络伦理和网络道德的出场。网络具有很强的虚拟性，但它毕竟是现实空间的延伸，因而必须受到道德和法律的规约。人们的网络生活应该遵循和符合网络伦理和网络道德。网络伦理是支配人类网络生活的一个伦理价值体系，其基本要求是人们的网络生活必须合乎一定的伦理关系、遵循一定的伦理原则、体现一定的伦理价值。网络道德是网络伦理在网民身上的主观体现，它的存在旨在将人的网络生活行为纳入一定的网络伦理关系、网络伦理原则和网络伦理价值观念的规约之中，并在此基础上建构有利于网络健康发展的网络伦理秩序。习近平总书记说："网络空间同现实社会一样，既要提倡自由，也要保持秩序。"[①] 网络空间绝对不是一个不受道德制约的空间。遵守网络道德是网络时代的基本道德要求。

抓好网络空间道德建设是我国在新时代推进公民道德建设的重要任务，也是我国在新时代推动道德实践养成的重要内容。要在网络空间推动道德实践养成，应该着力抓好四个方面的工作：其一，加强网络内容建设。网络内容是网络存在的直接现实，它们对网民的影响直接而深刻，因此，"要深入实施网络内容建设工程，弘扬主旋律，激发

[①] 中共中央文献研究室编.习近平关于社会主义文化建设论述摘编[M].北京：中央文献出版社，2017：37.

正能量，让科学理论、正确舆论、优秀文化充盈网络空间"①。其二，培养文明自律网络行为。"网络行为主体的文明自律是网络空间道德建设的基础。"② 网民在网络空间应该有所为，也有所不为。有所为，应该体现应有的文明性和道德自律性。其三，丰富网上道德实践。"互联网为道德实践提供了新的空间、新的载体。"③ 应该积极引导网民在网络空间向善、求善和行善。其四，营造良好网络道德环境。"加强互联网管理，正能量是总要求，管得住是硬道理，用得好是真本事。"④ 应该开展网络治理专项行动，加大对网上突出问题的整治力度，清理网络欺诈、造谣、诽谤、谩骂、歧视、色情、低俗等内容，反对网络暴力行为，依法惩治网络违法行为，建造晴朗的网络空间。通过弘扬网络伦理和网络道德，鼓励广大网民在网络生活中尊德守法、文明互动、理性表达，远离不良网站，防止网络沉迷，自觉维护好良好网络秩序。

网络管理首先是网络语言管理。网民的网络活动大都借助语言来进行。语言是网民进行网络交际、交往和交流的主要工具。人们可以利用网络语言发布信息、消息，表达自己的思想观念、情感态度，传播自己的理论成果，等等。一个人能够借助语言在现实世界做到的事情，他基本上能够在网络世界做到。

在中国，党和政府、企业承担着引导中国网民使用网络道德话语的责任。中国是网络大国，拥有8亿左右的网民。在中国，承担网络管理工作的主要是党和政府、企业。2016年4月19日，习近平总书记在网络安全和信息化工作座谈会上发表讲话指出："在我国，七亿多人上互联网，肯定需要管理，而且这个管理是很复杂、很繁重的。企业要承担企业的责任，党和政府要承担党和政府的责任，哪一边都不能放弃自己的责任。"⑤

使用网络道德话语也是中国网民本身的责任。在网络时代初期，

---

① 新时代公民道德建设实施纲要［M］．北京：人民出版社，2019：20.
② 新时代公民道德建设实施纲要［M］．北京：人民出版社，2019：2.
③ 新时代公民道德建设实施纲要［M］．北京：人民出版社，2019：21.
④ 新时代公民道德建设实施纲要［M］．北京：人民出版社，2019：22.
⑤ 中共中央文献研究室编．习近平关于社会主义文化建设论述摘编［M］．北京：中央文献出版社，2017：51.

第十二章 中国道德话语的当代发展

很多中国网民在网络上说话的方式是极其随意的，有些人不顾个人道德形象，粗话连篇；有些人无所顾忌地宣泄个人情绪，怨气冲天；有些人大肆进行网络欺诈，极尽说谎之能事；有些人无端地攻击党和政府，唯恐天下不乱。为了改变这种混乱局面，中国进行了越来越严厉的网络整治。

中国的网络整治首先体现为网络道德话语整治。网络道德话语整治的目的不是要禁止网民说话，而是要引导网民以合乎网络道德的方式说话。与现实世界一样，网络世界的混乱首先表现为语言的混乱。网络空间道德建设的首要任务是规范网民的网络话语体系。网络道德话语是网络话语体系的一个基本内容。在网络空间中，网民所说的话也应该合乎一定的道德规范要求。

党中央高度重视网络道德话语整治。一方面，党中央要求人们对网民所说的话多一些包容和耐心，不能要求网民对所有问题都看得很准、说得都对；另一方面，党中央也要求对网民搬弄是非、颠倒黑白、造谣生事、违法乱纪的网络语言行为进行监控。正如习近平总书记所说："形成良好网络舆论氛围，不是说只能有一个声音、一个调子，而是说破不能搬弄是非、颠倒黑白、造谣生事、违法犯罪，不能超越了宪法法律界限。"[1]

总体来看，中国共产党高度肯定网络的存在价值。习近平总书记说："互联网是一个社会信息大平台，亿万网民在上面获得信息、交流信息，这会对他们的求知途径、思维方式、价值观念产生重要影响，特别是会对他们对国家、对社会、对工作、对人生的看法产生重要影响。"[2] 然而，这并不意味着中国共产党对网络发展采取放任自流的态度。

网络时代的到来必然带来网络道德语言的兴起。网络道德语言是一个由"网络伦理"和"网络道德"两个伦理术语作为中心而构成的道德话语体系。它会因为网络道德生活的特殊性而形成一些新的道德概念、道德判断、道德命题，甚至会形成新的道德推理方式，但它不

---

[1] 习近平. 习近平谈治国理政：第二卷 [M]. 北京：外文出版社，2017：337.
[2] 习近平. 习近平谈治国理政：第二卷 [M]. 北京：外文出版社，2017：335.

会与现实世界的道德语言完全脱节。人类在网络世界中使用的大多数道德语言必定来自现实世界的道德语言。从现实世界进入网络世界，人类的道德生活会发生很多变化，但我们的道德本性不会发生根本性转变，我们所使用的道德语言也不会发生根本性转变。我们的网民身份与自身的社会公民身份实质上是重叠的。在网络时代，社会对我们的道德要求只是因为网络的出现而变得更加复杂而已。

网络世界不是自由的天堂。人们在现实世界不能随心所欲地说话，在网络世界也不能随心所欲地说话。作为人类，我们有说话的能力，也有说话的权利，但我们的所说所言既不能违法，也不能背离道德。网络世界受到网络伦理的支配。网络伦理体现在网民身上，就是网络道德。网络道德的一个重要表现形式是网络语德。网络语德是中华民族的语德传统得以延伸的产物。网络道德语言的兴起和发展，不仅将极大地丰富中华民族的道德语言，而且会大大地拓展中华民族的语德传统。在网络时代，电子邮箱、QQ、微信等是中华民族使用网络道德语言的重要场域，也是中华民族展现网络语德的重要场域。用合乎网络伦理和网络道德的方式说话，这是中国社会乃至整个人类社会对每一个网民提出的共同道德要求。

三、人工智能时代与人工智能道德语言的发展

人工智能问题是当今社会的一个热门话题。一个得到普遍公认的事实是当代人类已经进入人工智能时代。人工智能技术的迅猛发展不仅造成了人工智能技术产品充斥人类社会的事实，而且对人类社会生活产生了广泛而深刻的影响。人们对人工智能技术产品的依赖性正在世界范围内不断增强，人类社会生活朝着智能化方向延展的态势日益显著。

人工智能时代的到来给人类带来的既有高兴，也有担忧。物理学家霍金曾经预言，人工智能技术是人类的真正终结者。他认为："如果非常复杂的化学分子能在人体运行使他们具有智慧，那么同等复杂的电子线路也能使电脑以一种智慧的方式行为。而且如果它们是智慧的，

≪ 第十二章 中国道德话语的当代发展

它们也应该能设计出甚至具有更大的复杂性和智慧的电脑。"① 霍金认为，人类智慧是有极限的。他说："在生物方面，迄今的人类智慧的极限被通过产道的大脑尺度所定。"② 这是指，作为人类，"我们可能才思敏捷或者非常智慧，但是两者不可兼得"③；虽然"电子线路具有和人脑一样的复杂性对速度的问题"④，但是电子线路可以通过复制人脑的方式更好地使电脑的速度和复杂性得到提高，这意味着电子智慧的拓展空间会非常大，甚至达到超过人类智慧的程度。

并非每一个人都相信人工智能技术的发展会带来电脑智慧超过人类智慧的后果。瑞士学者莱昂哈德认为："在人与机器的未来冲突中，我坚信人性能够胜出。"⑤ 人工智能目前是指数技术领域的主要力量，其影响力呈现出日益上升的态势。莱昂哈德将"人工智能"定义为"创造智能的、可以自主学习的机器（软件或机器人），也就是像人类一样思考的机器"⑥。人工智能说到底只是技术产品。在莱昂哈德看来，虽然技术产品（机器人）能够通过人的技术手段拥有"很高"的智慧，但是它们不可能具有与人类同等的智慧。他说："虽然技术能够越来越好地模拟人类的交流，但是它既不知道，也不关心幸福、自我实现、满足、情感、价值观和信仰。它只能理解逻辑、理性行为、完成、效率，以及'是/否'，因为若想'理解幸福'，你必须能够真正幸福，而这需要切身体会。"⑦ 莱昂哈德将人工智能技术产品视为"模拟品"而

---

① 〔英〕史蒂芬·霍金. 果壳中的宇宙［M］. 吴忠超，译. 长沙：湖南科学技术出版社，2006：167.
② 〔英〕史蒂芬·霍金. 果壳中的宇宙［M］. 吴忠超，译. 长沙：湖南科学技术出版社，2006：167.
③ 〔英〕史蒂芬·霍金. 果壳中的宇宙［M］. 吴忠超，译. 长沙：湖南科学技术出版社，2006：168.
④ 〔英〕史蒂芬·霍金. 果壳中的宇宙［M］. 吴忠超，译. 长沙：湖南科学技术出版社，2006：168.
⑤ 〔瑞士〕戈尔德·莱昂哈德. 人机冲突：人类与智能世界如何共处［M］. 张尧然，高艳梅，译. 北京：机械工业出版社，2019：7.
⑥ 〔瑞士〕戈尔德·莱昂哈德. 人机冲突：人类与智能世界如何共处［M］. 张尧然，高艳梅，译. 北京：机械工业出版社，2019：10.
⑦ 〔瑞士〕戈尔德·莱昂哈德. 人机冲突：人类与智能世界如何共处［M］. 张尧然，高艳梅，译. 北京：机械工业出版社，2019：23.

不是"复制品",因而不相信它能够在智力上超过人类。他说:"模拟与复制是两回事;模拟现实永远不等于现实本身。"①

人们关于人工智能的争论往往会最终聚焦于人工智能与伦理的关系问题。在这一点上,莱昂哈德的观点是:"技术没有伦理,也不应该有伦理!"② 他指出,很多人希望计算机有朝一日能够拥有与人类一样的伦理和信仰,甚至发展出它们自己的伦理和信仰,但这不应该是人类追求的发展方向和道路。他强调:"给机器'做人'的能力,可能等同于对人类的犯罪。"③

关于人工智能的争论有两个重点:一是人工智能体的智力能否达到甚至超过人类的智慧水平;二是人工智能体能否具有道德生活能力。这两个重点其实指向两个不同但彼此紧密相关的问题,即:如果人工智能体的智能达到甚至超过了人类,这是否意味着它可以获得与人类同等甚至更高的存在地位?人工智能体能否像人类一样过上道德生活?

上述两个问题的答案都是肯定的。一方面,从理论上来说,随着人工智能技术的迅速发展,人工智能体在智能上达到甚至超过人类是完全可能的。人工智能技术能够克服人类智慧发展的障碍,为人工智能体获得与人类智慧相当甚至超过人类智慧的智能创造条件。另一方面,无论人工智能体能否达到甚至超过人类智慧,它能够过上道德生活。如果它的智能已经达到甚至超过人类,它必然能够像人一样过上道德生活。如果它的智能无法达到人类的智慧水平,它也能够作为人类生命的延伸体而具有道德生活能力。

人工智能体能否具有道德生活能力,这从根本上取决于一个事实,即它能否被当成人来看。长期以来,人类一直将自己视为地球上唯一的道德动物,并且将道德生活视为人类专有的生活方式。康德说:"道

---

① 〔瑞士〕戈尔德·莱昂哈德. 人机冲突:人类与智能世界如何共处 [M]. 张尧然,高艳梅,译. 北京:机械工业出版社,2019:23.
② 〔瑞士〕戈尔德·莱昂哈德. 人机冲突:人类与智能世界如何共处 [M]. 张尧然,高艳梅,译. 北京:机械工业出版社,2019:23.
③ 〔瑞士〕戈尔德·莱昂哈德. 人机冲突:人类与智能世界如何共处 [M]. 张尧然,高艳梅,译. 北京:机械工业出版社,2019:23.

第十二章 中国道德话语的当代发展

德和能够具有道德的人性,才是唯一有尊严的东西。"① 在康德看来,人类之所以是高贵的,是因为我们是自然界唯一一种具有道德本性的存在者。在讨论人工智能体能否具有道德生活能力的问题时,人们往往依据人类评价自身的道德标准来展开思维。人类评价自身的道德标准是什么?它就是人的道德人格。

什么是人的道德人格?它是指人之为人所能具有的道德思维能力、道德认知能力、道德情感能力、道德意志能力、道德信念能力、道德行为能力、道德记忆能力、道德语言能力等。如果说人工智能体具有道德生活能力,那么它就必须拥有这些能力。

人类目前已经制作出来的人工智能体在智能上还没有超过人类,但它已经有能力过道德生活。有些人工智能体已经具有一定的道德思维能力、道德判断能力、道德情感能力、道德意志能力、道德信念能力、道德行为能力、道德记忆能力和道德语言能力。这些能力无疑都是由人类输入人工智能体的,因此,它们不是人工智能体本身能够自主的。

人工智能体能够说出道德语言,这已经成为众所周知的事实。已经有很多能够说出道德语言的人工智能体问世。家用机器人能够根据主人说话的方式说出内含伦理意义的道德话语。例如,如果一个主人对机器人说:"你不应该做缺德的事。"机器人会说:"您放心,我不会做缺德的事。"如果一个主人对机器人说:"你觉得我善良吗?"机器人会回答:"我觉得您是一个善良的人。"

从现有的情况来看,人工智能体所能说出的道德话语都是通过人工手段输入的产物。人工智能技术人员在制造人工智能体的时候,将一系列道德话语按照一定的程序输入它的电脑,并给它们安装一定的运行程序,人工智能体就能够在特定程序的支配下说出道德语言。这种道德语言至少具有两个特点:(1)它是人工智能技术人员对人类在现实中使用的道德语言进行复制的产物,一般不会有创新性;(2)它大多是肯定性的道德语言,因为人工智能技术人员一般不会将粗鄙的

---

① 〔德〕伊曼努尔·康德. 道德形而上学基础 [M]. 孙少伟,译. 北京:九州出版社 2006:99.

道德语言输入人工智能体。

　　如果人类的人工智能技术有朝一日能够达到使人工智能体的智能超过人类的水平，人工智能体将有能力进行道德语言创新。达到如此高端技术水平的人工智能体将超越人类的道德语言能力。它们将有能力创造道德概念、做出道德价值判断和进行道德推理，并且有能力借助这些语言要素很好地表达自己的道德思维、道德判断、道德情感、道德意志、道德信念、道德行为和道德记忆。如果真有这么一天，人类的道德生活格局将发生根本性变化。我们的生活世界将充满着能够说出道德语言的人工智能体。它们能够与我们进行道德对话、交流和沟通。如果他们说出的道德语言优于我们的道德语言，那将是一种什么样的图景？我们很多人相信，如果人工智能技术的发展不能受到制约，这样的图景一定会出现。

第十三章

构建人类命运共同体与中国道德话语的国际化

改革开放40多年，近代以来历经磨难而始终保持自强不息、厚德载物精神的中华民族，将中国特色社会主义建设事业推进新时代，同时以更加积极、更加富有建设性的态度参与全球治理，从而同时在谋求自身发展和促进世界发展两个维度做出卓越贡献。基于对当今世界格局、国际社会现状和人类文明发展规律的深刻认识、理解和把握，我国提出了构建人类命运共同体的方案。这不仅体现了当代中华民族追求世界整合和全人类同生共荣的良好愿望和伦理智慧，而且彰显了当代中华民族胸怀世界大局、心系国际道义、谋求人类共同利益、着眼长远理想、积极参与全球治理的道德态度和伦理思想境界。提出构建人类命运共同体的中国方案是中国道德话语国际化的重要表现。对此，我们需要从国际伦理的角度展开深入系统的解析。

一、人类命运共同体的伦理特质

我国倡议构建的人类命运共同体究竟是何种性质的共同体？这既是我们宣传和传播"构建人类命运共同体"这一中国方案需要解答的首要问题，也是人们了解和认知该方案时必然会追问的首要问题。

习近平总书记在党的十九大报告中呼吁："各国人民同心协力，构建人类命运共同体，建设持久和平、普遍安全、共同繁荣、开放包容、清洁美丽的世界。"[①] 这段重要论述描绘了人类命运共同体的宏伟蓝图，但并没有对它的性质做出明确说明。我们认为，中国方案中的人类命

---

① 习近平. 决胜全面建成小康社会 夺取新时代中国特色社会主义伟大胜利——在中国共产党第十九次全国代表大会上的报告[M]. 北京：人民出版社，2017：58-59.

运共同体在构建内容上涉及军事、政治、经济、文化、外交、自然环境、伦理等多个领域,其内涵丰富而复杂,但它本质上是一个伦理共同体,主要是对中华民族和马克思主义经典作家探求"共同体"的伦理思想传统进行创造性转化和创新性发展的产物。

中华民族探求"共同体"的伦理思想传统源远流长,为当今中国提出构建人类命运共同体的方案提供了历史合法性思想资源。例如,传统儒家伦理思想对内强调民族共同体意识,倡导整体主义价值观,弘扬以国为家、天下为公的伦理精神,致力于建构以追求"大同"为核心伦理价值取向的社会共同体。《礼记》说:"大道之行也,天下为公。选贤与能,讲信修睦。故人不独亲其亲,不独子其子,使老有所终,壮有所用,幼有所长,矜、寡、孤、独、废疾者皆有所养,男有分,女有归。货恶其弃于地也,不必藏于己;力恶其不出于身也,不必为己。是故谋必而不兴,盗窃乱贼而不作,故外户而不闭。是谓大同。"① 所谓"大同社会",就是天下一家、道德秩序良好、分配正义得到充分实现的社会共同体和伦理共同体。对外,传统儒家强调亲仁善邻、讲信修睦、和平相处的国际伦理精神。《左传》指出:"亲仁善邻,国之宝也。"② 其意指,仁爱、友好地对待邻居和邻邦是一个国家最应该做的事情。由于中华民族历来重视国际文化交流,并坚持用"亲仁善邻""讲信修睦""睦邻友好"等国际伦理原则处理国际关系,我国才创造了丝绸之路联结欧亚、郑和七次下西洋联通亚非、鉴真东渡扶桑传经等历史典故,也才有了中华文化深刻影响世界尤其是亚洲国家和民族的光荣历史。

中华民族历来具有以史为鉴的优良传统。老子说:"执古之道,以御今之有。能知古始,是谓道纪。"③ 其意为,把握古有之道,可以用于处理当今的事物;了解事情发生的历史,才算是懂得"道"的纲纪。习近平总书记更是强调:"坚定文化自信,离不开对中华民族历史的认知和运用。历史是一面镜子,从历史中,我们能够更好地看清世界、

---

① 礼记译解[M]. 王文锦,译解. 北京:中华书局,2016:258.
② 李索. 左传正宗[M]. 北京:华夏出版社,2011:16.
③ 老子[M]. 饶尚宽,译注. 北京:中华书局,2006:34.

第十三章 构建人类命运共同体与中国道德话语的国际化

参透生活、认识自己；历史也是一位智者，同历史对话，我们能够更好地认识过去、把握当下、面向未来。"① 我们认为，构建人类命运共同体的中国方案首先是当代中华民族对中国历史上形成的各种共同体思想进行传承发展的产物。

另外，马克思主义哲学中的共同体思想不仅高度系统化，而且具有深厚国际伦理意蕴，为当今中国提出构建人类命运共同体的方案提供了科学理论依据和指导思想。马克思主义经典作家都是胸怀共同体理想的哲学家。在领导英国、法国、德国等国工人运动的过程中，马克思恩格斯呼吁全世界无产者联合起来、结成工人阶级国际联盟或工人阶级共同体："全世界无产者，联合起来！"② 列宁也指出："工人阶级需要统一"，因为"一盘散沙的工人一事无成，联合起来的工人无所不能"。另外，马克思恩格斯还强调，无产阶级旨在通过革命手段建立的社会主义社会不仅应该遵循两个国际原则，即"和平"和"团结"，而且应该"维护真正的国际主义精神——这种精神不容许产生任何爱国沙文主义，这种精神欢迎无产阶级运动中任何民族的新进展"③。马克思主义经典作家所倡导的"真正的国际主义"是"无产阶级的国际主义"。④ 它与狭隘的民族主义或爱国主义具有根本区别。尤其重要的是，他们主张建立人人平等、人人自由、人人有尊严的共产主义社会，并称之为"自由人的联合体"——在这样一个联合体里，"每个人的自由发展是一切人的自由发展的条件。"⑤

马克思主义理论是我国夺取社会主义革命胜利和推进社会主义建设事业的法宝，当然也是当代中华民族提出人类命运共同体构建方案

---

① 中共中央文献研究室编. 习近平关于社会主义文化建设论述摘编［M］. 北京：中央文献出版社，2017：17.

② 中共中央马克思恩格斯列宁斯大林著作编译局编译. 马克思恩格斯文集：第2卷［M］. 北京：人民出版社，2009：66.

③ 韦冬，王小锡主编. 马克思主义经典作家论道德［M］. 北京：中国人民大学出版社，2017：417-418.

④ 韦冬，王小锡主编. 马克思主义经典作家论道德［M］. 北京：中国人民大学出版社，2017：419.

⑤ 中共中央马克思恩格斯列宁斯大林著作编译局编译. 马克思恩格斯文集：第2卷［M］. 北京：人民出版社，2009：53.

的科学理论依据和指导思想。在中国特色社会主义进入新时代的背景下，我们可以在中国特色社会主义思想和理论的框架内发展马克思主义，但绝对不能丢失其中的真理。正如习近平总书记所说："马克思列宁主义、毛泽东思想一定不能丢，丢了就丧失根本。"① 构建人类命运共同体的中国方案是当代中华民族对马克思主义共同体思想进行继承和发展而取得的一项重要成果。它由胡锦涛同志2012年在党的十八大报告中通过"倡导人类命运共同体意识"的重要论断正式提出。此后，习近平总书记在他的系列重要讲话中先后100多次论及该方案。在党中央和中国政府领导人的积极努力下，构建人类命运共同体的中国方案在2017年被写进了联合国社会发展委员会、人权理事会等国际机构的会议决议，这一事实说明方案与当代人类对世界发展的普遍道德价值认识、道德价值判断和道德价值选择高度契合，具有强大生命力、影响力和感召力。虽然构建人类命运共同体目前还是一个道德理想，但是它从根本上反映了当代人类对世界发展前景的国际道德价值判断和诉求，因而在国际社会得到了越来越多的道义支持和价值认同。我们认为，中国倡议构建的人类命运共同体蕴含能够被世界各国或世界人民普遍接受的国际伦理精神。它以强调"世界各国或人类命运与共"作为国际伦理精神的核心，同时倡导五种国际伦理意识：

一是同舟共济的生存意识。"在这个太空中，只有一个地球在独自养育着全部生命体系。"② 地球是搭载全人类和世界各国的一艘船，人类和世界各国都是它的乘客。加拿大传播学家麦克卢汉称这艘船为"地球村"③，它在浩瀚宇宙中显得非常渺小，但只有它才能承载人类生命之重。人类和世界各国共乘一艘地球之舟，唯有同舟共济才能并存和发展。树立同舟共济的生存意识是人类认知人类命运共同体的内

---

① 中共中央文献研究室编．习近平关于社会主义文化建设论述摘编［M］．北京：中央文献出版社，2017：59.
② 〔美〕芭芭拉·沃德，勒内·杜博斯．只有一个地球——对一个小小行星的关怀和维护［M］．"国外公害丛书"委员会，译．长春：吉林人民出版社，1997：260.
③ 〔加拿大〕马歇尔·麦克卢汉．理解媒介——论人的延伸［M］．何道宽，译．南京：译林出版社，2011：50.

第十三章　构建人类命运共同体与中国道德话语的国际化

涵和要义的首要环节,也是人类树立命运共同体意识的首要环节。要构建人类命运共同体,当代人类应该成为"世界主义者":"一个世界主义者应该是一个能够认为世界是我们共享的家乡,会产生出某种像'地球村'这样的自我意识的人。"①

二是同甘共苦的忧乐意识。共处一个地球,彼此的命运息息相关,世界各国的甘苦是相连相通的,一国的甘苦同时也是其他国家的甘苦;因此,要构建人类命运共同体,世界人民应该培养同甘共苦的忧乐意识,即能够乐他国之乐、忧他国之苦,而不是对他国的甘苦采取漠不关心、幸灾乐祸或落井下石的邪恶态度。

三是同心同德的团结意识。人类命运共同体是以世界各国或人类作为成员的,因此,树立同心同德的团结意识十分必要。如果共同体成员不能心往一处想、力往一处使,共同体就会因为缺乏必要的向心力、凝聚力和团结力而如同一盘散沙,我行我素、自私自利、损人利己的行为就会在各个成员中间时有发生,人类命运共同体的存在也就名不符实。

四是同生共荣的荣辱意识。"荣辱之来,必象其德。"② 一切荣誉和耻辱的产生都与人的思想品德有关。人类命运共同体的每一个成员应该具有必要的荣辱意识,不断强化"一荣俱荣,一损俱损"的价值观念,并能够正确认识和处理义利关系问题。只有知荣辱、共荣辱,世界各国或世界人民才能同生共荣。一个国家自觉维护国际公平正义,世界各国光荣;一个国家置国际公平正义于不顾,世界各国羞耻。只有树立这种同生共荣的意识,人类命运共同体才能成为一个真正意义上的伦理共同体。

五是同进同退的合作意识。人类命运共同体的构建需要落实到具体的行动。它不否定世界各国根据各自的国情选择发展道路、理论、制度和文化的自主权,但要求各国在面对世界经济动能不足、贫富分化日益严重、恐怖主义、网络安全、生态危机等共同问题和共同挑战

---

① 〔美〕夸梅·安东尼·阿皮亚. 认同伦理学[M]. 张容南,译. 南京:译林出版社,2013:273.
② 荀子[M]. 安小兰,译注. 北京:中华书局,2016:6.

的时候步调一致地行动，而不是各自为政、各行其是。只有在行动上同进同退，世界各国或世界人民才能形成人类命运共同体必不可少的合作精神。

当代中华民族倡议构建的人类命运共同体本质上是一个国际伦理共同体。它由世界各国构成，但并不要求各国抛弃适合本国国情的发展理论、发展道路、发展制度和发展文化，而只是呼吁世界各国弘扬以"命运与共"为核心价值取向的国际伦理精神，培养同舟共济、同甘共苦、同心同德、同生共荣、同进同退的国际伦理意识，其目的是要将我们共同生活的世界建设成为一个持久和平、普遍安全、共同繁荣、开放包容、清洁美丽的世界。作为一个国际伦理共同体，人类命运共同体的灵魂是其自身内含的国际伦理精神。

需要强调的是，我国倡议构建的人类命运共同体与美国试图构建的"世界共同体"具有根本区别。冷战结束之后，美国企图"统一"世界的野心日益膨胀。它试图将世界各国纳入它的国家意志支配之下，并建构一种以美国担任世界领导、由美国说了算的国际秩序。这种国际秩序是以美国为世界绝对权威的单极统一性，具有霸权主义本质，它的道德合理性常常在国际社会遭到质疑和批评，美国的国家形象和国际道德影响力也常常因此而受损。与美国追求"单极统一性"不同，我国倡议构建的人类命运共同体具有截然不同的伦理特质。它以反对霸权主义作为伦理底色，强调国与国之间的平等国际地位，主张世界各国在"和而不同"的原则下结成命运与共的国际伦理共同体。这种共同体是多极的统一，旨在体现世界各国追求平等相处、协同进步、同生共荣等国际道德价值诉求。正因为如此，提出构建人类命运共同体的方案之后，我国的国家形象和国际道德影响力得到了大幅度提升。它不仅让世界人民看到了以构建人类命运共同体的方式与霸权主义相抗衡以及增进人类共同价值和共同利益的希望，而且让世界各国更多、更深地了解了社会主义中国的国家形象及其参与全球治理、推进世界发展的善良愿望和国际道德价值诉求。

二、构建人类命运共同体的现实合理性

世界总是在整合和分裂的张力中发展。一部世界发展史就是整合

第十三章　构建人类命运共同体与中国道德话语的国际化

和分裂两种力量此消彼长的历史。在当今世界，这两种力量的博弈依然很激烈，但总体来看，整合的力量显得更加强劲，这不仅为"和平"和"发展"成为世界的主题提供了现实基础，而且为我国提出人类命运共同体构建方案和世界各国共同构建命运共同体提供了现实依据。我们认为，当今世界存在两种有利于人类命运共同体构建的力量：一种是客观的力量；另一种是主观的力量。对此，我们需要从历史唯物论的角度展开分析。

根据历史唯物论观点，"思想、观念、意识的生产最初是直接与人们的物质活动，与人们的物质交往，与现实生活的语言交织在一起的。……表现在某一民族的政治、法律、道德、宗教、形而上学等的语言中的精神生产也是这样。"① 这意味着，每一种精神性产品的生产都是由人类的存在状况决定的。我国提出的人类命运共同体构建方案是一种国际伦理理念或国际道德价值观念，属于精神性产品的范围，因此，它也是由当今世界的存在状况决定的。

当今世界的存在状况错综复杂，但其中贯穿一条越来越清晰的主线，这就是世界的整合性呈现出日益增强的态势。这不仅意味着世界的分裂性在减弱，而且意味着人类的精神或意识目前在朝着有利于世界整合的方向汇聚。我们认为，构建人类命运共同体的中国方案集中体现了当代人类强烈期盼"世界整合"的世界精神或世界意识，它是适应当今世界趋向整合的客观趋势而出台的；目前有四种客观力量在对世界发挥着强有力的伦理整合作用。它们形成的合力正将世界各国整合成一个命运与共的共同体，其强大之势不容忽视：一是自然界的力量；二是经济全球化的力量；三是新媒介的力量；四是现代交通工具的力量。

自然界的力量是能够整合世界的最原始、最持久、最强大的客观力量。自然界先于人类而存在，它的存在和进化不以人的意志为转移，仅仅受自然规律的支配。作为自然界的灵长动物，人类在自然界中显得出类拔萃，但我们永远只能以"自然之子"的身份存在。我们可以

---

① 中共中央马克思恩格斯列宁斯大林著作编译局编译. 马克思恩格斯文集：第1卷 [M]. 北京：人民出版社，2009：524.

开发利用自然，但不能控制、支配和统治自然。事实上，我们在自然界中的生存空间主要局限于以地球为中心的生物圈；地球生物圈为包括人类在内的所有生物提供栖息之地，因而是所有生物的家园；它庇护所有生物，同时也作为必不可少的客观条件对生物的存在进行制约和限制。正如康芒纳所说："任何希望在地球上生存的生物都必须适应这个生物圈，否则就会灭亡。"① 他还强调："为了在地球上幸存下来，人类要求一个稳定的、持续存在的、相宜的环境。"② 从这种意义上来说，自然界既是限制和制约人类生存的客观力量，也是保护人类和在生物圈将人类整合成命运共同体的客观力量。

经济全球化是对当今世界发挥整合作用的另一种客观力量。"全球化是一系列过程，它意味着相互依赖。对它最简单的定义就是：依赖性的增强。"③ 在经济全球化条件下，人类的生产、交换、分配和消费活动高度国际化，整个世界实际上变成了一个庞大的市场；尤其重要的是，日益频繁的国际经济交往不仅推动世界各国形成了"你中有我，我中有你"的经济关系，而且极大地加强了人类彼此之间的交往和交流。经济全球化导致全球化市场和经济体制的出现，并且将整个世界变成一个庞大市场，这既意味着经济全球化时代的经济基础和生产关系与前经济全球化时代有着根本区别，也意味着全球化的经济基础会对国际社会发挥着强有力的整合作用。经济全球化是当代人类共享的一种生存条件。它由人类自身所创造，但它一旦被人类创造出来，就开始作为一种强大的客观力量推动着世界各国朝着"整合"的方向发展。在当今世界，经济全球化潮流将世界各国日益紧密地整合在一起，任何个人或国家都无法摆脱它的整合性影响而置身事外。因此，联邦德国前总理施密特强调："人类从未像今天这样紧紧地拥挤在一起。"④

---

① 〔美〕巴里·康芒纳. 封闭的循环——自然、人和技术〔M〕. 侯文惠，译. 长春：吉林人民出版社，1997：7.
② 〔美〕巴里·康芒纳. 封闭的循环——自然、人和技术〔M〕. 侯文惠，译. 长春：吉林人民出版社，1997：11.
③ 〔英〕安东尼·吉登斯. 全球时代的民族国家——吉登斯演讲录〔M〕. 郭忠华，编. 南京：江苏人民出版社，2012：4.
④ 〔德〕赫尔穆特·施密特. 全球化与道德重建〔M〕. 柴方国，译. 北京：社会科学出版社，2001：7.

第十三章　构建人类命运共同体与中国道德话语的国际化

"每一种文化，每一个时代都有它喜欢的感知模式和认知模式，所以它都倾向于为每个人、为每件事规定一些受宠的模式。"① 人类感知模式和认知模式的变化在媒介的变迁中得到最集中的体现，因为"媒介是我们的经验世界变革的动因，是我们互动关系的动因，也是我们如何使用感知的动因"。② 媒介不仅包括报纸、广播、电视等被人们熟知的传播形式，而且涵盖一切能够延伸人类意识的技术产品。加拿大传播学家麦克卢汉早在1967年就指出："我们正在迅速逼近人类延伸的最后一个阶段——从技术上模拟意识的阶段。在这个阶段，创造性的认识过程将会在群体中和在总体上得到延伸，并进入人类社会的一切领域，正像我们的感觉器官和神经系统凭借各种媒介而得到延伸一样。"③ 这是指，各种电力技术产品的问世，不仅带来了媒介的更新，而且推动当代人类随着媒介的快速发展而不断缩小彼此之间的距离。QQ、微信等新媒介的发明让地球变得很小，人类则因此而变成了同住"地球村"的"村民"。

现代交通工具的力量不容忽视。飞机、地铁、高铁等现代交通工具的出现，不仅让现代生活变得越来越便利，而且极大地拉近了人与人、民族与民族、国与国之间的距离。在当今世界，似乎没有我们无法到达的地方，也没有我们无法缩小的人际距离。作为一种客观的物质性力量而存在，现代交通工具向现代生活世界广泛渗透，对现代人的生活方式和内容产生深刻影响，同时对现代人类社会发挥着有力的整合作用。"无论什么事物，一旦和人的生命发生沾染或形成比较持久的关系，就会产生作为人的某种生存条件的特性。"④ 现代交通工具作为现代人特别倚重的客观生存条件而存在，不仅让人类更强烈地体会到"世界变小"的感觉，而且推动人类不断增强"命运休戚相关"的

---

① 〔加拿大〕马歇尔·麦克卢汉. 理解媒介——论人的延伸 [M]. 何道宽，译. 南京：译林出版社，2011：8.
② 〔加拿大〕马歇尔·麦克卢汉. 理解媒介——论人的延伸 [M]. 何道宽，译. 南京：译林出版社，2011：5.
③ 〔加拿大〕马歇尔·麦克卢汉. 理解媒介——论人的延伸 [M]. 何道宽，译. 南京：译林出版社，2011：4.
④ 〔美〕汉娜·阿伦特. 人的条件 [M]. 竺乾威等，译. 上海：上海人民出版社，1999：3.

存在意识。

　　强调存在对精神或意识的决定作用是历史唯物论的精髓。上述四种客观力量对当今世界的整合作用是客观的。自然界的力量推动当代人类结成生态共同体或生命共同体，并且将当代人类推上生态文明发展道路；经济全球化的力量使当代人类的经济联系空前加强，并且在一定程度上将世界各国推上了共同发展轨道；新媒介的力量拓展了人类的意识和能力，并且拉近了人与人之间的距离；现代交通工具的力量让跨国交往、交流和合作变得更加便利，并且使地球在我们的视野中变小。这些力量都是客观的物质性力量。它们的存在和增长为当代中华民族提出构建人类命运共同体的方案和当代人类共同构建命运共同体提供了客观物质基础。

　　除了上述四种客观力量之外，我们还应该看到一种主观力量对当代人类共同构建命运共同体的巨大推动作用。这就是当代人类日益增强的命运共同体意识。

　　冷战结束之后，社会主义阵营与资本主义阵营之间的战略平衡被打破，国际共产主义运动陷入低谷，资本主义似乎对社会主义形成了比较优势。在这种历史背景下，西方国家的一些人开始"庆祝"资本主义的"成功"和社会主义的"失败"。例如，当代美国政治哲学家托马斯·纳格尔1991年在《平等与不公》一书中用近乎"欣喜若狂"的口吻说："共产主义已经在欧洲失败。我们还可以在有生之年庆祝它在亚洲的崩溃。"[1]

　　应该承认，苏联解体和东欧剧变确实让社会主义阵营元气大伤。正因为如此，西方资本主义国家在冷战之后普遍笼罩着"欢庆胜利"的氛围。尤其明显的是，由于变成了世界上唯一的超级大国，美国不仅充当起资本主义国家的首领，而且试图充当"世界霸主"——开始在全球范围内大肆推行霸权主义。美国霸权主义通过强权政治、贸易保护主义、侵略战争、文化帝国主义、沙文主义外交等形式表现出来，其根源是隐藏于美国政治、经济、军事、文化和外交活动背后的民族

---

[1] STEVEN M C. Classics of Political and Moral Philosophy [M]. New York: Oxford University Press, 2002: 1082.

第十三章 构建人类命运共同体与中国道德话语的国际化

利己主义国际伦理观。受到这种国际伦理观的驱动,美国在冷战之后的国际舞台上常常以唯我独尊、我行我素的方式行事,有时甚至对自己的私欲不做任何掩饰。它可以肆无忌惮地将它不喜欢的国家列入"邪恶国家名单",拒绝签署任何不利于美国的国际公约,甚至公然不顾联合国的权威而对其他国家发动侵略战争。在美国霸权主义面前,许多国家敢怒而不敢言。

世界并没有因为冷战的结束而变得和平、安定,美国一超独大更没有将世界变成统一的"共同体";相反,在美国试图独霸天下、颐指气使、我行我素的国际格局中,当今世界变得更加动荡不安。唯其如此,国际社会对美国的不满和怨恨与日俱增,这在许多西方学者对美国的看法和态度中可见一斑。加拿大学者阿查亚说:"美国治下的单极秩序已经终结。取而代之的是,我们拥有了一个新的秩序。"[1] 他呼吁以"复合的世界"取代美国主导的单极世界秩序:"在复合世界中,秩序的建立和管理更为多样化和去中心化,守成大国和新兴大国、其他国家、全球和地区实体以及跨国非国家行为体都会参与其中。"[2] 另一位加拿大学者斯坦恩更是强调美国的衰落已经成为事实,因为"美国已经将其主导的单极世界变成了世界上最为昂贵的自杀性画面。[3]"美国是否真的已经衰落,这是一个有争议的问题,但我们可以肯定,这些西方学者的评判至少在一定程度上反映了国际社会对美国主导的单极世界秩序的不满。

"反者,道之动;弱者,道之用。"[4] 循环往复是"道"的运动方式,物极必反更是事物存在的规律。当美国主导的单极世界秩序发展

---

[1] 〔加拿大〕阿米塔·阿查亚. 美国世界秩序的终结[M]. 袁正清,肖莹莹,译. 上海:上海人民出版社,2017:1.
[2] 〔加拿大〕阿米塔·阿查亚. 美国世界秩序的终结[M]. 袁正清,肖莹莹,译. 上海:上海人民出版社,2017:11.
[3] 〔加拿大〕马克·斯坦恩. 衰亡的美国——大国如何应对末日危局[M]. 米拉,译. 北京:金城出版社,2016:14.
[4] 老子[M]. 饶尚宽,译注. 北京:中华书局,2006:100.

到极致的时候，也就是它达到由强转弱的"断裂界限"[①]的时候，同时也是当代人类转而追求世界整合的时候。我们认为，美国主导的单极世界秩序带给世界的不是整合性和统一性，而是分裂性和分散性。美国试图构建的"世界统一体"不具有道德合理性基础，因为它建立在强调美国优先、美国权威的国际伦理观基础上，它最终使越来越多的人看清了这样一个事实：分裂只会给世界带来动荡、冲突和不幸，唯有整合才能给世界带来和平、安全和福祉。

三、构建人类命运共同体需要解决的重大国际伦理问题

世界是众多民族国家共同活动的舞台。由于没有权威的导演，很多国家是任性的演员，世界舞台常常是群国乱舞、众声喧哗、我行我素的状态。要在这样的世界里构建人类命运共同体，当代人类无疑会遭遇错综复杂的国际伦理问题。我国倡议构建人类命运共同体的根本目的是要推动全人类或世界各国形成命运与共的国际道德价值观念，并在它的引领下将世界建设成为持久和平、普遍安全、共同繁荣、开放包容、清洁美丽的人类命运共同体。为了达到这一目的，我们至少需要着力解决五个重大国际伦理问题。

第一，如何化解民族共同体意识与人类命运共同体意识之间的张力。中国倡议构建的人类命运共同体不以消灭民族国家为前提，因此，在推进该方案的过程中，我们将遭遇民族共同体意识和人类命运共同体意识并存的局面。这一方面说明两种共同体意识都具有不容否定的道德合理性，另一方面也给我们提出了如何协调两者关系的问题。如果我们不能很好地协调两者的关系，它们之间的张力就会演变为尖锐矛盾。要化解这种张力，关键是要推动世界人民增强人类命运共同体意识，因为在当今世界，各国人民的民族共同体意识普遍强于其人类命运共同体意识。由于人类命运共同体意识偏弱，在认识和处理本国利益与他国利益、民族利益与人类共同利益、本国发展与世界发展的

---

① 它是指一个系统突变为另一个系统的界限。参阅〔加拿大〕马歇尔·麦克卢汉. 理解媒介——论人的延伸［M］. 何道宽，译. 南京：译林出版社，2011：4.

第十三章 构建人类命运共同体与中国道德话语的国际化

关系问题时,世界各国通常难以形成一致意见,更不用说采取一致行动,整个世界也因此而处于严重分裂状态。

要树立人类命运共同体意识,当代人类应该打破"有界存在"观念,树立"关系性存在"意识,①因为"将人类视为独立或有界单元——无论是个体自我、共同体、政党、国家还是宗教——威胁着我们未来的命运。②"如果我们将世界各国视为相互隔绝的"有界存在"者,不同民族和不同国家之间就不可避免地会存在难以弥合的心理距离,并且容易对彼此的存在持怀疑、否定的态度,这不仅会给国与国之间的交往、交流和合作造成障碍,而且很容易导致国际矛盾和冲突。只有树立"关系性存在"意识,世界各国才能看到彼此之间命运与共的事实,构建人类命运共同体的可能性空间也才会被打开。

人类命运共同体意识本质上是一种具有深厚国际伦理意蕴的"关系性存在"意识。它不仅将国与国之间的关系确立为一种伦理关系,而且要求当代人类正确认识和处理爱国主义情操与国际主义精神之间的关系。人类命运共同体要求我们命运与共,但我们属于不同民族国家的事实并不会改变。爱国主义情操表达我们对祖国的道德情感,国际主义精神则反映我们对世界或国际社会的道德情感。由于爱国主义情操和国际主义精神都具有道德合理性基础,我们不能仅仅执于一端而弃另一端于不顾。如果构建人类命运共同体的中国方案最终会成为一个被世界各国普遍接受的世界性方案,它必定会从国际伦理的角度要求当代人类自觉化解民族共同体意识与人类命运共同体意识之间的张力,做兼有爱国主义情操和国际主义精神的人。长期以来,人类更多地倾向于强调民族国家的伦理精神和存在价值,对国际社会或世界的伦理精神和存在价值缺少关注的问题非常突出,从而很容易形成狭

---

① "有界存在"和"关系性存在"是美国心理学家洛根使用的两个概念,前者意指有些人认为存在者具有边界或存在者之间隔着空间的假设,后者意指世界万事万物彼此联系的事实。参阅〔美〕肯尼思·J. 洛根. 关系性存在:超越自我与共同体［M］. 杨莉萍,译. 上海:上海教育出版社,2017:19,398.

② 〔美〕肯尼思·J. 洛根. 关系性存在:超越自我与共同体［M］. 杨莉萍,译. 上海:上海教育出版社,2017:402.

隘的民族共同体意识和爱国主义情感。在狭隘的民族共同体意识和爱国主义情感极端膨胀的情况下，许多人变成民族中心主义者，片面夸大民族国家的重要性，甚至犯以民族国家凌驾于国际社会或世界的错误。在构建人类命运共同体成为时代大势的今天，树立人类命运共同体意识是每一个国家的责任，也是每一个国家融入世界大家庭必须具备的资格证。倡导人类命运共同体意识，就是要推动世界各国超越民族共同体意识和爱国主义情感的狭隘性和局限性，形成以强调世界各国命运与共、和平相处、协同发展、共同繁荣等为主要内容的国际主义精神。

第二，如何以正确义利观引导国际交往的问题。"天之生人也，使之生义与利。"① 义利关系问题是人类在每个生活领域都会遭遇的基本伦理问题。人类命运共同体的构建需要建立在合乎伦理的国际交往基础上，但这种国际交往只有在正确义利观的价值引领下才能形成。如果没有正确义利观的引导，世界各国往往会用民族利己主义义利观认识和处理国际交往问题。受民族利己主义义利观驱动的国家在认识和处理民族利益和国际道义的关系问题时往往会采取重利轻义、先利后义的片面义利观，甚至采取见利忘义、唯利是图的错误义利观。克服民族利己主义义利观的根本途径是以正确利益观取而代之。我们认为，以正确义利观引导国际交往具有语境性特征，并且至少有四重伦理境界：

一是反对民族利己主义的底线伦理境界。墨子曾经说过："义，利；不义，害。"② 其意指，义利关系问题本质上是利害问题；义就是利，不义就是害。正确义利观反对任何国家为了本国的一己私利而置其他国家的利益或人类共同利益于不顾，坚决反对以损害其他国家的利益或人类共同利益的方式来谋取一国私利。要构建人类命运共同体，世界各国应该旗帜鲜明地反对民族利己主义义利观，而不是千方百计维护它。

---

① 董仲舒. 春秋繁露［M］. 张世亮，钟肇鹏，周桂钿，译注. 北京：中华书局，2012：330.
② 墨子［M］. 方勇，译注. 北京：中华书局，2015：376.

第十三章 构建人类命运共同体与中国道德话语的国际化

二是义利兼顾或见利思义的伦理境界。国际交往应该秉承"兼相爱、交相利"①的伦理原则，既重视建立友好关系，也注重体现互爱互利的伦理精神，而不是动不动就诉诸武力来解决国际矛盾。只有义利兼顾或见利思义，世界各国才能友好相待、和平相处，也才能推进人类命运共同体的建构。

三是重义轻利或先义后利的伦理境界。正确义利观应该着重维护广大发展中国家的利益诉求。当今世界发展的水平不是由发达国家决定的，而是取决于发展中国家。如果发达国家在与广大发展中国家交往的过程中采取重利轻义或先利后义的做法，后者对世界发展成果的获得感就难以得到保证，人类命运共同体的国际伦理意蕴也会被遮蔽。

四是舍利取义的伦理境界。要构建人类命运共同体，有时需要世界各国发扬舍利取义的仁爱精神。具体地说，有时为了维护人类共同利益，世界各国需要适当牺牲本国利益。例如，在解决贫困、环境保护、恐怖主义等全球性问题时，所有国家都应该积极承担国际道德责任，而不是讨价还价或推卸责任。舍利取义是人类命运共同体需要的一种国际主义仁爱精神。如果世界各国都能够在需要的时候发扬这种仁爱精神，人类命运共同体就会充满大仁大爱的国际伦理精神，当今世界就很容易变成一个真正意义上的伦理共同体。

中华民族具有维护天下大利和大义的伦理思想传统。墨子说："仁人之事者，必务求兴天下之利，除天下之害。"② 正确看待和处理"义"与"利"的关系，注重突出国际道义与国际道德责任的重要性，既是我国传统伦理思想的重要内容，也是新中国外交的一个鲜明特色。习近平说："我们要在发展自身利益的同时，更多考虑和照顾其他国家利益。要坚持正确义利观，以义为先，义利并举，不急功近利，……"③ 总书记意在强调，中国在维护国家利益的同时应该致力于推动人类共同利益的实现，始终做世界和平的建设者、全球发展的贡献者、国际

---

① 这是墨子倡导的人际交往和国际交往伦理原则，其意在强调人与人之间、国与国之间相互友爱、不轻易采用武力手段解决矛盾的必要性和重要性。参阅 墨子［M］．方勇，译注．北京：中华书局，2015：149．
② 墨子［M］．方勇，译注．北京：中华书局，2015：134．
③ 习近平．习近平谈治国理政：第二卷［M］．北京：外文出版社，2017：501．

秩序的维护者和人类共同利益的增进者。中国坚持的正确义利观能够为当代人类构建命运共同体提供伦理启示。

第三，如何以国际公平正义原则促进世界团结的问题。团结是人类命运共同体得以构建的一个重要标志。世界各国只有紧密地团结在一起，人类命运共同体才能形成；如果大国与小国、强国与弱国、富国与穷国不能团结在一起，构建人类命运共同体就只能是一种空想；因此，"团结"是人类命运共同体需要的一种基本美德。它要求世界各国同呼吸、共命运，同心同德，和平相处，相互扶持，相互促进。没有团结，就没有任何形式的人类命运共同体。

当今国际关系存在严重缺乏公平正义的问题，其具体表现是：大国与小国、强国与弱国、富国与穷国之间明显处于不平等状态；发达国家在国际关系中明显处于强势和有利地位，而发展中国家在国际关系中则明显处于弱势和不利地位；世界各国在国际事务中的代表性和发言权从根本上来说是由各自的硬实力决定的，现有国际关系格局具有显而易见的不公平性。这种国际关系状况非常不利于世界团结，是导致世界严重分裂的重要原因。它不仅导致了大国与小国、强国与弱国、富国与穷国的分野，而且常常是国际矛盾的导火索。

国际公平正义原则的核心内容是"平等"和"民主"，其要义是肯定世界各国在国际社会中的平等地位和权利，并倡导国际关系民主化。在人类命运共同体中，世界各国不仅应该被视为平等成员，而且应该在国际事务中拥有平等的代表性和发言权。作为人类命运共同体的基本伦理原则，国际公平正义原则本质上是一种平等主义原则，它的贯彻落实既有助于拉近大国与小国、强国与弱国、富国与穷国之间的距离，也有助于推动世界各国形成团结美德。

以国际公平正义原则促进世界团结，必须推进国际关系民主化进程。要做到这一点，在国际关系格局中处于弱势和不利地位的发展中国家首先应该联合起来，形成与固守冷战思维、强权政治、军事霸权主义等错误做法相抗衡的道德合力，以增进人类命运共同体的道德正能量。其次，应该在人类命运共同体中尊重和维护联合国的权威性，支持联合国在国际事务中发挥积极作用。再次，应该强化国际法对人类命运共同体各成员国的约束力。遵守国际法应该作为人类命运共同

第十三章　构建人类命运共同体与中国道德话语的国际化

体对世界各国的美德要求而提倡。

第四，如何以共同发展模式创造美好世界的问题。美国学者沃德和杜博斯说："追求一个生活得较好的人类社会，这是自有人类以来就有的愿望，而这种愿望又来自人类生活经验的本身。人类深信他们能够得到幸福。"① 纳斯鲍姆强调："全世界的人民都在追求过上有尊严的生活。"② 世界人民具有向往和追求美好生活的共同愿望，也具有向往和追求美好世界的共同愿望。在当今世界，国与国之间的经济联系、交往和合作总体上呈现出日益强化之势，但"人类绝大多数的现实生活却并不幸福"，③ 因为世界并没有经济全球化而形成共同发展模式，世界各国在发展问题上缺乏包容、协商和合作的问题还十分严重。正因为如此，在解决贫困、环境保护、恐怖主义等全球性问题时，世界各国往往各执一词、莫衷一是、各行其是，联合国的权威性也难以得到很好的维护。这种世界现实显然不利于人类命运共同体的构建。要构建人类命运共同体，一个重要任务就是必须改变现有的世界发展模式，转而采取中国倡导的共同发展模式。

共同发展模式不是以一个国家的繁荣作为最高伦理价值目标的发展模式，而是以世界各国的共同繁荣作为最高伦理价值目标的发展模式。它主张世界各国应该协同发展，并要求最大限度地缩小国与国之间的贫富差距。作为一种具有深厚伦理意蕴的世界发展模式，共同发展模式至少具有五个主要特征：和平性——共同发展模式是一种和平发展模式，它要求世界各国以和平的方式谋求自身的发展；包容性——共同发展模式是一种包容发展模式，它允许世界各国探索具有自身特色的发展理论、发展道路、发展制度和发展文化；普惠性——共同发展模式是一种普惠发展模式，它强调一个国家的发展应该惠及其

---

① 〔美〕芭芭拉·沃德，勒内·杜博斯. 只有一个地球——对一个小小行星的关怀和维护 [M]. "国外公害丛书"委员会，译. 长春：吉林人民出版社，1997：3.
② 〔美〕玛莎·C. 纳斯鲍姆. 寻求有尊严的生活——正义的能力理论 [M]. 田雷，译. 北京：民大出版社，2016：1.
③ 〔美〕芭芭拉·沃德，勒内·杜博斯. 只有一个地球——对一个小小行星的关怀和维护 [M]. "国外公害丛书"委员会，译. 长春：吉林人民出版社，1997：3.

他国家；平衡性——共同发展模式是一种平衡发展模式，它主张最大限度地缩小国与国之间在发展水平上的差距；共赢性——共同发展模式是一种共赢发展模式，它认为世界各国在参与和推进世界发展的过程都应该具有强烈的获得感。

第五，如何以合理的全球治理体系明确世界各国参与全球治理的责任和权利。人类命运共同体必须基于合理的全球治理体系才能得以构建。现有全球治理体系是以美国为首的西方发达资本主义国家主导的，具有三个主要特征：（1）协商性不够——世界各国在国际事务中的代表性和话语权不平等，国际事务的决定权主要被大国、强国、富国操控；（2）共建性不够——世界各国对全球治理的关注度、参与度和投入度参差不齐，有些国家片面强调本国发展，对世界的整体发展漠不关心；（3）共享性不够——世界发展成果分配不公，发达国家与发展中国家之间的贫富差距悬殊。这种全球治理体系是西方发达国家固守冷战思维和固守强权政治理念的产物，既不利于建立平等国际关系和增进国际社会的团结，也不利于明确世界各国参与全球治理的责任和权利，因此，不能适应人类构建命运共同体的新时代需要，需要进行深度改革。我国就是在这种背景下提出了改革现有全球治理体系的倡议，呼吁建构共商共建共享全球治理体系。

"共商""共建""共享"既是世界各国应该为全球治理承担的同等责任，也是世界各国在推进全球治理过程中应该享有的平等权利。"共商"意指世界各国为全球治理出谋划策的责任是同等的，同时应该在全球治理中享有平等代表权和发言权。"共建"意指世界各国建设美好世界的责任是同等的，同时应该享有为建设美好世界提供理念、思路、规划的平等权利。"共享"意指世界各国推进世界发展的责任是同等的，同时应该具有共享全球治理成果的平等权利。中国倡导的共商共建共享全球治理体系反对把全球治理看成是某个国家或少数国家的事情，而是世界各国的共同事业和共同责任。

共商共建共享全球治理体系与现有全球治理体系具有本质区别。前者是平等主义的，它主张将全球治理体系建立在世界各国共同协商、共同推进、共同担当的基础上，强调世界各国参与全球治理和分享全球治理成果的平等权利，维护所有国家在国际事务中的代表性和发言

≪ 第十三章 构建人类命运共同体与中国道德话语的国际化

权；后者是等级主义的，它将全球治理体系建立在冷战思维和强权政治基础之上，强调大国、强国、富国参与全球治理的优先权，维护大国、强国、富国在国际事务中的代表性和发言权。共商共建共享全球治理体系和现有全球治理体系的本质区别集中体现在它们的国际伦理价值取向上。由于代表两种性质截然不同的国际伦理价值取向，它们的本质内涵也具有根本区别。

四、构建人类命运共同体的国际伦理价值

我们置身于其中的世界是抽象的，也是具体的。说它抽象，是因为它在很多时候是作为一个抽象的概念存在于我们的意识之中；说它具体，是因为它具有我们可以经验的现实性，而非可遇而不可求的幻象。我们可以借助自己的理论理性把握世界的抽象性，同时可以借助自己的实践理性把握世界的具体性。我们的实践理性一旦进入国际治理领域，它就会导致国际伦理的产生。国际治理必须涵盖国际道德治理的维度，因此，国际伦理必须是现实的善。要成为现实的善，国际伦理不仅需要依托"国际社会"或"世界"这一伦理实体来发挥作用，而且需要转化为人类的国际道德修养。从事国际伦理研究就是要探究国际伦理成为"现实的善"的必要性、重要性和现实性。

构建人类命运共同体的中国方案是一个具有深厚国际伦理意蕴的方案，它的国际影响迄今也主要是伦理性的。我国人民和世界人民对该方案的道德价值认识、道德价值判断和道德价值选择目前还处于建构阶段，因此，我们还不能对它的国际伦理影响力作出准确评价，但这并不意味着我们也不能对它的国际伦理价值进行理论分析。我们认为，解析构建人类命运共同体的国际伦理价值是我们进一步认知该方案的必要环节。

第一，构建人类命运共同体的中国方案为世界各国增添了一个可供选择的国际伦理价值目标。

世界发展需要正确国际伦理价值目标的导航。由于世界是由众多国家构成，每个国家对国际伦理价值目标的诉求不尽相同，甚至截然相反，要形成统一的国际伦理价值目标绝非易事，但这并不意味着世界就应该在没有正确国际伦理价值目标导航的状况下盲目发展。从历

史唯物论的角度看，国家是一定历史阶段的产物，它最终也会在一定的时间节点上消亡。这是指，国家的存在并不是完全合理的，它最终会被没有国家的共产主义社会所取代。中国倡议构建的人类命运共同体并不是共产主义社会，但它是人类走向共产主义社会必须经历的一个重要阶段。我们不难想象，如果人类不能结成命运共同体，国际社会总是以民族国家各自为政的方式存在，共产主义社会就永远不可能实现。从这种意义上说，如果说共产主义社会最终会变成现实，构建人类命运共同体就是人类社会必然要经历的一个发展阶段。当代中华民族立足时代前沿，顺应人类社会发展的长远趋势和规律，提出构建人类命运共同体的倡议，其实质是要为人类社会确立一个阶段性国际伦理价值目标。

构建人类命运共同体有助于缓解当今世界因为缺乏正确国际伦理价值目标导航而导致的价值困惑和悲观主义情绪。自20世纪末开始，一些西方人在"欢庆"冷战的结束，但更多的人在为世界的现状和未来忧心忡忡。英国学者科克尔说："历史并没有表明我们正处于一个道德不断提高、进步越来越大的过程。几个世纪以来，国际关系的发展进程更像是一个在治世与乱世之间、在战争与和平之间不停摇晃的钟摆，而这个钟摆未来可能再次摆动。"[1] 另一位英国学者吉登斯说："我们生活在一个令人迷惑、变化无常、非理性而且脱离了人类控制的世界，生活在越来越难以理解，未来越来越难以预测的21世纪。"[2] 美国学者米尔斯海默则强调大国政治的悲剧不会因为冷战结束而终结。他明确反对一些人认为冷战结束之后世界变成了永久和平的"国际共同体"的看法。他说："许多证据表明，对大国间永久和平的许诺如同胎死腹中的婴儿。"[3] 事实上，他不仅做出了冷战结束之后"世界仍然危机四伏"的判断，而且宣称中国必定"要走强军路学美国统治西半

---

[1]〔英〕克里斯托弗·科克尔. 大国冲突的逻辑——中美之间如何避免战争 [M]. 卿松竹，译. 北京：新华出版社，2016：12.

[2]〔英〕安东尼·吉登斯. 全球时代的民族国家——吉登斯演讲录 [M]. 郭忠华，编. 南京：江苏人民出版社，2012：3.

[3]〔美〕约翰·米尔斯海默. 大国政治的悲剧（修订版）[M]. 王义桅，唐小松，译. 上海：上海人民出版社，2014：1.

第十三章　构建人类命运共同体与中国道德话语的国际化

球来称霸东亚"①。可见，冷战结束之后的世界或多或少弥漫着价值困惑的氛围和悲观主义情绪。表面上看，这种困惑和情绪源自人们对国际政治的不信任；深层地看，它的根源是当今世界缺乏正确国际伦理价值目标的导航，许多人因此而对世界的现状和前途感到困惑和失望。

缺乏正确国际伦理价值目标导航的世界必定陷入迷乱，生活于其中的人们也必定因此而迷茫。由于缺乏共同的国际伦理价值目标，当今世界犹如大洋中的一个大漩涡，它裹挟着世界各国，漫无目的地搅动，而世界各国仅仅在它的涡流中盲目地转动。这种世界格局不仅容易让世界人民产生随波逐流、生命无常、世事难料的感觉，而且容易滋生悲观主义情绪。在很多人对冷战结束之后的世界格局抱持悲观主义的背景下，当今中国旗帜鲜明地提出了构建人类命运共同体的方案，这一方面宣示了中国和平崛起的善良愿望和坚定决心，另一方面也表达了当代中华民族对世界的当前局势和发展前景的乐观主义道德态度。

"中国特色社会主义道路、理论、制度、文化不断发展，拓展了发展中国家走向现代化的途径，给世界上那些既希望加快发展又希望保持自身独立性的国家和民族提供了全新选择，为解决人类问题贡献了中国智慧和中国方案。"② 构建人类命运共同体的中国方案彰显了当代中华民族的道德文化自信，同时也有助于在国际社会形成乐观主义道德态度。它至少向世界各国昭示了这样一个事实：世界风云变化，但人类向善、求善和行善的总体趋势不会变；构建人类命运共同体的中国方案旨在推动当代人类共同步入命运与共、平等相处、协同发展、同生共荣的发展轨道；虽然构建人类命运共同体目前还仅仅是一个道德理想，但是它的实现还是可以期待的。

第二，构建人类命运共同体有助于推动当代人类改变以民族国家为中心的道德思维方式，转而形成以人类或世界为中心的道德思维方式。

---

① 〔美〕约翰·米尔斯海默. 大国政治的悲剧（修订版）[M]. 王义桅，唐小松，译. 上海：上海人民出版社，2014：Ⅵ-Ⅶ.
② 习近平. 决胜全面建成小康社会 夺取新时代中国特色社会主义伟大胜利——在中国共产党第十九次全国代表大会上的报告[M]. 北京：人民出版社，2017：10.

人类道德生活是以道德思维作为起点的。所谓道德思维，是指人类运用善、恶、正当、公正等伦理概念反映其道德价值认识、道德价值判断和道德价值选择的思维方式。在被运用到国际道德生活领域的时候，人类的道德思维就具体表现为国际道德思维，它反映人类对国际交往、国际关系、国际事务、国际治理等的道德价值认识、道德价值判断和道德价值选择。国际道德思维的核心问题是如何看待民族国家与世界的关系问题。

当今世界是个人中心主义和民族中心主义思维主导的世界。绝大多数人过多地关注个人的福祉，很少考虑他们所在国家和世界的总体发展和长远发展问题；绝大多数民族过多地重视本民族的利益，很少考虑世界或人类整体利益。在民族中心主义思维主导的世界里，一些国家或者不能很好地处理民族共同体意识与人类命运共同体意识之间的关系，或者不能用正确义利观对待国际交往，或者不能通过自觉维护国际公平正义的方式促进世界团结，或者不能走共同发展之路，或者不能以合理的理念参与全球治理。

构建人类命运共同体的中国方案具有国际伦理昭示作用。它有助于推动世界各国改变以民族国家为中心的道德思维方式，转而从人类或世界的中心来看待国际交往、国际关系、国际事务、国际治理等问题，形成世界性或全球性道德思维方式。拥有这种国际道德思维的民族国家不容易陷入狭隘的民族中心主义深渊，能够更多地关注、关心和维护世界利益和人类共同利益。

第三，构建人类命运共同体有助于当代人类抵制鼓吹国际无伦理的错误思想。

德国哲学家黑格尔认为，伦理"是现实的善或活的善"[1]，但它必须依托于家庭、市民社会和国家三种实体才能成为现实或活的善。在黑格尔的伦理思想中，家庭是一种以"爱"为基本规定性和核心伦理原则的直接的伦理精神；在市民社会，人的伦理精神通过"特殊性原则"和"普遍性原则"得到表现：前者是指"市民社会中每一个人都

---

[1] 〔德〕黑格尔. 法哲学原理 [M]. 杨东柱，尹建军，王哲，编译. 北京：北京出版社，2007：76.

第十三章　构建人类命运共同体与中国道德话语的国际化

以自身需要的满足为目的，其他的一切对他来说都不存在"①，而后者是指市民社会中的每一个人都必须与其他人发生关联，并且都必须通过满足他们的需要来达到满足自身需要的目的；因此，人的特殊目的在市民社会必须具有普遍的形式；国家是"实现了的伦理理念和伦理精神"②，对个人具有最高权力，个人的所有欲望、思想和行动都必须以维护国家的伦理精神为出发点和归属点。黑格尔正确地将家庭、市民社会和国家界定为伦理实体，但他否认世界或国际社会成为伦理实体的可能性。他坚信："福利是国家间关系的最高法律，也是国家间交往的最高原则。"③ 黑格尔所说的"福利"就是人们通常所说的"国家利益"。在他的道德信念中，国与国的关系不是伦理关系，纯粹是利益关系；世界精神能够通过国际法得到体现，但它并不是作为比国家伦理精神更高的伦理精神形态而存在。

黑格尔认为国际无伦理的思想只不过延续了西方社会主张用武力解决国际争端的国际伦理思想传统。早在古希腊时期，赫拉克利特就提出了"战争是万物之父，也是万物之王"④ 的著名论断。该论断为西方社会形成崇尚武力和战争的伦理思想传统奠定了基础。进入近代以后，很多西方哲学家提出五花八门的人性自私理论，并且将它延伸到国家关系领域，从而形成了民族利己主义伦理思想传统。所谓民族利己主义，就是以自私人性来诠释国家本质的一种国际伦理观，其核心思想是将国家视为一种自私自利的实体。

作为一个发展中国家，中国的硬实力和软实力目前都呈现出日益增强的态势，其国际影响力也与日俱增，但它并不具备以一己之力改变世界格局的能力。在从"富起来"到"强起来"的转型过程中，中

---

① 〔德〕黑格尔. 法哲学原理 [M]. 杨东柱，尹建军，王哲，编译. 北京：北京出版社，2007：90.
② 〔德〕黑格尔. 法哲学原理 [M]. 杨东柱，尹建军，王哲，编译. 北京：北京出版社，2007：113.
③ 〔德〕黑格尔. 法哲学原理 [M]. 杨东柱，尹建军，王哲，编译. 北京：北京出版社，2007：154.
④ 北京大学哲学系外国哲学史教研室编译. 西方哲学原著选读：上卷 [M]. 北京：商务印书馆，2012：27.

国的快速发展将产生不容忽视的国际影响，但还不足以改变贸易保护主义、强权政治和军事霸权主义猖獗的世界现实。当代中华民族目前所能做的主要是用正确的国际伦理观影响国际社会的发展进程。人类命运共同体构建方案的价值主要在于，它的出台打破了西方发达国家以崇尚武力和战争的国际伦理观主导世界的格局，同时为国际社会提供了另一种截然不同的新国际伦理观。这种新的国际伦理观通过构建人类命运共同体的理念体现出来，它的形成至少让世界人民看到了这样一个事实：诉诸武力和战争并不是解决国际问题的最有效手段。

习近平总书记说："我们生活的世界充满希望，也充满挑战。我们不能因现实复杂而放弃梦想，不能因理想遥远而放弃追求。没有哪个国家能够独自应对人类面临的各种挑战，也没有哪个国家能够退回到自我封闭的孤岛。"[①] 总书记说的这段话强调了构建人类命运共同体的必要性、重要性，特别是强调了它对当代人类和当今世界的价值引领作用。国际道德是当代人类维护国际秩序最基本、最广泛的实践理性。在当今世界，国与国之间的联系、交往和交流越来越密切，但世界各国并没有因此而结成真正意义上的经济共同体、政治共同体和军事共同体。国际竞争和博弈主要围绕经济利益、政治利益和军事利益而展开，贸易保护主义、强权政治和军事霸权主义此起彼伏，联合国和国际法对国际关系仅仅具有非常有限的调节作用。在这种国际背景下，当代人类只能主要依靠"国际伦理"这种软性力量对国际关系的建构发挥基础性作用。构建人类命运共同体的中国方案有助于消解贸易保护主义、强权政治和军事霸权主义，但不可能根除它们。只要国家存在，国与国之间的利益之争就在所难免，世界各国诉诸武力解决国际争端的可能性就存在。从这种意义上来说，构建人类命运共同体的中国方案主要是一种伦理方案，其核心伦理价值取向是推动世界各国形成命运与共的国际道德价值观念，并在它的引导下以同舟共济、同甘共苦、同心同德、同生共荣、同进同退的方式追求发展、谋划发展和

[①] 习近平. 决胜全面建成小康社会 夺取新时代中国特色社会主义伟大胜利——在中国共产党第十九次全国代表大会上的报告[M]. 北京：人民出版社，2017：58.

第十三章　构建人类命运共同体与中国道德话语的国际化

实现发展。

存在主义哲学家萨特曾经指出:"创造一个人类共同体是有可能性的。"① 人类是现实的,同时为超越现实的目的而生存。我国提出构建人类命运共同体的方案是一种道德理想,但它为人类社会的整体进步和未来发展指明了价值目标。在逆全球化势力试图主导世界发展局势的今天,倡导以构建人类命运共同体为核心内容的国际伦理观无疑具有极其重要的国际道德价值昭示意义。

人类社会的整体发展不能没有国际伦理的正确引导。国际社会不是一个无伦理的场域。一个国家的存在价值也不是通过从根本上否定其他国家得到体现的。构建人类命运共同体的中国方案反映当代中华民族对国际伦理的深刻认知,体现当代中华民族参与全球治理的伦理智慧。它的提出和推进具有不容忽视的国际伦理价值,是当代中华民族为国际道德治理贡献的最重要道德理念和道德实践模式,能够为国际社会的合理整合、和谐发展和长远进步发挥强有力的伦理引领作用。

---

① 〔法〕让-保罗·萨特. 存在主义是一种人道主义 [M]. 周煦良,汤永宽,译. 上海译文出版社,2005:30.

结语

倡导崇高道德语言　直面突出道德问题

人类生活在语言世界之中。语言世界奇妙无比，语言本身也难以将它的奇妙淋漓尽致地表达出来。我们用语言表达一切，为自己的语言能力感到骄傲，同时又总感到自己的语言表达能力是有限度的，但这不会从根本上消解语言本身的魅力。

语言是人类创造的产物，但它被人类创造之后就融入了人类的生命之中。"语言是人自己的财富，凭借它，人就可以传达他的体验、意志和心物。但是语言的本质并不仅仅在于它是传达信息的手段。"① 语言的本质联通着人的本质。语言被人言说，也映照人的生存状况和人的本质。因此，海德格尔说："语言是最切近于人之本质的。"②

人们对语言的认知首先是通过听自己"说话"实现的。"人说话。我们在清醒时说话，在睡梦中说话。我们总是在说话。"③ 我们总是在通向语言的途中。"作为说话者，人才是人。"④ 说话是我们作为人类这种生命体存在的根本性标志，至少是最重要的标志之一。

语言是人类的重要生存方式，也是人类的生存意义得到彰显的重要途径。海德格尔说："只是有语言的地方才有人的世界。"⑤ 其意指，

---

① 〔德〕马丁·海德格尔. 存在与在 [M]. 王作虹，译. 北京：民族出版社，2004：116.

② 〔德〕马丁·海德格尔. 在通向语言的途中 [M]. 孙周兴，译. 北京：商务印书馆，2004：1.

③ 〔德〕马丁·海德格尔. 在通向语言的途中 [M]. 孙周兴，译. 北京：商务印书馆，2004：1.

④ 〔德〕马丁·海德格尔. 在通向语言的途中 [M]. 孙周兴，译. 北京：商务印书馆，2004：1.

⑤ 〔德〕马丁·海德格尔. 存在与在 [M]. 王作虹，译. 北京：民族出版社，2004：116.

≪ 结语 倡导崇高道德语言 直面突出道德问题

语言是人类的一种占有物,但人类对语言的占有具有更加根本的意义。海德格尔进一步指出:"语言不是任人支配的工具,而是一项决定人类存在的最高可能性的活动。"① 这是指,语言是人类存在的基础,它是人类能够从存在者中脱颖而出的一个重要原因。

人类生存只有通过语言表达才能成为能够被人类自身理解的事态。语言对人类生存的表达本质上是传达它的意义,人类对自身生存的理解本质上则是对它的意义的认知,因此,语言的世界是意义的世界。人类是为了意义而生存。语言则是为了表达人类生存的意义而存在。

当人类运用语言表达其生存的道德意义,道德语言就会应运而生。在人类的生存世界,很多事物被赋予了道德意义,它们被打上了人类道德价值认识、道德价值判断和道德价值选择的烙印,而人类又想将它们表达出来,这就为道德语言的产生提供了必要条件。

道德语言是人类语言的一个子系统。它具有语言的一般性特征,又具有自身的特殊性。它会借助语言的一般形式来呈现自身,但它所承载的内容具有独特性。它传达的都是人类道德生活的信息,或者说,它传达的都是人类进行道德思维、道德认知、道德情感、道德意志、道德信念、道德行为、道德记忆等活动的信息。它甚至传达人类进行道德语言言说的信息。道德语言可以以自身作为言说对象。它是人类道德生活的基础。如果没有道德语言,人类道德生活的大厦就无法挺拔矗立。

一个国家道德状况的好坏,这首先是通过人们所说的道德语言得到表现的。中国道德话语是中华民族道德生活的表达体系,也是中华民族道德生活史的重要内容。研究中国道德话语是我国伦理学界亟待发掘和探索的一个重要前沿领域,紧密对接弘扬中华优秀传统文化、建设社会主义文化强国等国家重大战略,具有重大理论意义和现实价值。

中华民族具有重视道德语言研究的悠久传统。儒家、道家、墨家、法家、佛家都对道德语言有深入系统的研究。孔子、孟子、荀子、老

---

① 〔德〕马丁·海德格尔. 存在与在 [M]. 王作虹,译. 北京:民族出版社,2004:116-117.

子、庄子、墨子、韩非子等中国哲学家都有很多关于道德语言的论述。可以说，中国哲学家对道德语言的研究源远流长、内容丰富。

道德语言研究在当代中国学术界没有受到应有的重视。当代一百年，大体上可以追溯到"五四"新文化运动前后。在百年历史中，中华民族为洗刷近代屈辱而奋发图强、砥砺前行，救亡图存、实现民族复兴是最重要主题，社会动荡则成为中国社会的基本现实。在此背景下，学术研究在我国被置于了次要位置。这在伦理学领域的表现是，理论创新几乎没有什么进展。中华人民共和国成立之后，我国伦理学学科逐渐恢复，取得了一些发展。改革开放之后，我国伦理学呈现出迅猛发展的态势，但深受苏联伦理学的影响，理论创新成果并不多见。直到近20年，党中央做出了繁荣发展哲学社会科学的重大战略部署，我国伦理学开始展现比较强劲的创新能力。

当代中华民族正在奋力推进中国特色社会主义建设事业。根据党中央的战略部署，中国特色社会主义建设事业应该在经济建设、政治建设、文化建设、社会建设和生态文明建设五个方面统筹推进。在"五位一体"的总体布局中，中国特色社会主义文化建设是凝魂聚力的工程，其重要性不容忽视。中国道德话语是中华民族用于表达其道德价值认识、道德价值判断和道德价值诉求而创造的一个道德语言体系。要推进中国特色社会主义文化建设，不能不研究"中国道德话语"这一重要论题。

中国特色社会主义新时代是充满生机、活力的时代。中华民族积极投身于中国特色社会主义建设的伟大实践，充分展现着自己的卓越智慧和创造力，树立起越来越坚定的道德自信、理论自信、制度自信和文化自信。在中国特色社会主义新时代，中华民族的生活理念、生活方式都发生了深刻变化，其中尤其以道德生活理念和道德生活方式的变化最为显著。当代中华民族正在建构自己的中国特色社会主义道德价值观念，并且正在用新的道德语言体系表达着它们。这是"中国特色社会主义"这一幅精美画卷中最精彩、最美丽、最引人入胜的景象之一。

中国特色社会主义应该有与之相匹配的道德语言体系。它可以被称为中国特色社会主义道德语言体系。这个体系应该体现传统与现代的统一、继承与发展的融合。它从中国传统道德语言体系中汲取了很多有价值的成分，同时又包含很多现代性因子和创新性因子。在继承中国传统道德语言体系的时候，当代中华民族坚持"古为今用"的原则，汲取其精华，抛弃其糟粕。在创新中国道德话语体系的时候，当代中华民族又注意从中国传统道德文化中借鉴思想资源和伦理智慧。

建构中国特色社会主义道德语言体系是一项社会系统工程。在推进这一工程的过程中，我们不可避免地会遭遇各种挑战和困难。深刻认识这些挑战和困难、积极应对它们是我们的新时代使命。近些年，该体系也取得了一些发展。

第一，中华民族具有自己的民族性集体道德记忆。我们的先辈使用中国道德话语的过程，既是中华民族道德生活史的重要内容，也是中华民族集体道德记忆的重要内容。当代中华民族所使用的道德语言体系在很大程度上是以我们的先辈在历史上使用的道德语言作为内容的。我们的先辈在过去创造和使用的善恶概念以及上善若水、从善如流、疾恶如仇、大义凛然、自强不息、厚德载物等伦理术语仍然是当代中华民族常用的伦理概念和伦理术语。

道德语言记忆是中华民族集体道德记忆的一个重要内容。它是中华民族关于自身使用中国道德话语的过去经历的集体记忆。如果说民族性集体道德记忆是中华民族的道德之本，那么，中华民族的道德语言记忆是其道德之本不可或缺的重要内容。

习近平总书记说："走得再远都不能忘记来时的路。"[①] 当代中华民族之所以以这样或那样的方式使用道德语言，这在很大程度上是因为我们的先辈一直以这样或那样的方式使用道德语言，并且将它作为道德记忆流传给了我们。人类的语言能力是有传承性的。中国道德话语也不例外。代代相传的中国道德话语传统是中国道德文化传统的重要组成部分。它记录着中华民族使用中国道德话语的历史状况，是中华民族在道德生活领域的重要"来路"，也是中华民族不能遗忘的记忆。

第二，中国道德文化源远流长、博大精深，在人类文化发展史上

---

① 习近平．习近平谈治国理政：第三卷［M］．北京：外文出版社，2020：497．

占有重要地位。西方道德文化起源于古希腊，也可谓源远流长，但它并没有以绵延不绝的方式存在和发展。古希腊的衰落直接导致了古希腊道德文化的衰败。古希腊文明并没有像中华文明一样实现持续发展，而是中断于希腊化的历史进程中。在后来的历史变迁中，西方道德文化时有高峰出现，但这改变不了它缺乏历史连续性的事实。中西道德文化的不同发展状况至少在一定程度上说明了中国道德文化的优越性。中国道德文化肯定有西方道德文化形态无法相提并论的优势和特色，否则，它不可能成为"一枝独秀"，在人类道德文化发展史独树一帜、赓续不断，而在推进中国道德文化不断发展的历史过程中，中国道德话语一定发挥了极其重要的历史作用。

人类发展的车轮滚滚向前。随着中国特色社会主义建设事业的不断推进、中华民族伟大复兴的步伐日益临近，中国道德文化的世界影响力必然与日俱增。有些人鼓吹的西方中心主义即将成为历史。这就好比英语在中国的命运一样，在改革开放之初，中华民族普遍以懂英语、能说英语为荣，而事到如今，懂英语、能说英语已经不再是什么"时尚"。在当今世界，越来越多的外国人开始以能够懂汉语和说汉语为荣。世易时移，世界巨变。在走向"强起来"发展阶段的时代背景下，中华民族固然应该弘扬中华传统美德——戒骄戒躁，避免道德文化自负，但更应该摒弃道德文化自卑心理。

中华民族从来就有自成体系的道德语言。在中国特色社会主义新时代，中华民族也一定能够与时俱进、建构新时代中国道德话语体系。新时代中国道德话语体系就是中国特色社会主义道德语言体系。它的建构既应该基于中国传统道德语言基础之上，也应该基于当代中华民族的创新智慧和创造能力。最重要的在于，它应该建立在当代中华民族的道德语言自信基础之上。中华民族应该以拥有中国道德话语为荣，应该以能够使用中国道德话语为荣。

第三，道德勇气是人类过道德生活的一个必要条件。道德勇气要求人类具有维护和践行道德的坚强意志力。在道德生活领域，懂得道德的人并不一定会自觉地讲道德，向往道德的人也并不一定会勇敢地践行道德。人类道德生活不仅需要建立在扎实的道德知识和真诚的道德情感之上，而且需要建立在坚强的道德勇气和有效的行为能力之上。

≪ 结语　倡导崇高道德语言　直面突出道德问题

　　如果一个人缺乏必要的道德勇气，纵然他知道辨别善恶的重要性，并且具有向善求善的道德情感，他也不可能勇敢地趋善避恶。缺乏道德勇气的人会在他们面对善恶选择问题的时候保持沉默。一旦这种行为变成一种习惯行为，他们就是患上了道德失语症。也就是说，如果一个人在必须借助于他的道德语言能力明确表达其善恶认知、善恶判断、善恶评价和善恶选择时总是习惯性地保持沉默，这就意味着他因为习惯性地抑制自己的道德语言能力而患上了道德失语症。

　　道德勇气是人类修炼道德修养的一个重要内容，是衡量人类是否具有"意德"的一个重要指标。"意德"是人类基于他们的坚强道德意志力而形成的一种德性。拥有意德的人善恶分明，疾恶如仇，勇于捍卫善的尊严，敢于贬抑恶的存在价值，他们身上有一股浩然正气。纵然是在善恶进行激烈博弈或尖锐斗争的语境下，他们依然能够挺身而出，大义凛然地挺善抑恶。一个社会拥有道德勇气的人越多，挺善抑恶的现象就更容易普遍化，它的道德风尚也更容易得到改善。如果一个社会的人普遍缺乏道德勇气，挺善抑恶就难以蔚然成风，善恶不分则必然成为一种常态，社会道德风尚也不可能令人满意。道德勇气不足是一些人在面对善恶选择问题上不愿意或不敢发表意见的根源。

　　人类个体需要不断加强道德修养，特别是应该致力于锻炼道德勇气，以使他们在面对善恶选择问题时能够明辨善恶和扬善抑恶。要避免道德失语症，人类集体需要不断加强集体道德建设，特别是应该在集体内大力弘扬以明辨善恶为荣的良好风尚，以使它自身形成风清气正的道德氛围。一个社会应该致力于推动所有个体和集体自觉地、勇敢地趋善避恶。善恶既相互依存，又相互斗争，这是人类道德生活的真实图景。在这种道德生活图景中，人类必须善恶分明；否则，他们的道德生活世界就会变成一个善性难举、恶性膨胀的世界。治疗道德失语症患者是任何一个致力于推进道德建设的社会都不能不重视的一项重要任务。个人和集体勇于趋善避恶、扬善抑恶是一个社会道德昌明的重要标志。

　　中国特色社会主义建设事业的推进需要有中国特色社会主义道德文化提供强有力的支撑。建构中国特色社会主义道德文化，必须首先在建构中国道德话语方面用功、发力。中国道德话语应该适应中国特色社会主义建设事业的发展要求而进行自我革命,既对中国传统道德语言进行合理的继承,又随着时代发展进行自我革新。在中国特色社会主义新时代,中国道德话语应该建构新的道德概念体系、道德判断体系、道德评价体系。只有这样,它才能紧密对接国家重大战略需求,才能不断满足人民群众对道德语言发展的实际需要,也才能不断焕发出生机和活力。

参考文献

1. 中共中央马克思恩格斯列宁斯大林著作编译局编译. 马克思恩格斯文集 [M]. 北京：人民出版社，2009.

2. 中共中央宣传部编. 毛泽东邓小平江泽民论社会主义道德建设 [M]. 北京：学习出版社，2001.

3. 毛泽东. 毛泽东选集：第3卷 [M]. 北京：人民出版社，1991.

4. 刘少奇. 刘少奇选集：上卷 [M]. 北京：人民出版社，2018.

5. 邓小平. 邓小平文选：第三卷 [M]. 北京：人民出版社，1993.

6. 习近平. 习近平谈治国理政：第二卷 [M]. 北京：外文出版社，2017.

7. 习近平. 习近平谈治国理政：第三卷 [M]. 北京：外文出版社，2020.

8. 习近平. 在庆祝中国共产党成立100周年大会上的讲话 [M]. 北京：人民出版社，2021.

9. 习近平. 决胜全面建成小康社会 夺取新时代中国特色社会主义伟大胜利——在中国共产党第十九次全国代表大会上的报告 [M]. 北京：人民出版社，2017.

10. 中共中央文献研究室编. 习近平关于社会主义文化建设论述摘编 [M]. 北京：中央文献出版社，2017.

11. 中共中央关于全面深化改革若干重大问题的决定 [M]. 北京：人民出版社，2013.

12. 党的十九届六中全会〈决议〉学习辅导百问 [M]. 北京：党建读物出版社，学习出版社，2021.

13. 中国共产党第十八届中央委员会第五次全体会议公报 [M].

北京：人民出版社，2015.

14. 新时代公民道德建设实施纲要［M］．北京：人民出版社，2019.

15. 礼记·孝经［M］．胡平生，陈美兰，译注．北京：中华书局，2020.

16. 论语 大学 中庸［M］．陈晓芬，徐儒宗，译注．北京：中华书局，2015.

17. 老子［M］．饶尚宽，译注．北京：中华书局，2006.

18. 荀子［M］．安小兰，译注．北京：中华书局，2016.

19. 墨子［M］．方勇，译注．北京：中华书局，2015.

20. 韩非子［M］．高华平，王齐洲，张三夕，译注．北京：中华书局，2015.

21. 庄子［M］．方勇，译注．中华书局2015.

22. 董仲舒．春秋繁露［M］．张世亮，钟肇鹏，周桂钿，译注．北京：中华书局，2012.

23. 周易［M］．杨天才，张善文，译注．北京：中华书局，2011.

24. 孟子［M］．万丽华，蓝旭，译注．中华书局2006.

25. 司马迁．史记［M］．陈曦，王珏，王晓东，等译．北京：中华书局，2019：4044.

26. 王夫之．船山全书：第二册［M］．长沙：岳麓书社，1996.

27. 三字经 百家姓 千字文 弟子规 千家诗［M］．李逸安，张立敏，译注．北京：中华书局，2011.

28. 王守仁．王阳明全集：上［M］．北京：中央编译出版社，2014.

29. 贞观政要［M］．骈宇骞，译注．北京：中华书局，2016.

30. 文心雕龙［M］．王志彬，译注．北京：中华书局，2012.

31. 说文解字［M］．汤可敬，译注．北京：中华书局，2018.

32. 冯友兰．中国哲学简史［M］．北京：北京大学出版社，1996.

33. 洪应明．菜根谭［M］．穆易，译注．长沙：岳麓书社，2011.

34. 南怀瑾．中国佛教发展史略［M］．上海：复旦大学出版社，2016.

35. 南怀瑾. 学佛者的基本信念 [M]. 上海：复旦大学出版社，2016.

36. 李索. 左传正宗 [M]. 北京：华夏出版社，2011.

37. 张岱年. 中国伦理思想发展规律的初步研究 中国伦理思想研究 [M]. 北京：中华书局，2018.

38. 张岱年. 中国古典哲学概念范畴要论 [M]. 北京：中华书局，2017.

39. 唐凯麟，张怀承. 成人与成圣：儒家伦理道德精粹 [M]. 长沙：湖南大学出版社，1999.

40. 北京大学中文系现代汉语教研室编. 现代汉语（增订本）[M]. 北京：商务印书馆，2012.

41. 王立军等著. 汉字的文化解读 [M]. 北京：商务印书馆，2012.

42. 韦冬，王小锡主编. 马克思主义经典作家论道德 [M]. 北京：中国人民大学出版社，2017.

43. 北京大学哲学系外国哲学史教研室编译. 西方哲学原著选读：上卷 [M]. 北京：商务印书馆，1981.

44. 王泽应. 自然与道德——道家伦理道德精粹 [M]. 长沙：湖南大学出版社，1999.

45. 袁珂. 中国神话传说：从盘古到秦始皇 [M]. 北京：北京联合出版公司，2017.

46. 甘绍平. 伦理学的当代建构 [M]. 北京：中国发展出版社，2015.

47. 董琨. 中国汉字源流 [M]. 北京：商务印书馆国际有限公司，2017.

48. 樊浩，王珏等. 中国伦理道德状况报告 [M]. 北京：中国社会科学出版社，2012.

49. 朱贻庭. 中国传统伦理思想史 [M]. 上海：华东师范大学出版社，2009.

50. 罗国杰. 中国伦理思想史：上卷 [M]. 北京：中国人民大学出版社，2007.

51. 向玉乔. 道德记忆 [M]. 北京：中国人民大学出版社，2020.

52. 胡壮麟. 语言学教程 [M]. 北京：北京大学出版社，2013.

53. 苗力田编. 亚里士多德选集：伦理学卷 [M]. 北京：中国人民大学出版社，1999.

54. 〔古希腊〕亚里士多德. 修辞术 [M]. 罗念生，译. 北京：生活·读书·新知三联书店，1991.

55. 〔法〕约瑟夫·房德里耶斯. 语言 [M]. 岑麒祥，叶蜚声，译. 北京：商务印书馆，2012.

56. 〔美〕史蒂芬·平克. 语言本能：人类语言进化的奥秘 [M]. 欧阳明亮，译. 杭州：浙江人民出版社，2015.

57. 〔德〕卡尔·雅思贝尔斯. 大哲学家（修订版（上））[M]. 李雪涛，李秋零，王桐，姚彤，译. 北京：社会科学文献出版社，2010.

58. 〔英〕维特根斯坦. 游戏规则：维特根斯坦神秘之物沉思集 [M]. 唐少杰等，译. 天津：天津人民出版社，2007.

59. 〔奥〕维特根斯坦. 逻辑哲学论 [M]. 贺少甲，译. 北京：商务印书馆，1996.

60. 〔日〕白川静. 汉字的发展及其背景 [M]. 吴昊阳，译. 福州：海峡文艺出版社，2020.

61. 〔英〕乔治·摩尔. 伦理学原理 [M]. 长河，译. 上海：上海人民出版社，2005.

62. 〔英〕理查德·麦尔文·黑尔. 道德语言 [M]. 万俊人，译. 北京：商务印书馆，1999.

63. 〔德〕伊曼努尔·康德. 道德形而上学基础 [M]. 孙少伟，译. 北京：九州出版社，2006.

64. 〔德〕黑格尔. 法哲学原理 [M]. 杨东柱，尹建军，王哲，编译. 北京：北京出版社，2007.

65. 〔美〕查尔斯·L·斯蒂文森. 伦理学与语言 [M]. 姚新中，秦志华等，译. 北京：中国社会科学出版社，1997.

66. 〔法〕莫里斯·哈布瓦赫. 论集体记忆 [M]. 毕然，郭金华，译. 上海：上海人民出版社，2002.

67. 〔德〕海德格尔. 在通向语言的途中 [M]. 孙周兴, 译. 北京: 商务印书馆, 2004.

68. 〔德〕海德格尔. 人, 诗意地安居 [M]. 郜元宝, 译. 上海: 上海远东出版社, 2004.

69. 〔英〕史蒂芬·霍金. 果壳中的宇宙 [M]. 吴忠超, 译. 长沙: 湖南科学技术出版社, 2006.

70. 〔瑞士〕戈尔德·莱昂哈德. 人机冲突: 人类与智能世界如何共处 [M]. 张尧然, 高艳梅, 译. 北京: 机械工业出版社, 2019.

71. 〔美〕芭芭拉·沃德, 勒内·杜博斯. 只有一个地球——对一个小小行星的关怀和维护 [M]. "国外公害丛书"委员会, 译. 长春: 吉林人民出版社, 1997.

72. 〔加〕马歇尔·麦克卢汉. 理解媒介——论人的延伸 [M]. 何道宽, 译. 南京: 译林出版社, 2011.

73. 〔美〕夸梅·安东尼·阿皮亚. 认同伦理学 [M]. 张容南, 译. 南京: 译林出版社, 2013.

74. 〔美〕巴里·康芒纳. 封闭的循环——自然、人和技术 [M]. 侯文惠, 译. 长春: 吉林人民出版社, 1997.

75. 〔英〕安东尼·吉登斯. 全球时代的民族国家——吉登斯演讲录 [M]. 郭忠华, 编. 南京: 江苏人民出版社, 2012.

76. 〔德〕赫尔穆特·施密特. 全球化与道德重建 [M]. 柴方国, 译. 北京: 社会科学出版社, 2001.

77. 〔美〕汉娜·阿伦特. 人的条件 [M]. 竺乾威等, 译. 上海: 上海人民出版社, 1999.

78. 〔加拿大〕阿米塔·阿查亚. 美国世界秩序的终结 [M]. 袁正清, 肖莹莹, 译. 上海: 上海人民出版社, 2017.

79. 〔加拿大〕马克·斯坦恩. 衰亡的美国——大国如何应对末日危局 [M]. 米拉, 译. 北京: 金城出版社, 2016.

80. 〔美〕肯尼思·J. 洛根. 关系性存在: 超越自我与共同体 [M]. 杨莉萍, 译. 上海: 上海教育出版社, 2017.

81. 〔美〕玛莎·C. 纳斯鲍姆. 寻求有尊严的生活——正义的能力理论 [M]. 田雷, 译. 北京: 中国人民大学出版社, 2016.

82. 〔英〕克里斯托弗·科克尔. 大国冲突的逻辑——中美之间如何避免战争 [M]. 卿松竹, 译. 北京: 新华出版社, 2016.

83. 〔美〕约翰·米尔斯海默. 大国政治的悲剧（修订版）[M]. 王义桅, 唐小松, 译. 上海: 上海人民出版社, 2014.

84. 〔法〕让-保罗·萨特. 存在主义是一种人到主义 [M]. 周煦良, 汤永宽, 译. 上海译文出版社, 2005.

85. RAWLS J. A Theory of Justice [M]. Cambridge, Massachusetts: The Belknap Press of Harvard University Press, 1971.

86. STEVEN M C. Classics of Political and Moral Philosophy [M]. New York: Oxford University Press, 2002.

后 记

　　写完《中国道德话语》这部专著，我习惯性地产生了写"后记"的冲动。主要不是为了祝贺自己，而是主要为了作一个总结。一个人做完了一件事，做些反思、总结总是必要的。它至少能够勉励自己，有助于推动自己更好地走后面的人生道路。

　　回想起来，我20多年前就开始思考"中国道德话语"这一论题。最初的动因是，第一次接触西方元伦理学的时候，我有强烈的沮丧感。由于从来没有聆听过任何一位老师讲授西方元伦理学，我确实不能理解它。西方元伦理学家热衷于语言和逻辑分析的做法让我很费解。正因为如此，当一位老师建议我研究西方元伦理学的时候，我婉言谢绝了，但我必须承认，"道德语言""元伦理学"之类的概念此后常常出现在我的脑海之中。

　　近些年，我开始比较多地思考中国道德话语的研究问题。进入该研究主题，不仅必须阅读中国哲学经典，而且必须涉猎语言学、逻辑学、心理学、社会学等相关学科的知识、思想、理论和研究方法。在研究过程中，虽然有时会因为在中国哲学经典中发现大量关于道德语言深刻而精妙的论述而震惊，但是同时也会为自己没有穷尽这样的探索而忐忑不安。中国传统哲学是一个蕴藏着丰富思想智慧的宝库。进入这一宝库，我为它的源远流长、博大精深感到震惊，同时极大地增强了作为中华儿女应有的文化自信。

　　2015年1月28日，我在《光明日报》理论版发表了一篇题为《道德失语症的危害性》的文章。文章刊出之后，国内很多知名中学将它用作语文高考阅读模拟试题。2020年，我又在《河北学刊》发表了一篇题为《中国道德语言的民族特色及其解析维度》的文章。在这篇文章中，我提出了"中国道德语言"这一概念，并且就如何推进相关研究提出了总体设想。我的总体想法是，关于中国道德话语的研究至少应该从四个方面展开：（1）研究中国道德话语的历史变迁及其文化建构作用；（2）研究中国道德话语的构成要素及其伦理表意功能；（3）研究中国道德话语的伦理叙事模式及其主要特征；（4）研究中国道德话语的理论化发展空间及其价值定位。这种设想确是初步的，但为我后来的研究工作奠定了基础。

时至今日，完成了这部以"中国道德话语"作为研究主题的专著，我有些高兴之余，更多地感到不安。我深知研究中国道德话语的重大理论意义和现实价值，但我更知道这一研究工作的难度。毕竟有关中国道德话语的研究在我国目前还处于起步阶段。我本人所作的探究只是探索性的。好在开了一个头，我还可以继续努力。希望我本人的探索性探究能够起到一定的"抛砖引玉"效果。

从事学术研究是我人生最大的乐趣。目前最能吸引我的是两个领域：一是道德记忆；二是中国道德语言。孔子说："知之者不如好之者，好之者不如乐之者。"（《论语》雍也篇）。这两个领域是我之所好，更是我之所乐，可谓好在其中、乐在其中。

需要说明，龙娟教授和我的学生周四丁教授参与了本著作的部分写作工作。具体来说，龙娟教授参与了第九章"中国道德话语的理论化发展"的写作，周四丁教授参与了第五章关于法家的法治主义道德话语体系的写作。本人对他们写作的内容做过认真修改。本著作的有些章节是已经发表的论文。例如，第三章"中国道德话语的发展路径"以《中国道德语言的发展路径》为题发表于《伦理学研究》2021年第6期，第十章"中华民族的道德评价体系"以《中国传统道德评价的多元格局和当代价值》为题在《北京大学学报（哲学社会科学版）》2022年第1期发表。另外，本著作是湖南师范大学道德文化研究中心、中国特色社会主义道德文化省部共建协同创新中心推出的"中国道德话语研究丛书"的第一部著作。与它同时出版的还有文贤庆的《道家道德话语》，刘永春的《儒家道德话语》，黄泰轲的《佛家道德话语》，袁超的《中国道德话语的当代发展》。敬请关注。

后 记

　　光明日报出版社编辑为本书和丛书的出版付出了辛勤劳动。本人对此表示衷心感谢。

向玉乔
2022 年 5 月 16 日